高等院校通信与信息专业规划教材

现代交换原理

李生红　主编

张月国　单蓉胜　林　祥　孙锬锋　等参编

机械工业出版社

本书主要介绍各类交换技术的基本概念和原理,并尽可能反映其新的进展。全书共9章,主要内容包括:通信网与交换的关系、交换的基本技术及分类;交换网络的基础理论;信令的基础知识和七号信令系统;电路交换的概念及原理、数字程控交换的原理及主要相关技术;分组交换和帧中继的基本原理及主要相关技术;ATM交换的基本概念、交换原理、交换系统及相关技术等;TCP/IP、传统路由器的工作原理、第三层交换的概念及基本原理、相应典型技术等;下一代网络的概述、软交换的基本原理、主要相关技术和所提供的服务及应用等;光交换的定义、元件、光交换技术及光交换机简介等。书中各章节也都附有习题,可作为课堂教学的巩固和延续。

本书可作为高等院校电子信息类相关专业的通信网络领域教材,也可作为通信领域工程技术人员的培训教材和参考书。

图书在版编目(CIP)数据

现代交换原理/李生红主编. —北京:机械工业出版社,2008.8(2014.7重印)
(高等院校通信与信息专业规划教材)
ISBN 978 – 7 – 111 – 24567 – 4

Ⅰ. 现… Ⅱ. 李… Ⅲ. 通信交换—高等学校—教材 Ⅳ. TN91

中国版本图书馆 CIP 数据核字(2008)第 099645 号

机械工业出版社(北京市百万庄大街22号 邮政编码 100037)
责任编辑:李馨馨
责任印制:李 妍
北京富生印刷厂印刷
2014 年 7 月第 1 版·第 2 次印刷
184mm×260mm·16.5 印张·407 千字
5001—6800 册
标准书号:ISBN 978-7-111-24567-4
定价:36.00 元

出 版 说 明

  为了培养 21 世纪国家和社会急需的通信与信息领域的高级科技人才，配合高等院校通信与信息专业的教学改革和教材建设，机械工业出版社会同全国在通信与信息领域具有雄厚师资和技术力量的高等院校，组成阵容强大的编委会，组织长期从事教学的骨干教师编写了这套面向普通高等院校的通信与信息专业系列教材，并将陆续出版。

  这套教材力求做到：专业基础课教材概念清晰、理论准确、深度合理，并注意与专业课教学的衔接；专业课教材覆盖面广、深度适中，不仅体现相关领域的最新进展，而且注重理论联系实际。

  这套教材的选题是开放式的。随着现代通信与信息技术日新月异的发展，我们将不断更新和补充选题，使这套教材及时反映通信与信息领域的新发展和新技术。我们也欢迎在教学第一线有丰富教学经验的教师及通信与信息领域的科技人员积极参与这项工作。

  由于通信与信息技术发展迅速，而且涉及领域非常宽，所以在这套教材的选题和编审中如有缺点和不足之处，诚请各位老师和同学提出宝贵意见，以利于今后不断改进。

机械工业出版社
高等院校通信与信息专业规划教材编委会

前　言

交换技术是通信网络领域的一项重要技术。

本书首先从通信网和交换的关系出发,介绍了交换技术的基础知识;然后介绍交换网络和信令系统这两个交换系统的重要组成部分,最后,介绍几种现代典型的交换技术和新交换技术。

全书共9章。第1章概论,讲解通信网与交换的关系、交换的基本技术及分类,后续各章将在本章基础上展开。第2章和第3章分别介绍交换系统的重要组成——交换网络和信令系统。由于交换网络是构造交换系统的核心,第2章对交换网络的理论知识进行了系统详尽的介绍;信令系统可以看作是交换系统的中枢神经系统,信息在交换系统中的交互依赖于信令来实现,所以第3章专门介绍了信令系统的基本知识,并将重点放在现代通信网的重要信令系统——七号信令系统。第4章至第9章分别以单独章节阐述典型的及新的现代交换技术,包括:电路交换及数字程控交换、分组交换及帧中继、ATM交换、第三层交换、软交换、光交换等。书中着重介绍各种交换技术的原理、组织结构和特点,但不直接涉及具体的交换机。

本书由李生红教授担任主编,主持制定了编写大纲。第1~9章主要由李生红编写;张月国参与了第3、6、8章内容的编写;单蓉胜参与了第2、7章内容的编写;林祥参与了第5、9章内容的编写;孙锬锋参与了第4、5章内容的编写。参加本书编写的还有李剑、姚丹红、李燕、郑燕双、沈航、肖杰雄等。

由于编者水平有限,书中难免存在错误,欢迎广大读者批评指正。

本书配套的电子教案可在 www.cmpedu.com 上下载。

编　者

目　录

第1章 概 论

1.1 通信网与交换

1.1.1 通信的目的与通信系统的组成

通信的目的是实现信息的传递与处理。一个最简单的通信系统应由终端和传输媒介组成,最早期的点对点通信所采取的即是该种方式。随着通信技术的发展,最早期的点对点通信系统几乎已经退出了历史舞台,取而代之的是通信网,其组成成分除了上述的终端和传输媒介外,还包含交换机、路由器等信息转接设备。终端主要执行信息的处理,将信息转换成可被传输媒介接受的信号形式,并将来自于传输媒介的信号还原成原始信息;传输媒介负责两地间的信号传输;转接设备主要负责通信网中信息在源节点与目的节点间进行传输过程中的转发。

1.1.2 通信网

最早期的点对点通信系统如图 1-1 所示。

随着通信应用的发展,人们希望多个终端间能够互相进行通信。为了这一目的,最直接的方法是将所有终端两两互连,实现全互连,如图 1-2 所示。然而,对于这种互连方式,当终端数为 N 时,需要互连线对数为 $N(N-1)/2$。显而易见,除了在终端数目较少、地理位置相对集中等一些特殊环境下,这种互连方式不是一种非常有效的解决方案。

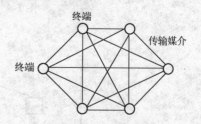

图 1-1 最早期的点对点通信系统

图 1-2 全互连通信系统

通信网能够实现任两个终端或多个终端之间的互连。正如前所述,通信网的基本组成包括终端、传输媒介及信息转接设备,如图 1-3 所示。在该种网络中,除了用户线终端及用户接口外,网络内部链路、信息转接设备等所有其他资源共享。这种方式虽然比全互连方式多了转接设备,但它的利用率高,相对来说,总投资比全互连方式要少。

通信网内部结构和组成形式很多,其中一种重要且普遍使用的形式是采用交换机作为信息转接设备的交换式通信网。交换式通信网的一个重要优点是比较易于组成大型网络。例如,以常见的电话为例,当电话数目较多且分散在相距很远的几处时,可用交换机组成如图 1-4所示的通信网。该网络中,直接与用户终端相连接的交换机称为本地交换机,该交换机与用户终端间的线路称为用户线;仅与各本地交换机相连接的交换机称为汇接交换机,该类交换机之间的线路称为中继线。当网络进一步扩大时,可将若干台汇接交换机通过更高一级的汇接交换机连接,如此重复,最终形成一个树形的等级制网络。在我国的公用电话网中,通常采用本地接入、长途中继和国际出入的分级结构,如图1-5所示。

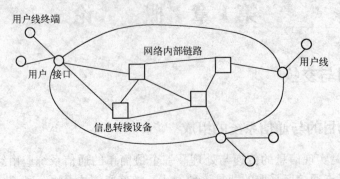

图1-3　通信网络的组成

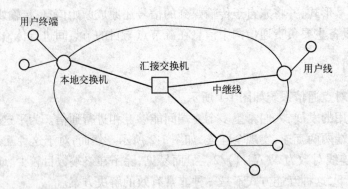

图1-4　多台交换机组成的网络

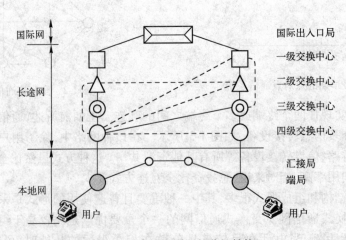

图1-5　我国电话网的分级结构

2

1.2 通信交换的基本技术

在交换式通信网中,交换机是必不可少的信息转接设备。通常,一台交换机由接口、互连网络和控制系统3部分模块组成,如图1-6所示,其所涉及的基本技术包括接口技术、互连技术、信令技术及控制技术等。这些技术也是交换式通信网络中所涉及的一些典型技术。本节对这些基本技术先进行简要说明,有关详细介绍在后续章节介绍。

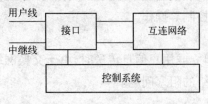

图1-6 交换机的组成

1.2.1 接口技术

交换机一般都具有用户接口和中继接口,分别对应用户线和中继线。接口的主要作用是一方面将来自终端或其他交换机的各种传输信号转换成统一的交换机内部工作信号,并按信号的性质分别将予以规范化的信令传送给控制模块,将用户消息传送给互连网络,以便控制模块或互连网络进行处理或接续;另一方面是将来自交换机的信令或用户消息转换成适合用户线或中继线传输的信号,并通过这些线路发送出去。

不同类型的交换机所具有的接口技术也不完全相同。例如,线路上传输的信号是电信号时,交换机需要有相应的电信号接口,而当该信号是光信号时,交换机则需要相应的光信号接口;数字程控交换机既有适配模拟线路的接口,又有适配数字线路的接口;ATM交换机则有适配不同码率、不同业务的各种接口。

1.2.2 互连技术

交换机一般都具有互连网络,或称为交换网络,其任务是实现任一入线与任一出线之间信号的接续互连。互连技术主要包括拓扑结构、选路策略、控制机理、阻塞特性等方面,简要说明如下。

1. 拓扑结构

交换网络都具有一定的拓扑结构。对于不同的交换机,其交换网络的拓扑结构要依据交换方式、服务质量等因素来确定。拓扑结构可以划分为时分结构、空分结构和时空分混合结构3种,其中,时分结构包括共享总线或环等共享媒体和共享存储器两种类型;空分结构是指由多个入线和出线数目较少的交换单元按一定规律连接构成的单级或多级拓扑结构;时空分混合结构是上述时分结构和空分结构按一定规律进行组合所得到的拓扑结构。本书在后续章节将详细介绍这些内容。

2. 选路策略

众所周知,在整个通信网中,由于网络中存在信息转接节点,在任一源端和目的端之间通常会存在多条路径,所以选路技术是通信网领域中的一个关键技术。然而这里讲的选路策略问题不是针对上述情况的,而是针对多级空分拓扑结构情况。对于具有多级空分拓扑结构的交换网络,一入端和一出端之间在该网络内部可能存在着多条并行通路,所以也需要为一个呼叫请求选择一条合适的通路。

3. 控制机理

控制机理是泛指完成选路后还必须对交换网络进行的一些控制,以使交换网络能正常而有效地工作。例如,对于程控交换机中的数字交换网络,完成选路后需要将所选通路的有关标识写入交换网络的控制存储器,以便实现电路交换;对于 ATM 交换机的交换网络,选路完成后还需要进行竞争消除、优先级控制等操作。

4. 阻塞特性

阻塞特性反映了在呼叫建立或用户信息传送时,由于交换网络的拥塞而遭受损失的现象。在此,从两个角度说明交换网络的阻塞问题。

(1) 连接阻塞和传送阻塞

连接阻塞是指由于交换网络的容量资源等的不足,使得一个呼叫遭到拒绝。传送阻塞是指一个呼叫连接的用户信息在传送阶段,由于交换网络资源的临时不足,导致丢失部分用户信息。

(2) 有阻塞与无阻塞

从阻塞特性角度来看,交换网络可以分为有阻塞网络与无阻塞网络两类,其中,无阻塞交换网络又可分为严格无阻塞、可重排无阻塞及广义无阻塞 3 种网络。严格无阻塞网络是指对于一新的呼叫连接请求,如果其对应的网络输入和输出端在当前是空闲的,则不论交换网络当前处于何种状态,总可以为该呼叫请求建立起连接,而不需要改变当前的网络连接状态。可重排无阻塞网络是指对于一新的呼叫连接请求,如果其对应的网络输入和输出端当前是空闲的,则不论交换网络当前处于何种状态,通过改变或不改变当前已存在的一些呼叫连接状态,总可以为该新呼叫请求建立起连接。广义无阻塞网络是指只有对任何呼叫连接遵循特定的选路规则才能做到无阻塞的交换网络。

1.2.3 信令技术

正如人类的交流需要有语言,任何通信网的正常通信都必须有信令来控制。信令过程是予以规范化的一系列协议。在交换式通信网络中,要使终端、交换机和传输系统协同运行,要实现任意用户之间的呼叫连接并完成交换功能,以及要维持网络本身的正常运行,都必须在信令的控制下有条不紊地进行。

针对各种不同的具体通信系统,可以有不同的信令过程及信令方式。在此,从 3 个角度对信令概念加以简要说明,有关详细内容将在后续专门章节进行介绍。

1. 用户信令与局间信令

根据信令的作用区域,可将信令划分为用户信令和局间信令两类。用户信令是指在用户终端与交换机之间的用户线上所传送的信令。局间信令是指网络中交换机与交换机之间的中继线上所传输的信令。通常,局间信令远比用户信令复杂,原因在于其除了应满足呼叫处理和接续的需要外,还必须顾及到整个通信网络的管理和维护。局间信令又可进一步划分为随路信令和共路信令两种方式。

2. 随路信令与共路信令

随路信令是指与用户信息在同一条通道上传送的信令。共路信令是指信令不与用户信息在同一条通道上传送,而是采用专门的通路进行传送。早期通信网络使用的是随路信令,而后期由于共路信令具有传送速度快、灵活性高等优点,所以其在现代通信网领域中备受青睐。

3. 监视信令、地址信令和维护管理信令

根据信令功能,可将信令划分为监视信令、地址信令和维护管理信令 3 类。监视信令是反映线路状态的信号,具有监视功能。地址信令是反映呼叫源和(或)呼叫目的地的信号,具有路由选择功能,用于选择接续方向。维护管理信令是用于网络维护和管理的信号。

1.2.4 控制技术

交换机的控制功能主要负责处理信令,按信令的要求控制交换网络完成呼叫接续,通过接口发送必要的信令,协调整机工作以及参与管理整个通信网等。互连功能、接口功能及信令功能都与控制功能有着密切关系。对于不同类型的交换机,其各有主要的控制技术。例如,ATM交换机具有接入允许控制、流量控制及选路控制,分组交换机具有选路控制和流量控制。

处理机是交换机控制系统的重要组成成分。控制技术的实现与处理机的控制结构密切相关。而就处理机控制结构而言,需要考虑的一个重要因素是控制方式。集中控制和分散控制是两种基本的控制方式。集中控制方式意味着主要采用一台处理机结构,而分散控制方式是指采用多处理机结构。目前,交换机中多数采用分散控制方式。针对分散控制方式,根据具体需求确定多处理机的最佳结构,包括处理机数目、分级、工作分担方式、冗余结构等,对实现高效而灵活的控制机理是非常必要的。其中,工作分担方式有功能分担和容量分担两种,功能分担是指每台处理机只执行一项或几项功能,但其面向全系统;容量分担是指每台处理机都执行全部功能,但其只处理系统的一部分负荷。此外,对于这种控制方式,由于多处理机之间为了协调工作需要相互进行通信,所以,为其确定合适的含有通信物理通路、通信速率、通信规程等因素的通信机理也是必不可少的。

1.3 交换技术分类

迄今为止,在通信网领域中人们已从不同角度先后提出了诸多交换技术概念,如模拟交换、数字交换、电路交换、程控交换、分组交换、ATM 交换、光交换等。为了清晰起见,本节主要对这些交换技术进行大致归类,并在此基础上,最后指出本书将介绍的主要交换技术。

从交换机所接续的信号特点来看,交换技术包含模拟交换和数字交换。所谓模拟交换,是指交换机所接续的信号是模拟信号。而数字交换是指交换机所接续的信号是数字信号。早期的电话网中的交换机所使用的即是模拟交换。随着数字技术,特别是数字传输技术的发展,数字交换逐渐取代了模拟交换。目前,交换式通信网中几乎都采用数字交换技术。

从交换机所接续信息的承载信号角度来看,交换技术包含电子交换和光交换。电子交换是指交换机所接续的是电信号,而光交换是指交换机所接续的信号是光信号。目前,光交换技术尚未完全成熟,实际应用中使用的仍然是电子交换技术。20 世纪 90 年代以来,光纤传输技术得到了飞速发展和广泛应用,然而由于交换设备仍是电子交换机,所以需要先将光信号通过光/电转换接口转换成电子信号之后才能送入电子交换机,从电子交换机送出的电子信号也需要先通过电/光转换接口转换为光信号之后才可送到光纤上去。光交换技术可以省去上述的光/电及电/光转换过程,此外,光交换也比电子交换具有更高的交换速度,毋庸置疑,光交换技术是未来的一个重要发展方向。

从传输通路角度来看,交换技术包含有线交换和移动交换。典型的 PSTN、ATM 网络上的交换技术都属于有线交换技术。移动交换与有线交换的本质不同在于移动交换是针对含有无线通信信道的移动通信网络,在这种网络中,用户接入通常采用各种无线技术,交换机需要执行一些与无线通信有关的功能,如基于蜂窝技术的陆地公用移动通信系统中的交换机需要执行切换等功能。

从交换机内的信号接续方面来看,交换技术包含时分交换、空分交换、频分/波分交换及混合交换等。所谓时分交换,是指通过时隙互换来实现交换目的,它是针对时分复用信号的,交换机根据交换接续的需要,将入线上各时隙的内容分别在出线上的不同时隙位置输出。所谓空分交换,主要针对交换网络的拓扑结构是空分结构的情形,它能实现多个输入复用线和多个输出复用线之间的空间交换,同时不改变输入信号的时隙位置。所谓频分/波分交换,是针对频分/波分复用信号,通过改变载波频率/波长来实现信号交换接续功能。混合交换是上述多种交换技术依据一定规律进行的组合,如典型的时空分交换技术即是时分交换和空分交换的组合。

从交换机控制方式上来看,交换技术包含人工控制交换和自动控制交换。人工控制交换是指交换机整个控制过程都由人工完成。早期的老式磁交换机采用的就是这种交换方式。以其呼叫处理为例,其执行过程是:用户手摇发电机发出呼叫信号→交换机相应接口指示灯亮→话务员发现后,将其话路与呼叫者接通→问明被叫地址,选定一条空闲绳路,将铃流发生器与被叫方接通→被叫摘机,相应指示灯亮后,话务员拆断铃流,接通线路→主、被叫双方通话→通话结束后,用户挂机,相应灯灭,话务员拆除绳路。人工控制交换方式具有操作劳动强度大、接线速度慢、人工费用高、交换机不易扩大、不利于保密等缺点。随着通信技术的发展,人工控制交换已逐渐被自动控制交换所取代。自动控制交换是指控制过程由交换机自动完成。对于自动控制交换方式,它又经历了从机电式自动交换向程控式自动交换发展的过程。所谓机电式自动交换,又称布线逻辑控制交换,其控制部分是将机电元件(如继电器)或电子元件做在一定的印制板上,通过机架布线做成。机电式自动交换还可进一步大致细分为 4 个先后发展阶段:步进式自动交换机→机动制自动交换机→全继电器自动交换机→纵横制自动交换机。其中,步进式自动交换机采用直接控制方式,用户通过话机拨号盘,利用话机发出的号盘脉冲直接控制交换机中电磁继电器与上升旋转型选择器的动作,完成接续。机动制自动交换机则引入了间接控制原理,用户拨号脉冲由交换机内的公用设备记发器接收和转发,以控制接线器的动作。机动制自动交换机含有旋转制和升降制两种,其中,旋转制选择器中的弧刷是作弧形旋转动作,升降制选择器是作上升、下降的直线动作。步进式自动交换机和机动制自动交换机都存在选择器均需进行上升或旋转动作、噪声大、易磨损、通话质量欠佳、维护工作量大等不足。对于全继电器自动交换机,其继电器组成交叉矩阵,具有机械动作轻微、磨损小以及只能做很小容量的交换机等特点。而对于纵横制自动交换机,它的技术进步主要体现在,一方面,采用了较先进的接线器,接线器的接点采用压接触方式并且使用了贵金属,杂音小,通话质量好,不易磨损,寿命长,维护工作量小;另一方面,采用了公共控制方式,将控制功能与话路设备分开,使得公共控制部分可独立设计,功能强,灵活性高,接续速度快。而所谓程控式自动交换,又称存储程序控制自动交换,它是用计算机控制的交换系统,即采用计算机中的"存储程序控制"方式,预先把各种控制功能、步骤和方法等编成程序并放入存储器中,工作时则直接利用所存储的程序对整个交换机加以控制。这种控制交换方式灵活性高,只改变程序或数据就可实现新业务或新功能。程控式自动交换又可分为模拟程控交换和数字程控交换两种,这两种的控制部分都采用了程控,但前者话路部分传送和交换的是模拟信号,而后者传送和交换的是数字信号。

从传送模式角度来看,交换技术包含电路交换、ATM 交换、分组交换等,如图1-7所示。在该图中,电路交换与分组交换式是两种截然不同的方式,代表两大范畴的传送模式,分别处于两个极端。依次从左到右,多速率电路交换与快速电路交换属于电路交换范畴;依次从右到左,帧交换、帧中继和快速分组交换属于分组传送模式范畴;ATM 交换是分组传送模式与电路交换模式的结合,兼具二者优点。本书将在后续章节分别说明这些交换技术。

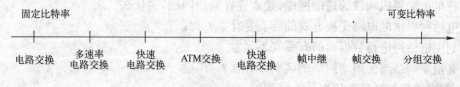

图 1-7　传送模式角度下的各种交换技术

众所周知,国际标准化组织(ISO)制定了开放式系统互连(OSI)七层数据通信分层协议模型,并且基于该模型所生成的 TCP/IP 层次协议栈是当前广为使用的因特网的协议支撑。从这个角度来看,根据数据包交换操作所在的协议模型具体层面,相应的交换技术又包含二层交换、三层交换、四层交换及七层交换等。

由于篇幅所限,本书将主要介绍一些典型或先进的交换技术,具体包括:电路交换、数字程控交换、分组交换和帧中继、ATM 交换、多层交换以及光交换。考虑到软交换作为下一代网络的核心技术,近年来已经备受关注,本书也将介绍软件交换技术。另外,鉴于交换网络及信令技术是交换技术的核心组成,书中也将以独立章节专门介绍。

1.4　小结

通信网由终端、传输媒介和转接设备3部分组成。

采用交换机作为信息转接设备的交换式通信网是一种重要且普遍使用的通信网形式。

交换机通常由接口、互连网络和控制系统3部分模块组成,所涉及的基本技术包括接口技术、互连技术、信令技术及控制技术等。接口的作用是将入口信号转换成交换机内部工作信号进行处理,并将来自于交换机的信号转换成合适的出口信号,通过用户线或中继线发送出去。互连技术主要包括拓扑结构、选路策略、控制机理、阻塞特性等方面。信令技术是为维护网络正常通信而定义了信令,按照不同的分类标准,信令技术分为:用户信令与局间信令;随路信令与共路信令;监视信令、地址信令和维护管理信令。控制技术负责按信令的要求控制、维护网络通信。

从不同角度,人们先后提出了诸多交换技术,不同技术的划分不是完全独立的,如 ATM 交换是分组传送模式与电路交换模式的结合,兼具二者优点。本书主要介绍一些典型或先进的交换技术,具体包括:电路交换、数字程控交换、分组交换和帧中继、ATM 交换、多层交换、光交换、软交换等。

1.5 习题

1. 交换式通信网由哪些元素组成的? 哪些元素归所有终端共享,哪些元素属于一个终端专用?

2. 交换网络选路与通信网选路有何不同?

3. 试从分类角度,全面归纳目前已有的各种交换技术。

4. 数字式交换机能否连接模拟话机? 请说明原因及其可能需要具备的条件。

5. 电路交换能否用于计算机数据传输,分组交换能否用于语音传输? 请说明原因。

6. 在单个交换机构成的通信网中,是否存在路由问题,为什么?

7. 电话网提供的电路交换方式的特点是什么?

8. 利用电话网进行数据通信有哪些不足?

9. 有阻塞网络与无阻塞网络的区别是什么?

10. 数据通信与话音通信有什么区别?

11. 说明电路交换与分组交换的主要优缺点。

12. 什么是接口技术?

13. 信令的作用是什么?

14. 简要说明交换技术的分类。

15. 通过本章学习,你对交换技术未来的发展有哪些认识?

第2章 交换网络

交换网络是交换系统中的核心部件,用于执行任一人线和出线之间的交换接续功能。交换网络的结构是多种多样的,不同的交换系统可以根据具体要求选择适合自身的交换网络结构。交换网络与所交换的信号复用形式有密切关系。本章首先介绍一些典型的信号复用形式,然后在介绍几种主要的交换单元的基础上讨论一些典型的交换网络。

2.1 信号复用方式

通信系统中所传输及处理的信号的基本形式是电信号和光信号。不论哪种信号形式,其在网络链路上的传输通常都采用复用方式。下面,对典型的信号复用方式加以介绍。

1. 频分复用

所谓频分复用,是指将来自于不同源端的信息调制在不同频率的载波上,形成要发送的信号,然后将各信号合在一起并通过一条高带宽的链路进行传输。

频分复用主要用于模拟电信号,其使用的载波是电信号,对应的链路是电缆等电信号传输介质。

2. 波分复用

所谓波分复用,是指将来自于不同源端的信息调制在不同波长的载波上,形成要发送的信号,然后将各信号合在一起并通过一条高带宽的链路进行传输。

波分复用主要用于光信号,其使用的载波是光信号,对应的链路是光纤传输介质。

3. 码分复用

所谓码分复用,是指将来自于不同源端的信息分别用不同的伪随机码进行信息编码,形成要发送的信号,然后将各信号合在一起并通过一条高带宽的链路进行传输。在码分复用系统中,接收端必须用同样的伪随机码才能正确解码。

码分复用主要用于数字电信号和光信号。

4. 时分复用

所谓时分复用,就是采用时间分割的方法,将一条高速数字通道在时间轴分成若干个时隙间隔,来自于不同源端的信号在该通道的不同时隙间隔上传输。

时分复用又可分为同步时分复用和统计时分复用。同步时分复用是指将时间划分为以帧为单位的等时间间隔,每帧再进一步划分为等数量、等间隔的时隙且对这些时隙按顺序编号,所有帧中编号相同的时隙位置用于传送来自于同一源端的信号。同步的含义是时隙位置与源端信号是严格对应的,在一次通信建立后的交换过程中,时隙位置与源端信号对应关系一旦确立,其关系就保持固定不变。如图 2-1a 所示,在交换过程中,TS_1 时隙始终对应话路 1 的信号,TS_N 始终对应话路 N 的信号。需要注意的是,在新建立的通信交换过程中,源端信号对应的时隙位置可能会变化,如在新的通信建立后,交换过程中话路 1 的信号可能对应于 TS_N,当然,这种对应关系在该次交换过程中会一直同步不变。对于这种复用方式,知道时隙位置,就可以知道该位置上的信号来自哪个源端。统计时分复用,又称为异步时分复用,是指将时间划分为若干个等间隔或不等间隔的时隙,每个时隙位置用于传送来自于一个源端的信号,但信号与时隙位置没有固定的对应关系。正是由于信号与时隙位置之间没有固定对应关系,所以,不同于同步时分复用方式,统计时分复用方式中每个时隙位置上的信号都含有一个附加的标志头,该标志头信息用于标志该信号来自哪个源端以及用于转接设备进行转接处理,而同步复用方式无需添加标志头。统计时分复用方式如图 2-1b 所示。

时分复用也主要用于数字电信号和光信号。

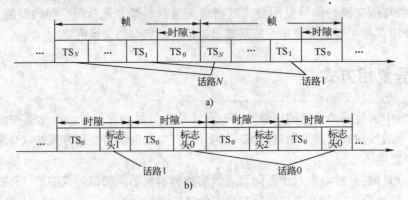

图 2-1　时分复用方式

a) 同步时分复用　b) 统计时分复用

本章后续部分将以时分复用电信号为对象,介绍一些典型的交换单元及交换网络。在后续章节,我们还将向读者介绍另外一些特殊的交换单元及交换网络,如针对光信号的波长转换器、波分光交换网络等。

2.2　交换单元

交换单元是交换网络的基本组成元素。不论交换单元内部结构如何,总可以用图 2-2 所示的等效示意图表示,该图实际上也是任一交换网络的示意图。交换单元的功能是在控制信号的作用下在入线和出线之间为呼叫请求建立适当接续,将入线上的信息送到出线上去。下面将介绍一些典型的交换单元。

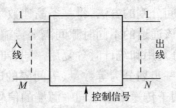

图 2-2　交换单元等效示意图

2.2.1　基于时分结构的典型交换单元

基于时分结构的交换单元主要通过时隙互换来实现输入线与输出线上的复用信号交换,

其基本思想是改变信号的时隙位置。这种交换单元主要由信号缓存或延迟器件及控制信号器件组成。根据控制信号,缓存或延迟器件执行相应操作,从而实现信号时隙位置的改变,达到交换目的。下面,针对时分复用电信号,介绍几种典型的基于时分结构的交换单元。

1. 共享存储器型交换单元

（1）基本结构

共享存储器型交换单元的主要部件是由控制信号所控制的用户信息存储器,其一般结构如图 2-3 所示。用户信息存储器被分为 M 个区域,用于存储传输线上各时隙的输入信号。通过使用不同控制方式控制该存储器的各时隙信号写入和信号读出,来完成时隙转换,即将输入信号的时隙位置转换成不同的输出信号的时隙位置,从而实现交换接续功能。

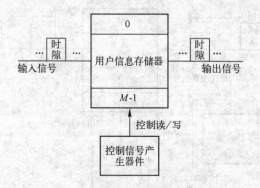

图 2-3　共享存储器型交换单元基本结构

（2）工作原理

共享存储器型交换单元可以采用两种控制方式进行交换工作。

1）输入控制。在这种控制方式下,用户信息存储器采用控制写入和顺序读出,即在输入端,各路输入信号根据控制要求写入用户信息存储器的相应区域,而在输出端,该存储器的信息从第一个区域到最后一个区域顺序读出。以将输入端第 i 个时隙位置的输入信号在输出端第 j 个时隙位置输出为例,若利用该种控制方式,则需要将输入端第 i 个时隙位置的输入信号写入用户信息存储器的第 j 个区域,那么通过顺序读出,就可实现将该信号在输出端第 j 个时隙位置输出。

2）输出控制。在这种控制方式下,用户信息存储器采用顺序写入和控制读出,即在输入端,各路输入信号顺序写入用户信息存储器的第一个区域到最后一个区域,而在输出端,根据控制要求读出该存储器中相应区域的信息。仍以将输入端第 i 个时隙位置的输入信号在输出端第 j 个时隙位置输出为例,若利用该种控制方式,则需要将输入端第 i 个时隙位置的输入信号写入用户信息存储器的第 i 个区域,那么在输出端通过在第 j 个时隙时控制取出该存储器中第 i 个区域的信号,就可实现将该信号在输出端第 j 个时隙位置上输出。

共享存储器型交换单元可以用于同步时分复用信号,也可以用于统计时分复用信号,其具体实现方式不同。下面,我们介绍一种典型的针对同步时分复用信号交换的共享存储器型交换单元——时间交换单元。

2. 时间交换单元

时间交换单元又称 T 交换单元或 T 接线器。其主要应用于同步时分复用信号的交换。关于同步时分复用信号的概念,在 1.1 节中已有介绍。

（1）基本结构

时间交换单元的基本结构如图 2-4 所示。其主要由用户信息存储器、控制存储器和计数器组成。其中，用户信息存储器用于存储用户数据，假设一帧内含有 N 路信号，则该存储器包含 N 个存储单元，分别用于存储 N 路信号，通常，令 $N=2^n$；控制存储器用于存储用户信息存储器的控制写入或控制读出的地址，也包含 N 个存储单元，每个单元含有 $\log_2 N$ 位；计数器用于控制用户信息存储器和控制存储器的读写操作，为了保证同步操作，要求计数器的时钟频率与时隙频率相等。就控制存储器对用户信息存储器的控制而言，如前所述，其可以采用两种控制方式，分别如图 2-4a 和 2-4b 所示。下面，针对这两种方式，分别介绍其工作原理。

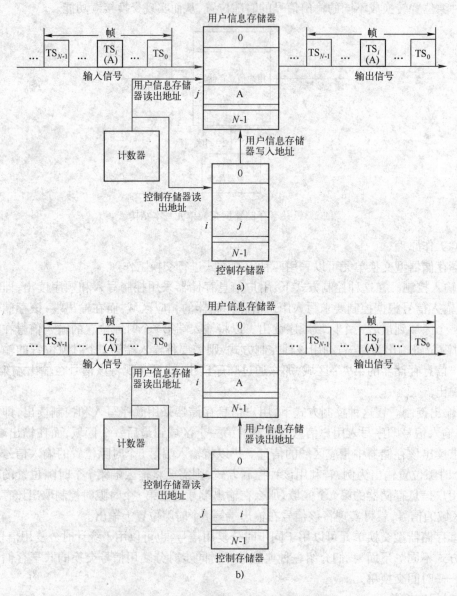

图 2-4　时间交换单元基本结构及控制方式

a) 输入控制方式　b) 输出控制方式

（2）工作原理

1）输入控制。如图 2-4a 所示。用户信息存储器内容的写入受控制存储器控制，该控制存储器提供用户信息存储器的写入地址。控制存储器的内容是由控制系统预先写入并按顺序读出的。用户信息存储器内容的读出由计数器所生成的读出地址按顺序读出。例如，当有时隙内容 A 需要从输入时隙 i 交换到输出时隙 j 时，则在第 i 个时隙到达时，从控制存储器第 i 个存储单元取出预先写入的内容 j 作为用户信息存储器的写入地址，将 A 写入到用户信息存储器的第 j 个存储单元，当第 j 个时隙到达时，用户信息存储器按顺序读出其第 j 个存储单元的内容 A，即可完成交换。

2）输出控制。如图 2-4b 所示。用户信息存储器内容的写入由计数器所生成的时钟脉冲控制按顺序写入。用户信息存储器内容的读出受控制存储器控制，该控制存储器提供用户信息存储器的读出地址，该地址也由控制系统预先写入并按顺序读出。仍以有时隙内容 A 需要从输入时隙 i 交换到输出时隙 j 为例。当第 i 个时隙到达时，用户信息存储器将内容 A 按顺序写入其第 i 个存储单元，当第 j 个时隙到达时，从控制存储器第 j 个存储单元取出预先写入的内容 i 作为用户信息存储器的读出地址，读出用户信息存储器第 i 个存储单元的内容 A，完成交换。

需要说明的是，对于时间交换单元，各时隙上的单路信号在交换时都会经历时延，且各不相同。

为了更清晰地说明时间交换单元，下面以 CCITT 的 PCM 话音一次群信号电路交换为例，介绍一种时间交换单元的具体实现及其工作机理。在此，交换单元采用输出控制方式。众所周知，该一次群信号的位速率为 2.048Mbit/s，每一帧含有 32 个时隙，对应 32 条独立的 64kbit/s 信道，每个时隙含有 8bit 信息。针对上述条件，图 2-5 给出了这种时间交换单元的结构。在该交换单元中，包含了一个 $32 \times 8bit$ 的话音存储器，它的 8bit 数据总线上连接了一个输入串/并转换电路和一个输出并/串转换电路，输入的一次群信号经串/并转换后，以 256kbit/s 的速率 8 线并行地进入总线，因此总线上依次收到 TS_0，TS_1，$\cdots$，TS_{31}，TS_0，$\cdots$ 等各时隙的信息。一个 5bit 长的循环计数器在 256kHz 时钟的驱动下，循环往复地产生地址 00000，00001，00002，$\cdots$，11111，00000，$\cdots$。图中还有一个控制存储器，由于一帧中含有 32 个时隙，为此，控制存储器的容量为 $32 \times 5bit$。整个交换过程可通过图 2-5 中的时间波形说明。话音存储器和控制存储器的读写周期都是 $[1/(256 \times 1000)]s = 3.9\mu s$，前半周期写入，后半周期读出。在前半周期，R/W 为低电平，G_1 通，G_2 断，G_3 断，话音存储器的写入地址由计数器的输出提供。GT_i 通后，串/并转换电路输出的信号即被写入到寻址的存储单元中。在后半周期，R/W 为高电平，G_1 断，G_2 通，G_3 通，计数器的输出被送到控制存储器的地址总线。从控制存储器读出的数据则作为地址送到话音存储器的地址总线，进而从话音存储单元读出相应数据，并在 GT_o 选通下送入并/串转换电路，重新转换成串行的一次群信号。由于话音存储器的写入地址是由计数器产生的，所以当计数器与输入时隙同步时，即当输入信号的 0 时隙到达时，计数器输出 00000，当 1 时隙到达时，计数器输出 00001，输入的 TS_0，TS_1，$\cdots$ 等时隙内容被顺序地写入话音存储器的 0 存储单元，1 存储单元，$\cdots\cdots$。此外，由于采用输出控制方式，所以当话音存储器读出时，其读出地址由控制存储器内容决定，该控制存储器的内容读出是基于计数器的输出而顺序读出的。例如，假设控制存储器的 1 存储单元的数值为 2，则其作为话音存储器的地址将使话音存储器的 2 存储单元的内容，即输入端 TS_2 的内容，在输出端 TS_1 上输出，从而实现了时隙内容交换。我们再来看一下该交换单元的交换延时情况。当控制存储器第 j 个存储单元中的数值为 k 时,输入的 k 时隙内容将被转移到输出的 j 时隙上,由此可以计算出其交换时延

$$D = j - k(TS) \bmod 32$$

需要说明的是,该交换时延并未考虑电路时延,实际上,对于上述电路,串/并和并/串电路以及话音存储器的读写过程都会产生时延。此外,针对图 2-5,若将控制存储器中的内容改为话音存储器的输入地址,并且将 R/W 信号前半周期改为高电平和后半周期改为低电平,则该时间交换单元具有输入控制方式。

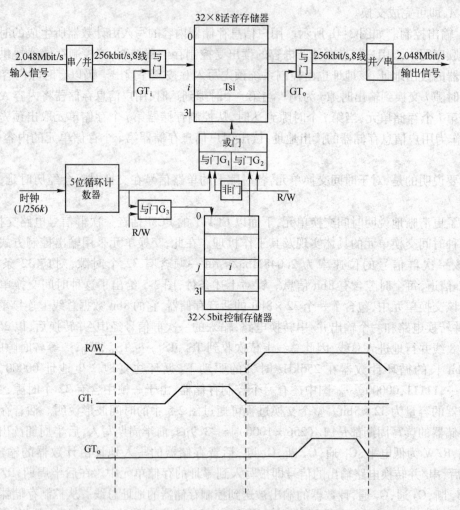

图 2-5 一种用于一次群信号电路交换的时间交换单元

3. 共享总线型交换单元

（1）基本结构

共享总线型交换单元主要由入线控制部件、出线控制部件和总线 3 部分组成,如图 2-6 所示。其中,入线控制部件负责接收入线信号并进行信号格式转换,进行信息缓冲存储,以及将缓冲信息在适当时刻送到总线上;出线控制部件负责从总线上检测出属于自己的信号并加以缓冲存储,以及将缓冲信息进行格式转换并由出线送出;总线通常由多条数据线和控制线组

成,数据线负责在入线控制部件和出线控制部件之间传送信号,控制线负责控制各入线控制部件获得时隙和将信息发送到总线上,以及控制出线控制部件读取属于自己的信息。

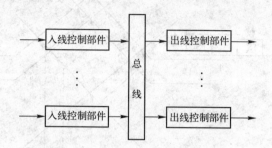

图 2-6　共享总线型交换单元基本结构

（2）工作原理

在共享总线型交换单元,总线按一定规则给各入线控制部件分配时隙,各入线控制部件以同步或统计时分复用方式使用总线。当信号到达一入线控制部件的输入端时,如前所述,该部件对信号首先进行信号接收,并对收到的信号进行格式转换且将转换后的信息放到输入缓冲存储器中,然后在总线分配给该部件的时隙上将缓冲信息发送到总线上去。与此同时,各出线控制部件处于监视总线上信息的状态,如前所述,当一出线控制部件检测到总线上有属于自己的信息时,该部件就提取这一信息并将其存入输出缓冲存储器中,然后对该缓冲信息进行格式转换并从出线发送出去。通常,最常使用的总线时隙分配规则是按顺序把时隙分给各入线控制部件,而不考虑各入线控制部件是否有等待发送信息。这种分配规则简单,但效率较低。为了提高效率,可以制定只在入线控制部件有待发送信息时才给其分配时隙的规则。这种规则可以使总线资源得到有效利用,但由于其可能存在多个入线控制部件竞争总线资源等问题,所以其控制比较复杂。

2.2.2　基于空分结构的交换单元

基于空分结构的交换单元主要用来实现多个输入线与多个输出线之间信号的空间交换,而不改变原信号的时隙位置。这种交换单元主要由交叉点阵列及控制信号器件组成。控制信号控制交叉点阵列的操作动作。交叉点阵列具有开关操作功能,根据控制信号实现输入和输出线之间的信号转接。交叉点阵列的硬件实现有很多种形式,如继电器开关阵列、模拟电子开关阵列、数选器阵列等数字电子开关阵列等。下面,针对时分复用电信号,介绍一种典型的基于空分结构的交换单元——空间交换单元。

1. 空间交换单元基本结构

空间交换单元又称 S 交换单元或 S 接线器,主要用来实现多个输入复用线与多个输出复用线之间的同步时分复用信号的空间交换,而不改变信号的时隙位置。空间交换单元的基本结构如图 2-7 所示。其主要由交叉点矩阵和控制存储器构成。其中,交叉点实现入线与出线之间的接续;控制存储器存储所选择的输入或输出线的标号,用于控制交叉点的接续。类似于时间交换单元,空间交换单元也有两种控制方式,分别如图 2-7a 和图 2-7b 所示。下面,针对这两种方式,分别介绍其工作原理。

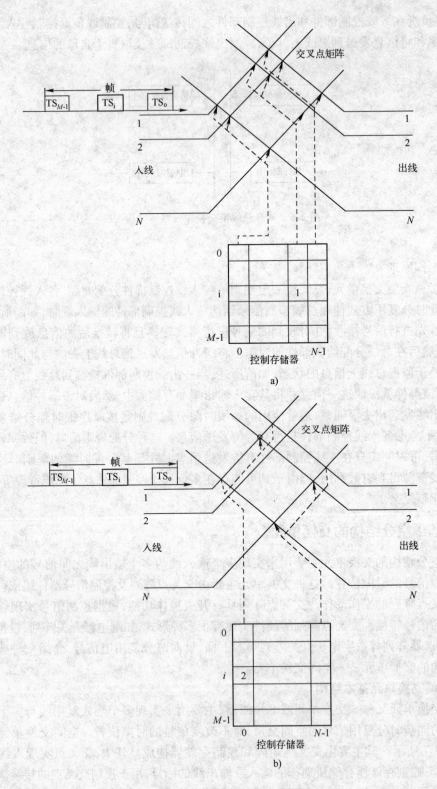

图 2-7 空间交换单元基本结构及控制方式

a) 输入控制方式　　b) 输出控制方式

2. 工作原理

（1）输入控制

如图 2-7a 所示。在这种控制方式下，控制存储器中每个存储单元所存放的是入线标号。令每一入线上时分复用信号的每一帧含有 M 个时隙，且令入线数和出线数皆为 N，则控制存储器含有 M 行 N 列，从第 1 行到第 M 行依次对应一帧的第 1 个时隙到第 M 个时隙，每行中从第 1 列到第 N 列依次对应第 N 个输出线到第 1 个输出线，每个行列交点即是一个存储单元，每个存储单元含有 $[\log_2 N]$ 比特，这里，$[\cdot]$ 表示取不小于 $\log_2 N$ 的最小正整数，通常，令 $N = 2^n$。在进行交换时，当 TS_i 时隙到达时，针对有信息到来的输入端，控制存储器基于该信息所要去往的输出端从其第 $i+1$ 行相应存储单元获得入线标号作为控制信息来控制交叉矩阵中的相应交叉点接续，从而实现交换。以入线 1 上 TS_i 时隙上的内容去往出线 2 为例，当 TS_i 时隙到来时，如图 2-7a 所示，选取控制存储器中第 $i+1$ 行第 $N-1$ 列处存储单元的控制信息 1 来控制入线 1 与出线 2 的交叉点的接续。针对帧格式的复用信号，需要重复使用控制存储器中的控制信息，这可借助循环计数器来实现。

（2）输出控制

如图 2-7b 所示。在这种控制方式下，控制存储器控制每个存储单元所存放的是出线标号。令每一入线上时分复用信号的每一帧含有 M 个时隙，且令入线数和出线数皆为 N，则控制存储器也含有 M 行 N 列，从第 1 行到第 M 行依次对应一帧的第 1 个时隙到第 M 个时隙，每行中从第 1 列到第 N 列依次对应第 1 个输入线到第 N 个输入线，每个行列交点即是一个存储单元，每个存储单元也含有 $[\log_2 N]$ 比特，通常，也令 $N = 2^n$。在进行交换时，当第 i 个时隙到达时，也类似于前述的输入控制方式，针对有信息到来的输入端，控制存储器基于该信息所要去往的输出端从其第 i 行相应存储单元获得出线标号作为控制信息来控制交叉矩阵中的相应交叉点接续，从而实现交换。仍以入线 1 上 TS_i 时隙上的内容去往出线 2 为例，当 TS_i 时隙到来时，如图 2-7b 所示，选取控制存储器中第 i 行第 1 列处存储单元的控制信息 2 来控制入线 1 与出线 2 的交叉点的接续。同样，针对帧格式的复用信号，也可借助循环计数器来实现重复使用控制存储器中的控制信息。

下面，以 CCITT 的 PCM 话音一次群信号电路交换为例，介绍一种空间交换单元的具体实现及其工作机理，以便更清晰地了解该种交换单元。我们采用如图 2-8 所示的 4 入线 4 出线空间交换单元结构。在该交换单元中，每个输入线上的信号都是 CCITT 的 PCM 话音一次群信号，交叉点的接续使用数选器来实现并采用输入控制方式，此外，鉴于输入的复用信号每帧含有 32 个时隙，使用 5bit 循环计数器来依次循环读取控制存储器中的控制信息，控制存储器中的内容由交换机控制系统根据呼叫请求预先写入对应目的出线的入线标号信息。从该图可见，当第 1 个时隙到来时，循环计数器输出值为 0，指引控制存储器取其第 1 行的信息来控制数选器的操作，可以分别实现入线 2 与出线 1、入线 1 与出线 2、入线 4 与出线 3、入线 3 与出线 4 之间的接续；当第 2 个时隙到来时，循环计数器输出值加 1，指引控制存储器取其第 2 行的信息来控制数选器的操作，可以分别实现入线 1 与出线 1、入线 4 与出线 2、入线 2 与出线 3、入线 3 与出线 4 之间的接续；依次进行下去，当第 i 个时隙到来时，循环计数器输出值增加到 i-1，指引控制存储器取其第 i 行的信息来控制数选器的操作，可以分别实现入线 3 与出线 1、入线 4 与出线 2、入线 1 与出线 3、入线 2 与出线 4 之间的接续；当完成最后一个时隙上的接续后，循环计数器输出值返回为 0，对下一帧到来的信息，控制存储器又从第 1 行开始取控制信息来控制数选器的接续操作。

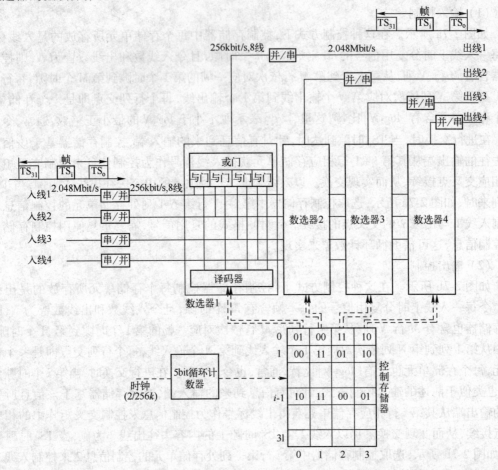

图 2-8　一种用于一次群信号电路交换的空间交换单元

2.3　点到点多级交换网络

交换单元只适合于交换规模较小的情况。当规模较大时,其软硬件实现通常都相当困难。例如,上一节介绍的时间交换单元在规模较大时需要大容量的话音存储器和控制存储器,空间交换单元规模较大时需要的交叉点矩阵由大量交叉点构成,这些无疑都会导致交换单元设计复杂度的增加和成本的提高。因此,为了解决大规模的交换问题,通常使用交换网络。交换网络是由若干个小规模的交换单元按照一定的拓扑结构和控制方式所构成的网络。根据实际情况设计交换网络的具体结构和控制方式等,可以使交换网络具有接续点到点连接或多点连接的能力。多级交换网络是一类典型的交换网络。本节在介绍多级交换网络定义的基础上,主要针对点到点连接情况,介绍一些典型的该类交换网络。这些网络在对其控制方式等方面进行适当处理后,通常也可以接续点到多点连接。本节不介绍这方面的内容,有关多点连接交换网络的更多知识,我们将在下一节加以介绍。

2.3.1 多级交换网络的概念

对于一个交换单元可分为 N 级的交换网络,若其入线仅与第一级交换单元连接,所有第 1 级交换单元都只与入线和第 2 级交换单元连接,所有第 $n(1 < n < N)$ 级交换单元都只与第 n-1 级和第 $n+1$ 级交换单元连接,所有第 N 级交换单元都只与第 N-1 级交换单元和出线连接,则该网络称为 N 级交换网络。

多级交换网络的拓扑结构可用 3 组参量来描述,即每个交换单元的容量、交换单元的级数以及交换单元之间的连接。一旦多级交换网络的拓扑结构确定下来,则其在硬件结构上是否存在固有的内部阻塞特性也就确定。本章将在后续内容中针对一些具体的多级交换网络阐述这方面的知识。然而,正如 1.2.2 小节所述,交换网络既涉及到硬件技术也涉及到软件技术,在实际使用中,交换网络的阻塞特性还要受软件技术影响。例如,一个在硬件上是无阻塞的多级交换网络,若其采用有限次的内部路由搜索算法,如针对电路交换的典型的有限次深度优先路径搜索算法(Depth-First-Search Circuit Hunting),则其也可能拒绝一个呼叫连接请求。

2.3.2 T-S 组合型多级交换网络

T-S 组合型多级交换网络是由若干个 T 交换单元和 S 交换单元进行一定连接所构成的,其不但具有时隙交换功能,而且也具有空间交换功能。T-S 组合型多级交换网络通常有两种典型类型:T-S^n-T 型交换网络和 S^n-T-S^n 型交换网络。在这两类网络中,每一级或者全由 T 交换单元组成,称为 T 级,或者全由 S 交换单元组成,称为 S 级。S^n 代表有 n 个 S 级,n 通常取 1~3。本节中,针对这两种网络类型,分别介绍一种简单构成形式及其工作原理,其他形式的 T-S 组合型多级网络由于在工作机理上具有一定的类似性,限于篇幅,本节不作具体介绍,而作为习题留给读者思考。

1. T-S-T 型交换网络

(1) 基本结构

T-S-T 型交换网络如图 2-9 所示。其由 3 级组成,第 1 级和第 3 级是 T 交换单元,负责信息时隙互换,第 2 级是 S 交换单元,负责对同一时隙上的信息进行空间交换,S 交换单元的入线和出线数分别等于第 1 级 T 交换单元数目 M 和第 3 级 T 交换单元数目 N,即其交叉点矩阵规模为 $M \times N$。为了设计简单起见,通常令 T-S-T 交换网络的第 1 级和第 3 级具有相同数量的 T 交换单元,即 $M = N$,并且令各 T 交换单元容量相同。

图 2-9　T-S-T 型交换网络

（2）工作原理

如上一节所述,T交换单元和S交换单元都有两种控制方式,在T-S-T交换网络中,通过确定各交换单元的适当控制方式组合使得T交换单元与S交换单元之间协同工作,就可以实现任一入线与出线之间的任意时隙内容的交换功能。值得指出的是,第1级各T交换单元在同一时隙上的输出不能去往S交换单元的同一输出端,否则会因竞争S交换单元的输出端而导致阻塞,为此,在确定第1级各交换单元控制存储器内容时,一定要兼顾考虑第2级S交换单元。同样,为了设计简单起见,通常也令T-S-T交换网络中第1级各交换单元采用同一种控制方式,并且令第3级各单元也采用同一种控制方式。

基于上一节所介绍的T交换单元和S交换单元的工作原理,很容易认识T-S-T交换网络的工作原理。故在此不分别介绍这种网络在各种控制方式组合下的工作原理,而仅给出下面一个实例来加以说明。如图2-10所示,其是2入线2出线的T-S-T交换网络,进行CCITT的32/30CH PCM话音一次群信号的电路交换。对于该网络,令其第1、3级T交换单元采用输出控制方式,第2级S交换单元采用输入控制方式。那么,根据呼叫请求,通过预先设置各T及S交换单元的控制存储器信息,即可实现各路信号的时隙-空间-时隙三级交换。例如,若0入线上一帧内的第4个时隙上的信号要去往1出线的相同帧内的第19个时隙上,1入线上一帧内的第8个时隙上的信号要去往0出线的相同帧内的第4个时隙上,那么只要在控制存储器C0的第3个存储单元、C1的第19个存储单元、S0的第3行第1列及第19行第2列存储单元、C2的第4个存储单元和C3的第19个存储单元分别预先写入3、7、0、1、18和2,即可完成所需要的交换请求。

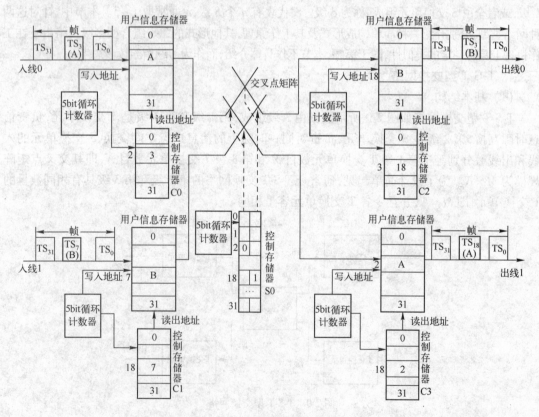

图2-10　T-S-T型交换网络实例

2. S-T-S 型交换网络

（1）基本结构

S-T-S 型交换网络如图 2-11 所示,它也由三级组成,第 1 级和第 3 级是 S 交换单元,负责对同一时隙上的信息进行空间交换;第 2 级是 T 交换单元,负责信息时隙互换,该级 T 交换单元的数目分别等于第 1 级 S 交换单元的出线数目 N_0 和第 3 级 S 交换单元入线数目 M_1。为设计简单起见,通常也令 $M_0 = N_0 = M_1 = N_1$,并且令各 T 交换单元容量相同。

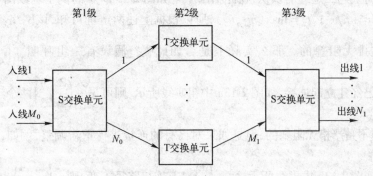

图 2-11 S-T-S 型交换网络

（2）工作原理

同样,由于 T 交换单元和 S 交换单元都有两种控制方式,所以在 T-S-T 交换网络中,通过确定各交换单元的适当控制方式组合使得 T 交换单元与 S 交换单元之间协同工作,也可以实现任一入线与任一出线之间的任意时隙内容的交换功能。对于这种交换网络,也需要在已定各交换单元控制方式下,对一个呼叫请求考虑在各级交换单元控制存储器中如何协调放置其所对应的控制信息,以便避免由于控制存储器等资源使用冲突而导致的阻塞。

考虑到借鉴前述的 T-S-T 交换网络工作原理很容易分析 S-T-S 交换网络工作过程,故在此对该网络的工作原理不再加以赘述。

2.3.3 CLOS 网络

先看一下如图 2-12 所示的三级交换网络,其特点是:任一级的每个交换单元都通过唯一一条链路分别与下一级的各交换单元相连,整个交换网络由每级交换单元数目 r_1、r_2、r_3、第一级一个交换单元的输入端数目 m_1 和第三级一个交换单元的输出端数目 n_3 等 5 个参数确定,并且根据连接链路的唯一性可知,$n_1 = r_2$,$m_2 = r_1$,$n_2 = r_3$,$m_3 = r_2$。该种网络由 CLOS C. 于 1953 年提出,被命名为 CLOS 网络。

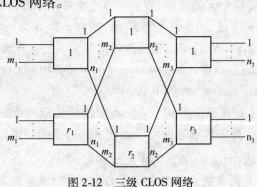

图 2-12 三级 CLOS 网络

这种网络可以利用 PAUL 矩阵方法证明下述定理成立：

定理 2-1（CLOS 定理）：当且仅当第二级交换单元数目 $r_2 \geq m_1 + n_3 - 1$ 时，上述 CLOS 网络是严格无阻塞的交换网络。

定理 2-2（Slepian-Duguid 定理）：当且仅当第二级交换单元数目 $r_2 \geq \max(m_1, n_3)$ 时，上述 CLOS 网络是可重排无阻塞的交换网络。

为了加深对上述二定理的认识，在此给出一个如图 2-13 所示的例子。该图显然是 CLOS 网络。由于 $r_2 < m_1 + n_3 - 1, r_2 = \max(m_1, n_3)$，所以根据上述两定理可知，该网络不是严格无阻塞的，但却是可重排无阻塞的。那么实际上是否如此呢？假设有一组呼叫 $\begin{pmatrix} 入 & 1 & 2 & 3 & 4 \\ 出 & 4 & 2 & 1 & 3 \end{pmatrix}$，令 $\begin{pmatrix} 入 & 1 & 3 \\ 出 & 4 & 1 \end{pmatrix}$ 呼叫已经建立起连接，如图 2-13a 中粗实线所示，则可见 $\begin{pmatrix} 入 & 2 & 4 \\ 出 & 2 & 3 \end{pmatrix}$ 两个连接无法建立成功，亦即该网络不是严格无阻塞的，但是如果对已有的连接进行重新调整，例如，将上述 $\begin{pmatrix} 入 & 3 \\ 出 & 1 \end{pmatrix}$ 连接路径转变为如图 2-13b 中虚线所示，而 $\begin{pmatrix} 入 & 1 \\ 出 & 4 \end{pmatrix}$ 已有连接路径不变，则 $\begin{pmatrix} 入 & 2 & 4 \\ 出 & 2 & 3 \end{pmatrix}$ 也可以建立成功，所以该网络通过重排已有连接链路是可以实现无阻塞的。

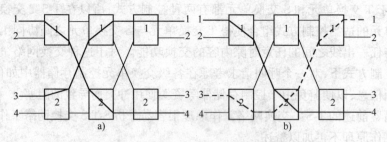

图 2-13　可重排无阻塞 CLOS 网络实例

三级 CLOS 网络可以递归分解来构造更大奇数级的 CLOS 网络，以达到进一步降低交叉点数量的目的。假设构造一个 $N \times N$ 的交换网络。令 $N = p \times q$。则根据前述定理，首先构造严格无阻塞和可重排无阻塞三级网络，如图 2-14 所示。一个递归构造的五级严格（可重排）无阻塞 CLOS 网络可以通过将该图所示的严格（可重排）无阻塞三级 CLOS 网络中的任一级的各交换单元用三级严格（可重排）无阻塞 CLOS 子网替换来实现。这一递归构造方式可以重复进行，以便进一步降低单个交换单元的规模，直到各级交换单元不能再继续分解为止。对于上述递归构造多级 CLOS 网络的方法，有一种特殊情形，即 $N = 2^n$，n 为一正整数。在这种情形下，通过将 N 因子分解为 $p = 2, q = N/2$，可以最终递归构造出一个含有级 $2\log_2 N - 1$、每级包含 $N/2$ 个 2×2 交换单元的交叉点复杂度大约为 $4N\log_2 N$ 的可重排阻塞 CLOS 网络，该种网络被称为 Benes 网络。图 2-15 给出了一个 8×8 的 Benes 网络。

需要指出的是，利用上述递归分解构造方法不能使所构造的严格无阻塞网络的交叉点复杂度低于 $CN\log_2 N$，其中，C 为一常数。这可以通过下面例子推导得以看出。令将规模为 $N \times N$ 的 CLOS 网络分解为 3 级，$p = q = \sqrt{N}$。为了方便起见，令 $N = 2^n, n = 2^t$。那么，严格无阻塞三级 CLOS 网络成立的条件是第 2 级必须至少有 $2 \times 2^{n/2} - 1$ 个规模为 $2^{n/2} \times 2^{n/2}$ 的交换单元。同

22

样为了方便起见,令第 2 级有 $2 \times 2^{n/2}$ 个规模为 $\sqrt{N} \times \sqrt{N}$ 的交换单元。由于此时第 1 和 3 级中每一个交换单元的规模为 $2^{n/2} \times 2^{n/2+1}$ 或 $2^{n/2+1} \times 2^{n/2+1}$,其可以看作是由两个规模为 $2^{n/2} \times 2^{n/2}$ 的交换单元组合而成,所以,三级分解后,整个交换网络含有 $6 \times 2^{n/2}$ 个规模为 $2^{n/2} \times 2^{n/2}$ 的交换单元。令 $F(2^n)$ 代表规模为 $N \times N$ 的 CLOS 交换网络的交叉点复杂度,可得到下述递归关系表达式:

$$
\begin{aligned}
F(2^n) &= 6 \times 2^{n/2} F(2^{n/2}) \\
&= 6^l 2^{n/2+n/4+\cdots+1} f(2) \\
&< 6^l 2^n F(2) \\
&= N(\log_2 N)^{\log_2 6} F(2) \\
&= N(\log_2 N)^{2.58} F(2)
\end{aligned}
\tag{2-1}
$$

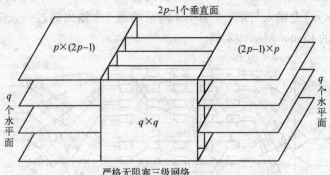

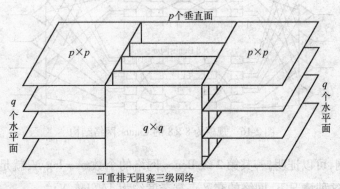

图 2-14　三级无阻塞 CLOS 网络三维图

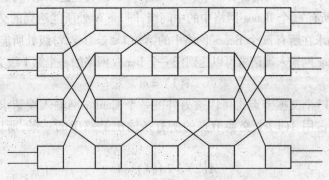

图 2-15　8×8 Benes 网络

从上述表达式可见，$\log_2 N$ 项的指数接近于 2.58。那么，是否有这样的严格无阻塞网络，其交叉点复杂度表达式中的项的指数比 2.58 小许多，甚至接近于 1 呢？事实上，这种网络是存在的，但是需要使用其他的方法来构造。下面所介绍的 Cantor 网络就是这样的网络。

2.3.4　Cantor 网络

Cantor 网络在整体上可以认为包括 3 级，第 1、2 和 3 级分别为解复器、Benes 网络和复用器，且每一级上的各单元结构完全相同。令 Cantor 网络的规模为 $N \times N$，且令该网络第二级有 m 个结构完全相同的 Benes 网络，每个 Benes 网络的规模为 $N \times N$；第 1 级上含有 N 个规模为 $1 \times m$ 的解复器，第 $i(1 < i < N)$ 个解复器的输入对应 Cantor 网络的第 i 个输入且其 m 个输出中第 $j(1 < j < m)$ 个输出与第 j 个 Benes 网络的第 i 个输入通过一条链路连接；第 3 级上含有 N 个规模为 $m \times 1$ 的复用器，第 $i(1 < i < N)$ 个复用器的输出对应 Cantor 网络的第 i 个输出且其 m 个输入中第 $j(1 < j < m)$ 个输入与第 j 个 Benes 网络的第 i 个输出通过一条链路连接。图 2-16 给出了一个规模为的 Cantor 网结构实例。

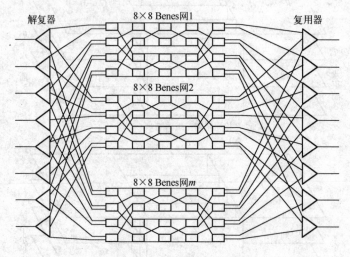

图 2-16　规模为 8×8 的 Cantor 网络结构

对于 Cantor 网，可以证明，若其第 2 级 Benes 网络的个数 $m = \log_2 N$，就足以保证该网络是严格无阻塞的，在这种情况下，网络的交叉点复杂度约为 $4N(\log_2 N)^2$。

如前面所述，每个 Benes 网络含有 $2\log_2 N - 1$ 级。为了证明上述结论，我们分析 Cantor 网的一个输入（或出）端在所有 m 个 Benes 网络中的中间级，即 $\log_2 N$ 处所能达到的交换节点数目。令 $A(k)$ 代表一输入端请求在所有 m 个 Benes 网络中的第 $k(1 \leqslant k \leqslant \log_2 N)$ 级处所能达到的交换节点数目。显然，一个 Cantor 网输入端请求可以达到任一个 Benes 网络的一个第 1 级交换节点，所以

$$A(1) = m \tag{2-2}$$

进一步，由于该 $A(1)$ 个交换节点也可以被另外的一个 Cantor 网输入端请求所能达到，导致该另外的一个请求会占用 $A(1)$ 个交换节点的所有条输出链路中的一条，所以，考虑最坏情况，则有

$$A(2) = 2A(1) - 1 \tag{2-3}$$

类似，上述 $A(2)$ 个第 2 交换单元理论上能达到 $2A(2)$ 个第 3 级交换单元，但由于在最坏情况下

上述所能达到的交换单元中会有两个被 Cantor 网的其他两个输入端请求所到达,所以

$$A(3) = 2A(2) - 2 \tag{2-4}$$

依次类推,$A(k-1)$ 个第 $k-1$ 级交换单元理论上能达到 $2A(k-1)$ 个第 k 级交换单元,但由于在最坏情况下上述所能达到的交换单元中会有 2^{k-2} 个被 Cantor 网的其他 2^{k-2} 个输入端请求所到达,所以

$$\begin{aligned}A(k) &= 2A(k-1) - 2^{k-2}\\ &= 2^2 A(k-2) - 2 \times 2^{k-2}\\ &= 2^{k-1}A(1) - (k-1)2^{k-2}\end{aligned} \tag{2-5}$$

所以有

$$\begin{aligned}A(\log N) &= 2^{\log N-1}m - (\log N-1)2^{\log N-2}\\ &= \frac{1}{2}Nm - \frac{1}{4}(\log N-1)N\end{aligned} \tag{2-6}$$

既然 Cantor 具有左右对称的网络结构,那么同样可知,从 Cantor 网络输出端来看,一个输出在 Benes 网络的中间级($\log_2 N$ 级)也可以达到上述相同数目的交换单元。由于在该级共有 $Nm/2$ 个交换单元,所以如果一个输入端和一个输出端在该级可以达到的交换单元总数超过 $Nm/2$,那么一定会存在一个被该输入端和输出端同时达到的交换单元。因此,如果下式成立,则该网络就会是严格无阻塞的:

$$2 \times \left(\frac{1}{2}Nm - \frac{1}{4}(\log N-1)N > Nm/2 \right) \tag{2-7}$$

亦即

$$m > \log N - 1 \tag{2-8}$$

此时,由于单个 Benes 网络的交叉点复杂度约为 $4N\log_2 N$,所以 Cantor 网络的交叉点复杂度约为 $4N(\log_2 N)^2$。

2.3.5 Banyan 网络

Banyan 网络被提出的时间较早,它最初用于计算机领域,而非通信领域。但是 20 世纪 90 年代以来,随着对 ATM 交换机的研发,该种交换机需要具有快速信元交换能力,而 Banyan 网络本身所具有的自选路径能力恰能符合这方面需要,为此,该种网络结构作为一种合适的交换网络部件,在 ATM 交换技术领域中受到了较多的关注。

1. 基本结构

Banyan 网络是一种多级空分交换网络,其基本构成元素是 2×2 交换单元。这种网络存在一种简单的规律构造方法,具体描述如下:

使用 4 个 2×2 交换单元可以构成一个规模为的 2 级 4×4 Banyan 网络,如图 2-17 所示,其中,两级间通过均匀洗牌方式加以连接。

使用 2 个 4×4 Banyan 网络和 4 个 2×2 交换单元可以构造一个规模为 8×8 的 3 级 Banyan 网络,如图 2-18 所示,其中,第 2 级和第 3 级间通过均匀洗牌方式连接。

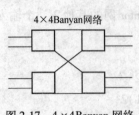

图 2-17 4×4Banyan 网络

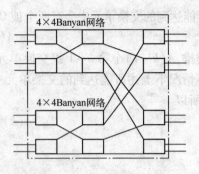

图 2-18 8×8Banyan 网络

类似地,使用 2 个 8×8Banyan 网络和 8 个 2×2 交换单元可以构造一个规模为 16×16 的四级 Banyan 网络,如图 2-19 所示,其中,第 3 和第 4 级间通过均匀洗牌方式连接。

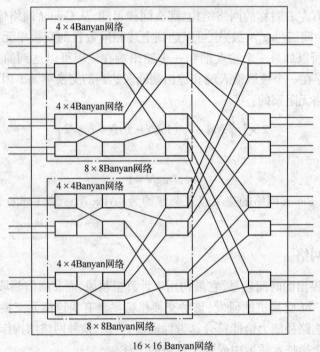

16×16 Banyan网络

图 2-19 16×16Banyan 网络

从上述描述可见,多级 Banyan 网络的构造是有规律的,即利用较小规模的 Banyan 网络以及均匀洗牌连接方法,可以递归构造规模更大规模的 Banyan 网络。

需要指出的是,上述构造方法仅是 Banyan 网络的一种实现形式。实际上,Banyan 网络还存在多种实现形式,这些不同的实现形式具有等效的网络功能和拓扑,只要把一个网络中某一级的交换节点进行重新排列,就可以得到另一种网络。

2. 主要特性

1) 对于规模为 $N×N$ 的 Banyan 网络,依据前述网络构造方法,易见,必有 $N=2^n$,且其具有 $\log_2 N = n$ 级,每级含有 $N/2$ 个 2×2 交换单元,整个网络含有 $\frac{N}{2}\log_2 N$ 个 2×2 交换单元。

2）Banyan网络具有路径唯一性。所谓路径唯一是指对于一个交换网络,其任一入线和出线之间存在且仅存在一条通路。Banyan网络的路径唯一性可以利用递推的方法来证明。参看图2-17,显然4×4Banyan网络具有路径唯一性。参见图2-18,由于前两级是2个4×4Banyan网络,并且最后一级交换单元与第2级之间共有8条路径,且必须经过其中的唯一一条路径才能到达第3级的某一条出线,因此8×8Banyan网络也是路径唯一的。参见图2-19,由于前3级是2个8×8Banyan网络,并且最后一级交换单元与第3级之间共有16条路径,且必须经过其中的唯一一条路径才能到达第4级的某一条出线,因此16×16Banyan网络仍然是路径唯一的。鉴于Banyan网络构造的规律性,依此类推,易证明:更大到规模的Banyan网络都是路径唯一的。

3）Banyan网络具有自选路特性。所谓自选路是指,如果一个数据报头包含通过一个交换网络所需选择路径的所有信息,并且能够通过很简单的机制就可进行选路,那么该数据报具有自选路功能。一个简单的自选路机制如图2-20所示。令一个数据报在交换网络中所经过的交换单元序列是$S_1, S_2, \cdots, S_K$,在S_i单元中,该数据报从其b_i出端送出。那么,令入端自选路地址为$b_1 b_2 \cdots b_K$,则在S_i单元,数据报被送到b_i出端,然后,b_i被从自选路地址中删除,再使用剩余的地址信息$b_{i+1} \cdots b_K$继续进行下一级选路,依次执行下去,当没有剩余地址信息时,数据报正好被送到目的输出线端口。

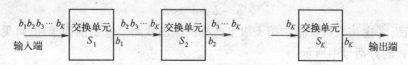

图2-20　自选路机制示例

对于$N \times N(N = 2^n)$的Banyan网络,将入线和出线分别顺序编号为十进制数$0, 1, \cdots, N-1$,则可用n位二进制数来替代。并且将每个交换单元的两个出端从上到下依次编号0和1。那么,一个从某一入线去往第i个出线的连接必定顺序通过n个属于不同级的交换单元,而顺序在各交换单元通过的输出端号所组成的一个n位二进制数恰好是第个出线的二进制编号。以图2-19为例,一个从入线1去往出线12的连接,其顺序在各交换单元通过的输出端号所组成的数字为1100,正好是对应出线的编号。基于这一点,显然,若将要去往的出线二进制编号作为数据报经过交换网络的地址送给交换网络,则交换网络每级中相应一个交换单元以顺序方式使用该地址中的相应一位数据来确定其输出端口,就能保证将数据报发送到指定输出线上。

Banyan网的这一自选路特性可以令交换网络的路由控制非常简单,对于统计复用信号的快速交换,这一特性是非常优越的。

4）Banyan网络是一种有内部阻塞的交换网络。这可以通过一个简单的例子来说明。参看图2-19,假设第一输入线有信息需要送往第13个输出线,同时,第2个输入线有信息需要送往第9个输出线,那么两者都需要经过第1级第1个交换单元与第2级第2个交换单元之间的连线,从而产生冲突,发生阻塞现象。这种阻塞不能利用重排连接路径加以避免,原因在于上述的Banyan网络路径的唯一性。

然而,在一定特殊数据报连接请求条件下,即,①在前述编号方式下,数据报连接请求的输出线地址严格单调上升(或下降),并且②数据报连接请求所在的各输入线紧凑,Banyan网络却能实现无阻塞连接。这是基于下述定理。

定理 2-3：对于 $N \times N (N = 2^n)$ 的 Banyan 网络，令 $a = a_1 a_2 \cdots a_n$ 和 $a' = a'_1 a'_2 \cdots a'_n$ 分别是两个数据报在该网络的输入端地址，且令 $b = b_1 b_2 \cdots b_n$ 和 $b' = b'_1 b'_2 \cdots b'_n$ 分别是该二数据报要去往的目的输出线地址。那么，在上述目的输出线地址严格单调上升（或下降）且输入线紧凑的条件下，该网络能够无阻塞地同时传输这两个数据报。

证明：

首先出于证明的需要，再额外讨论一下这种网络的编号问题。令网络中每级的各交换单元从上到下依次用二进制数编号，基于前述的网络特性，可知，每个交换单元的编号为一个 $n-1$ 位二进制数。同样，对每级交换单元的所有输出线从上到下依次用二进制数编号，也易知，每条出线的编号为一个 n 位二进制数。对于上述一个数据报（对应的输入端 $a_1 a_2 \cdots a_n$，$b_1 b_2 \cdots b_n$），使用 $b_1 b_2 \cdots b_n$ 进行自选路，则易知，该数据报在第一级经过交换单元 $a_2 \cdots a_n$；使用该单元输出线 $a_2 \cdots a_n \cdots b_k$ 到达第二级交换单元 $a_3 \cdots a_n b_1$；依次下去，使用 $a_{k+1} \cdots a_n b_1 \cdots b_k$ 到达第 $k+1$ 级交换单元 $a_{k+2} \cdots a_n b_1 \cdots b_k$；最后，从最后一级的交换单元 $b_1 \cdots b_{n-1}$ 到达目的输出线 $b_1 \cdots b_n$。

下面，使用反证法证明上述定理，这里只证明数据报连接请求的输出线地址严格单调上升的情况，对于单调下降的情况，证明方法类似，留作习题。不失一般性，假设 $a' > a, b' > b$。既然具有请求的输入端紧凑，那么根据其对应的输出端单调上升的条件，可以得到

$$b' - b \geqslant a' - a \tag{2-9}$$

另一方面，考虑该二数据报在第 k 级上选择的输出线路。基于前面描述，可见它们所选择的出线如下式的方括号中所示：

$$a'_1 \cdots a'_k [a'_{k+1} \cdots a_n a'_1 \cdots b'_k] b'_{k+1} \cdots b'_n \tag{2-10}$$
$$a_1 \cdots a_k [a_{k+1} \cdots a_n b_1 \cdots b_k] b_{k+1} \cdots b_n$$

如果上述两条线路是相同的，那么有 $a'_i = a_i (k+1 \leqslant i \leqslant n)$，$b'_i = b_i (i \leqslant i \leqslant k)$。现在考虑 $a' - a$。在这个假设下，鉴于定理条件，那么在 $1 \leqslant i \leqslant k$ 范围内一定至少有一位满足 $a'_i \neq a_i$，进而有

$$a' - a \geqslant 2^{n-k} \tag{2-11}$$

类似地，在这个假设下，也可得到

$$2^{n-k} > b' - b \tag{2-12}$$

基于上述式（2-11）和式（2-12），可得到

$$a' - a > b' - b \tag{2-13}$$

这一结论和式（2-9）正好矛盾，所以，两个数据报在网络内一定不会经过相同线路。

定理得证。

3. 缓解 Banyan 网络内部阻塞问题的一些方法

Banyan 网络内部阻塞问题的缓解方法很多，在此，我们介绍几种解决方法。

（1）缓存方式

前述的 Banyan 网络发生内部阻塞时，通常只有一个参与竞争的数据报能够成功送到要去的出端，而其他参与竞争的数据报会被丢弃。为此，可以通过设置缓存器的方法，将竞争失败的数据报暂存起来，等到其对应的交换线路空闲时再发送。缓存器的设置位置可在网络的各输入端口、内部各级交换单元的输入端口等处。

（2）多链路方式

在这种方式下，可将网络内部的每条线路用多条线路来替代。

（3）多平面方式

对于该方式，并联使用多个结构相同的 Banyan 网络，将各输入 i 通过解复器连到各网络的第 i 个输入端，将各网络第 j 个输出端通过复用器连到第 j 个输出，从而构成一个多通道交换网络。实际上，这种网络可以通过前面所介绍的 Cantor 网来得到，为此，只要将 Cantor 网中第 2 级的各 Benes 网用同一规模的 Banyan 网来代替即可。

（4）串联方式

这种方式是利用了定理 2-3 的结论。如前所述，如果输入端到来数据报紧凑，且其所去往的输出端单调上升（或下降），那么 Banyan 网络可以实现无阻塞连接。故可考虑将两个网络串联，第二个网络是 Banyan 网，而第一个网络对输入端到来的任意顺序的各数据报，能够实现从入端任意顺序到出端可满足上述单调及紧凑条件的转换功能（事实上，排序网就可以作为这样的网络，下述的 Batcher 排序网就是一个典型的排序网络），就可实现无阻塞交换。

值得指出的是，上述串联方法仅适合解决内部阻塞，但对于两个入线端同时竞争一个出端而导致的出线阻塞情况，则不能解决。为了进一步解决这一问题，可以在上述两个网络间依次串联进一个净化器和一个集中器来解决，其中，净化器将第一个网络输出的具有相同出端地址的多个数据报保留下一个，而其他被过滤掉，当然，为了避免数据丢失，也可将过滤下来的数据返回给第一个网络入端，让其参与下一轮竞争。净化器实际上也可以利用排序网来实现，此时，只要给想要过滤掉的数据报赋予较大的输出地址即可；集中器用于将多个输入数据报在聚集在一起的相应数目的输出端上输出。由于净化器的输出很可能不紧凑，这将破坏 Banyan 网的内部无阻塞的条件，因此，使用集中器是必要的。有关集中器的知识，将在下一节介绍。

下面，着重介绍排序网的有关知识。

排序和交换密切相关。排序是对数据进行变换，以实现将原来的任意顺序的数据整理成一个完全有序的序列。而交换是对地址进行映射，以实现将输入端连接到任意所希望到达的输出端。以置换连接 $\begin{pmatrix} 1 & 2 & 3 & 4 \\ 3 & 2 & 4 & 1 \end{pmatrix}$ 为例，可以使用一个 4×4 交换网络来实现 $1 \to 3, 2 \to 2, 3 \to 4, 4 \to 1$。也可以使用一个 4×4 排序网来实现上述置换。此时，其输出端 1,2,3,4 顺序编号，然后在输入端 1,2,3,4 上分别利用置换所对应的目的地址 3,2,4,1 作为输入。这样，经过排序网络后，输出变成一个有序序列(1,2,3,4)。从排序网络的端对端特性来看，恰是 $1 \to 3, 2 \to 2, 3 \to 4, 4 \to 1$，亦即实现了上述置换。由此例可以看出，排序和交换可以在置换的概念下统一起来。从置换的角度来讲，排序和交换两者在功能上是极为相似的。这种功能上的相似性，也导致了两者在拓扑结构上的相似性。和使用 2×2 基本交换单元构成多级互连交换网络相类似，在构造排序网络时，也往往使用基本的 2-2 排序器（又称比较器）。实际上，2×2 比较器就是一个 2×2 比较交换单元，它将两个输入端上的数 x, y 进行比较，然后将其中小者输出到上（或下）输出端，而把其中大者输出到下（或上）输出端，其功能如图 2-21 所示。

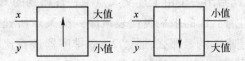

图 2-21　2×2 比较器功能示意图

就排序网络而言,可以通过在下述定义及性质基础上得到的 Batcher 定理加以构建。

定义 2-1:双调序列。对于一个序列 $L_N = (l_1, \cdots, l_k \cdots, l_N)$,如果存在一个 $1 \leq k \leq N$,使得满足 $l_1 \leq l_k \leq \cdots \leq l_{k-1} \leq l_k$ 并且 $l_k \geq l_{k+1} \geq \cdots \geq l_N$,亦即序列前 k 个元素先单调上升,然后单调下降,那么该序列称为双调序列(示例如图 2-22 所示)。

定义 2-2:循环双调序列。将一个双调序列首尾连接起来,然后在任一点将其切为含有相同元素个数的两部分,这样就形成了一个循环双调序列(示例如图 2-22 所示)。

从上述定义可见,双调序列是循环双调序列的一个特例。此外,(循环)双调序列还具有一个非常重要的特性,即交叉点唯一性。如图 2-22 所示,把一个单调上升序列与一个单调下降序列进行比较,可发现至多只有一个位置上这两个序列的数值发生交叉,同样也可发现这一特性对循环双调序列也存在。使用这一特性,可以证明下述定理成立。

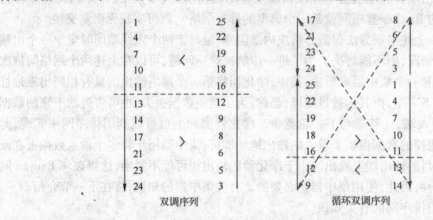

图 2-22 (循环)双调序列示例

定理 2-4(Batcher 定理):循环双调序列能够使用一个基本构成单元是 2×2 排序器的 Banyan 网来进行排序。

证明:考虑一个输入是循环双调序列的 $N \times N$ 双调排序网络。所谓双调排序网络是指能够将(循环)双调输入序列转换为一个排序输出序列的排序网络。假设对该网络进行两级分解,其中,第一级由 $N/2$ 个垂直放置的 2×2 排序器组成,第二级由两个水平放置的 $N/2 \times N/2$ 双调排序器组成,如图 2-23 所示。该分解过程可以对 $N/2 \times N/2$ 双调排序器递归进行下去,当分解到最后整个网络的基本单元都是 2×2 排序器时,实际上所生成的网络拓扑结构是一个 Banyan 网。

下面,我们证明两个结论成立:Ⅰ)两个水平放置的 $N/2 \times N/2$ 双调排序网络的输入都是循环双调序列,Ⅱ)并且上一个 $N/2 \times N/2$ 双调排序网络的的各输出都比下一个 $N/2 \times N/2$ 双调排序网络的各输出小。

为了证明结论Ⅱ),在此给出一个由上述交叉点唯一性得到的 H 定理。如图 2-23 所示,令 H 的垂直线代表循环双调序列,H 的水平线代表该序列交叉点所处的位置。根据交叉点唯一性可知,该水平线的位置是唯一的。那么,通过 2×2 排序器进行比较后,易见,H 的大值被送给下一个 $N/2 \times N/2$ 双调排序网络,而 H 的小值被送给上一个 $N/2 \times N/2$ 双调排序网络,亦即证明了结论Ⅱ)的成立。

为了证明结论Ⅰ),可以观察 H 是如何被分解的,如图 2-23 所示。可以看到,H 被分解为两部分,每一部分都包含两个子部分,其首尾相连,恰好是循环双调序列,亦即证明了结论I)。

显而易见,该二结论可继续适用于后续的两级递归分解,进而可以得证上述定理显然成立。

证毕。

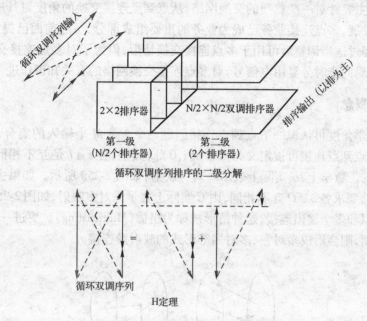

图2-23 双调排序网络的递归构建

基于上述定理所构建的网络能够进行排序的前提是其输入是循环双调序列。实际上,需要排序的序列不一定具有循环双调特性。为了能够对任意序列加以排序,可以基于上述定理,并利用递归的方式来实现,其思路就是利用两个基于上述定理得到的 $N \times N$ 规模排序网络获得两个排序序列,然后将这二序列组成一个循环双调序列,再利用一个基于上述定理得到的 $2N \times 2N$ 规模排序网络对其进行排序。如此构建出来的排序网络又称为 Batcher 排序网络。图 2-24 给出了一个 8×8 Batcher 排序网络,并给出了一组输入{011,111,010,100}的排序示例,其中,当输入端没有输入值时,可以默认其值为最大输入值。

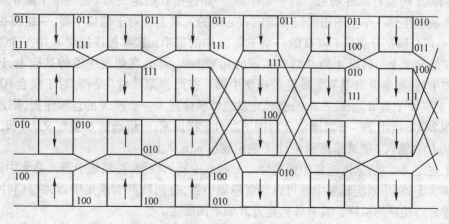

图2-24 一个 8×8 Batcher 排序网络示例

2.4　多点连接交换网络

在上一节,主要针对一些典型的交换网络,从点到点连接交换的角度对其进行了介绍。随着通信技术的发展,多点连接业务已成为业务的重要组成部分,虽然前面已提及,上一节的一些交换网络在经过适当调整后可用于多点连接交换情形,但为了对多点连接交换问题有更多的认识,本节针对同步时分复用电信号,对多点连接交换网络的有关知识作进一步介绍。

2.4.1　基本概念

首先,从数学角度再认识一下点到点连接问题。令 I 是 M 个输入的集合,O 是 N 个输出的集合,则一组点到点连接可被定义为 $C = \{(i,0)\}$,其中,各 $i \in I$ 是互不相同的,且各 $o \in O$ 也是互不相同的。数学上,C 实际上表示一对一映射,如图 2-25a 所示。如果去除上述有关各 i 的限制,但仍然要求各 $o \in O$ 互不相同,则 C 实际上表示一对多映射,如图 2-25b 所示,这意味着一个输入可以和多个输出连接,这种情形被称为组播(Multicasting)。更进一步,如果去除上述有关 o 的限制,则会形成多对一、多对多等形式的映射及连接。

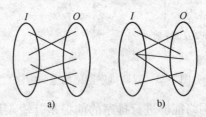

图 2-25　输入/输出连接的映射表示

本节中,主要研究一些能够实现多点连接的多级交换网络。这些交换网络主要利用了一些具有不确定输出的子交换网络。不确定输出交换网络是这样一种网络,它将一个输入与一些输出互连,但是这些输出却是不确定的。在此,我们介绍 3 种本节后续部分将使用的具有输出不确定性的连接函数,即集中器(Concentrator)、超集中器(Super-concentrator)和拷贝网(Copy network),如图 2-26 所示。对于集中器,一组连接 C 被定义为 I 的一个子集 A,该 A 的每个元素都被连接到一个互不相同但不确定 $o' \in O$ 的元素上。对于超集中器,一组连接 C 被定义为 (A,B),A 和 B 分别是 I 和 O 的一个子集,A 中的每个元素都被连接到 B 中一个互不相同但不确定的元素上。假设 A 和 B 具有相同的元素个数,那么在超集中器的基础上,还可定义紧凑超集中器,即集合 B 具有紧凑性的超集中器。在此,"紧凑性"是指,对于集合 $\{0,1,2,3,\cdots,N\text{-}1\}$ 的一个子集 B,如果 B 中的全部元素能够被排列为一个模 N 的连续序列,则该 B 是紧凑的。图 2-26c 给出了一个紧凑集合的例子。对于拷贝网,一组连接 C 被定义为 $\{(i,n_i)\}$,其中,(i,n_j) 代表输入 i 能被连接到 n_i 个不确定输出 $o' \in O$ 上。

从上述定义可见,紧凑超集中器实际上是超集中器的特例,而超集中器又是集中器的一个特例。事实上,利用紧凑超集中器可以实现超集中器,进而就可实现集中器,并且利用紧凑超集中器也能够构建拷贝网。其具体构建方式如下面所述。

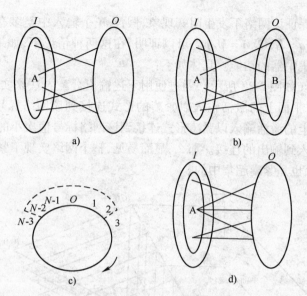

图 2-26 不确定输出的连接功能
a）集中器 b）超集中器 c）紧凑概念 d）拷贝网

2.4.2 紧凑超集中器及超集中器的构建

1. 紧凑超集中器

在此，构建规模为 $M \times N$ 的紧凑超集中器。显然，$M \times N$ 交叉点交换矩阵即可实现（紧凑）超集中器的功能。当 M、N 不大时，可以使用这种单级构建方式。但正如以前所述，当 M、N 较大时，这种方式是不合适的。为此，对于较大的 M、N，这里使用两级递归分解法构建紧凑超集中器。假设 M 和 N 分别能够为 p 和 q 整除，我们构建一个如图 2-27 所示的三维二级结构。其中，第一级有 p 个水平面，每个水平面是一个 $M/p \times q$ 紧凑超集中器；第二级有 q 个垂直面，每个垂直面是一个 $p \times N/q$ 紧凑超集中器。在该图中，令坐标 (i,j,k) 代表第 k 级第 j 个面的第 i 个输出，那么，该网络的输入和输出分别可表示为 $(i,j,0)$ 和 $(i,j,2)$。并且令 (i,j,k) 以排为主进行排序，即如果 $j > j'$，则 $(i,j,k) > (i',j',k)$，如果 $j = j'$，那么若 $i > i'$，则 $(i,j,k) > (i',j',k)$。

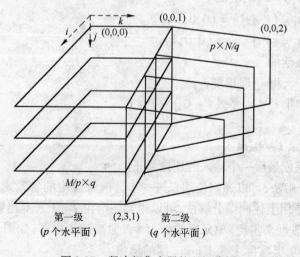

图 2-27 紧凑超集中器的两级分解

对于该图,为了保证该网络不发生阻塞现象,假设 M 个输入中至多有 N 个是激活的。我们考虑两种情形:① $q = N$,② $q = M/p$。可以证明,在这两种情形下,如果使用合适的连接方法,就能实现紧凑超集中器的功能。具体如下:

对于第一种情形(如图 2-28 所示),通过使用下述输出分配方法来实现紧凑超集中功能:令第一级的第一个水平面上的激活输入以紧凑的形式连接到该网络标号值较小的一组输出上,令第二个水平面上的激活输入以紧凑形式连接到该网络标号值次小的一组输出上,以此类推,完成所有激活输入到输出的连接。那么,显而易见,整个网络实现了紧凑超集中器的功能,并且每一级的各平面也是紧凑超集中的。

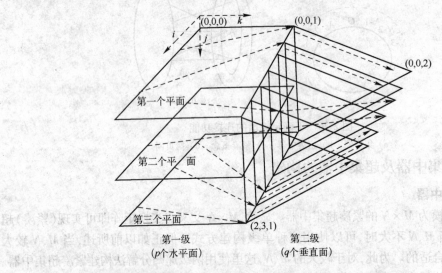

图 2-28　$q = N$ 情形下紧凑超集中器的连接分配方法

对于第二种情形,如果两级中的每一个平面都是紧凑超集中器,则可以表示整个网络是紧凑超集中的。这可以通过下述以排为主的连接分配算法来实现:

(1) 初始化

1) 输入 $s_0 = (i, j, 0) = (0, 0, 0)$。

2) 第一级输出 $s_1 = (i', j, 1) = (0, 0, 1)$。

3) 第二级输出 $s_2 = (i', j', 2) = (0, 0, 2)$。

(2) 如果 s_0 是激活的

1) 将 s_0 连接到 s_1,将 s_1 连接到 s_2。

2) $i' \leftarrow i' + 1$。如果 $i' = q$,那么 $i' \leftarrow 0, j' \leftarrow j' + 1$。

(3) 令 $i \leftarrow i + 1$

如果 $i = M/p$,那么 $i' \leftarrow 0, j \leftarrow j + 1$

返回(2),直到完成最后一个输入的连接为止。

对于上述两级分解法,可以递归使用来进一步分解每级中的各紧凑超集中器。考虑 $M = N = 2^n$ 的情形,递归使用上述两级分解法,可以得到一个由 2×2 紧凑超集中器(这种紧凑超集中器可由 2×2 交换节点来实现)单元组成的 $M \times N$ 紧凑超集中器,如图 2-29 所示。这种网络也称为反向 Banyan 网,其实际上是 Banyan 网的镜像。

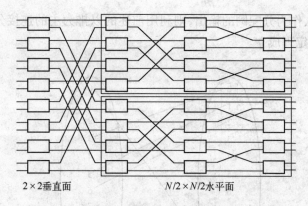

2×2垂直面　　　　　　$N/2 \times N/2$水平面

图 2-29　基于递归二级分解所构建的反向 Banyan 网

2. 超集中器

超集中器可通过紧凑超集中器来实现。将两个紧凑超集中器背靠背连接在一起,即构成一个超集中器。

2.4.3　拷贝网的构建

紧凑超集中器也可用来构建拷贝网。具体构建时,是利用了该种集中器的镜像——分配网。为此,在介绍拷贝网构建前,先介绍一下分配网的有关知识。

1. 分配网

分配网是紧凑超集中器的镜像映射,如图 2-30 所示。

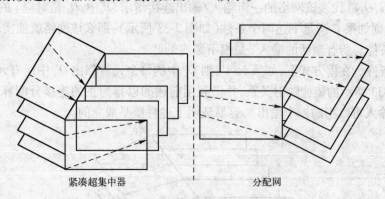

紧凑超集中器　　　　　　　　　　　　分配网

图 2-30　分配网与紧凑超集中器的镜像映射

对于分配网,有下述定理成立:

定理 2-5:假设一组输入/输出连接 $C = \{(i, o_i)\}$ 满足下列条件(如图 2-31 所示):

1)紧凑条件。所有激活的输入 i 是模下紧凑的。

2)单调条件。针对每个输入 i 的输出 o_i 在模下是严格上升的。

则所有满足上述两个条件的点到点连接请求,都能通过分配网建立起连接。

证明:本质上,一个带有满足上述两个条件的连接请求的分配网实际上执行一个紧凑超集中器的反向功能,即用分配代替集中,如图 2-30 所示。那么,若令该紧凑超集中器的输出作为分配网的输入,其输入作为分配网的输出,则利用前述的以排为主的连接分配算法(在此稍作调整),很容易证明该定理成立。

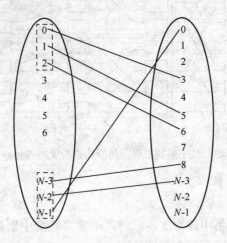

图 2-31　紧凑单调点到点连接方式

2. 拷贝网

对于上述分配网,若令该网络中每个平面允许点到多点连接,并且令其输入、输出满足下面给出的条件,就能够实现拷贝功能。这样的网络被称为拷贝分配网(如图 2-32 所示)。具体说明如下:

令 $C = \{(i, O_i)\}$ 代表该网络的一组输入/输出连接请求,其中,O_i 是对应 i 的输出集合,元素个数为 n_i。则如果 C 满足下述两个条件(如图 2-33 所示),那么该网络就能实现拷贝功能:

1)紧凑条件。所有激活的输入 i 是模下紧凑的。

2)单调条件。在模方式下,如果 $i > i'$,则 O_i 中的每个元素都比 O'_i 中所有元素大。

基于图 2-33 所示的镜像映射关系,并仍利用前述的以排为主的连接分配算法(在此稍作调整,令多个输入可以指向一个输出),容易证明上述性质是成立的。

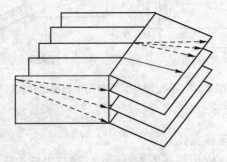

图 2-32　拷贝分配网

然而,拷贝分配网并不是实际意义上的拷贝网。原因有两点。第一,拷贝网的激活输入不一定是紧凑的。为了通过拷贝分配网构建拷贝网,需要集中激活输入,以便它们紧凑。这可以通过使用紧凑超集中器来实现,如图 2-34 所示。第二,必须为每个激活输入 i 分配满足模下单调条件的输出 O_i。这可以通过下述方式来实现:对于输入 i,通过指定一个尺度为 n_i(需要的拷贝数)的输出区域,该区域的上、下界分别是所有激活输入 $i' \leq i$ 和 $i' < i$ 所需的拷贝总数目,则可获得对应 i 的单调输出集合 O_i。在上述调整的基础上,就可得到实际意义上的拷贝网。

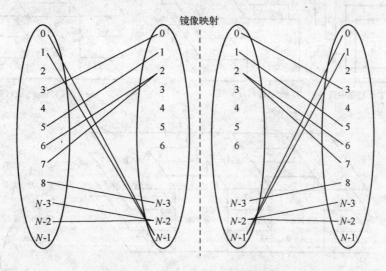

图 2-33　点到多点与多点到点连接方式的镜像映射

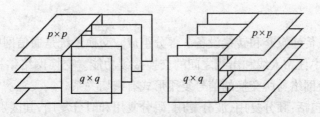

图 2-34　拷贝网的构建

2.4.4　组播 S 连接交换网络的构建

　　组播连接交换网络可以通过将一个拷贝网和一个点到点交换网加以级联来实现。如前所述,拷贝网由紧凑超集中器和拷贝分配网组成,其中每一部分都可进行两级分解,点到点交换网可以进行 3 级分解。那么,通过对上述每一部分进行一次分解,便可得到一个 7 级网络,其中,第 3 和 4 级具有多点交换功能,如图 2-35 所示。从该图可见,实际上该组播连接交换网络仅需要 5 级。既然紧凑超集中器和拷贝分配网具有镜像关系,第 2 和 3 级是并行的,所以这两级可以合并。同样,第 4 级和第 5 级都是并行的水平面,所以这两级也可以合并为一级,从而,使得整个网络具有 5 级结构。

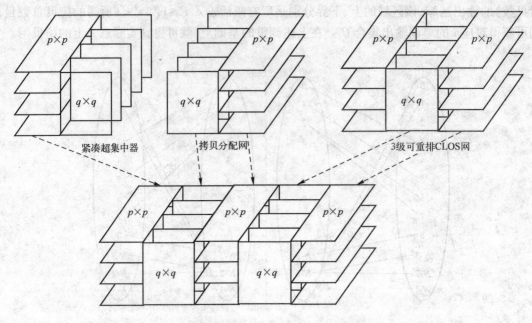

图 2-35　组播连接交换网络的构建

2.5　小结

通信网由终端、传输媒介和转接设备 3 部分组成。交换系统是通信网中的转接设备,交换网络完成交换系统中任一入线和出线之间的交换接续功能。交换网络结构多种多样,可根据具体要求选择,交换网络与所交换的信号复用形式有密切关系。

信号复用方式包括:频分复用、波分复用、码分复用和时分复用,其区别在于对多源信息采取的调制方式不同,由于用途不一样,技术手段不一样,其传输信号的链路也有所差别。本章以时分复用电信号为对象进行阐述。

交换单元是交换网络的基本组成元素。介绍了共享存储器型交换单元、时间交换单元、共享总线型交换单元等结构、工作原理。

交换网络是由若干个小规模的交换单元按照一定的拓扑结构和控制方式所构成的网络。本章介绍了 T-S-T 网络、S-T-S 网络、CLOS 网络、Cantor 网络、Banyan 网络等典型交换网络。并进一步介绍了多点连接交换网络。

2.6　习题

1. 说明几种典型的复用方式及其特点。
2. T 交换单元的控制方式有哪几种? 各自如何工作?
3. 试画出 T-S-S-T、T-S-S-S-T、S-S-T-S-S 交换网络结构示意图,并说明其工作原理。
4. CLOS 的结构特点是什么? 该种网络严格无阻塞和可重排无阻塞的充要条件是什么?
5. 对于 $N \times N$ Cantor 网络,为什么只要该网络第 2 级的 Benes 网络个数 m 满足 $m \geqslant \log_2 N$,

就可以使该网络是严格无阻塞的?

6. 对于 8×8Banyan 网络,在数据报连接请求的输出线地址严格单调下降,并且数据报连接请求所在的各输入线紧凑的条件下,请证明该网络能够保证不会发生内部阻塞。

7. 以 Banyan 网络为例,请画出基于串联方法解决其内部和输出阻塞的具体网络实现图,并说明其工作原理。

8. 集中器、超集中器、紧凑超集中器的特点分别如何?试说明三者之间的关系。

9. 如何构建一个超集中器及集中器?

10. 如何在拷贝分配网的基础上构建一个拷贝网?

11. 请构建一个面向点到多点连接的交换网络,该交换网络可以实现点到点连接吗?

12. 试比较共享存储型交换单元和总线型交换单元的相同之处和不同之处。

13. 一个空间接线器有 8 条入线、8 条出线,编号为 0~7。如图 2-36 所示,每条出、入线上有 256 时隙,控制存储器如图中 B 所示。要求在时隙 7 接通 A 点,时隙 17 接通 B 点,试就输入控制、输出控制两种情况,画出相应的控制存储器。

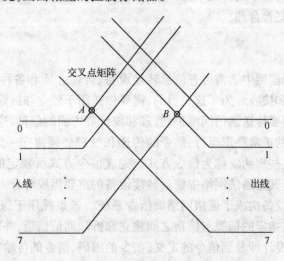

图 2-36　空间接线器(8 条入线、8 条出线)

14. 设 T 单元采用顺序写入、控制读出方式,输入时隙数 $n >$ 输出时隙数 m,用图表示话音存储器与控制器的设置。

15. 试说明 Banyan 网络的内部阻塞以及缓解阻塞的办法。

第3章 信令系统

正如第1章所述,信令技术也是交换系统的核心技术之一。任何交换系统的正常运行都离不开信令技术。不同的交换系统根据自身的实际情况以及所处的网络环境,可以选择合适的信令技术。鉴于目前广泛使用的是七号信令系统,为此,本章在简要介绍一些信令系统的基本知识的基础上,主要介绍七号信令技术。

3.1 信令系统概述

信令系统是通信网络中的神经中枢。通信网能否正常稳定运行,在很大程度上依赖于所使用的信令系统是否完善合理。

3.1.1 信令系统

如第1章所述,通信网中通常含有信息转接设备、传输介质和各种终端,它们合作完成信息的发送、传输、转接和接收。为了这一目的,需要传送用于建立和拆除通信通道的信号,此信号即为信令。此外,还要传送通信网维护、管理和统计等方面的信息,这些信息也属于信令。

为了保障通信网的正常稳定运行,信令的传递和处理必须遵守一定的规约,以便发/收方都能够理解并执行,这些规约统称为信令方式。完成信令方式所规定的传递和处理任务的功能实体称为信令设备,其是通信网络中信息转接设备的重要组成部分。

信令方式与信令设备构成了通信网络的信令系统。该系统用于保障终端、交换系统和传输系统协同地运行,在指定的信源与信宿之间建立和拆除通信信道,并维护管理网络本身的正常运行。信令系统的设计涉及到信令的定义、信令的编码、信令的传输、信令的处理四大方面。

3.1.2 信令的定义

信令的定义即根据实际应用确定所需的信令条目,并给出它们准确的含义和功能。根据实际应用环境,信令系统需要定义一个合适的信令集合,该集合内的信令应满足通信设备接续和拆除,以及信令网维护管理的需求。

如第1章所述,通信网信令可以从多个角度来划分。根据信令的作用区域,信令可分为用户信令与局间信令,局间信令又可进一步分为随路信令与共路信令。根据信令的功能,信令可划分为监视信令、地址信令和维护管理信令。在此,我们从信令的作用区域角度,简要介绍一下用户信令和局间信令的定义。

1. 用户信令

用户信令通常设计得比较简单,一般只具有最基本的呼叫接续和拆除功能。通常,其包含下述一些信令条目。

1)请求。由终端发出给交换机的信息,如电话网通信中的"摘机"信号,向交换机提示用户已由空闲状态转变为工作状态,并请求交换机的控制系统为该用户提供呼出服务。

2）地址。由终端发出的被叫终端的标志信息,如电话通信中的"被叫电话号码",供交换机进行路由选择及接续使用。

3）释放。由通信中的任何一方终端发出的信息,如电话网通信中的"挂机"信号,告知交换机通信已完毕,交换机可以拆除通信链路了。

4）来电提示。由交换机发给终端的信息,如电话网通信中的"振铃"信号,告知终端被呼叫,要求终端应答。

5）应答。作为对来电提示的响应,由被叫终端发出的信息,如电话网通信中的被叫终端响应"振铃"信号所发出的"摘机"信号。在此信号操作后,终端间进入通信状态。

6）进程提示。由交换系统发出的信息。为保证呼叫信号按正确的时序可靠地传送,终端和交换系统之间需要存在必要的"握手"过程。交换系统需要在呼叫的各个阶段向终端发送进程提示信号,以使终端了解呼叫处理的进展情况,以便确定进一步的操作。在电话网通信中,进程提示信号包含"忙音"、"拨号音"、"回铃音"等。

7）请求、撤销、查询某种新业务是否已经可以使用等信号。

2. 局间信令

局间信令远比用户信令复杂,除应包括终端所需的各种接续信令外,还需包含能够实现网络管理等方面功能的信令。局间信令包含的信令条目较多,由于其有关控制接续方面的信令在功能上与前述的一些信令有很多相似之处,为此,下面主要介绍一些局间信令集合中所特有的信令条目。

1）路由。在网络发生局部故障或拥塞的情况下,可以利用路由信令通知相关交换局,使其暂时修改原定的路由方案。

2）管理。用于传送网络状态信息。

3）用户类型。用于指示用户的类别、权限等。

4）业务类型。用于说明呼叫本身的特点,一般反映呼叫所需涉及的通信设备。

5）维护。用于维护网络的正常运行。这类信息通常包括试验信号、试验呼叫指示信号、故障报警信号以及诊断/维护命令等。

6）计费。用于在交换局间传送一些有关计费的信息。

3.1.3 信令编码

信令编码即根据传输系统的特性,确定各条信令的信号形式及格式。在对信令条目进行定义后,为了传输和处理的目的,各信令还要加以编码,以便易于发送和接收识别。信令编码与传输系统特性、信令处理设备的信令处理方式等有密切关系。

信令编码必须与传输系统相适应。由于传输系统有模拟和数字之分,所以信令也相应存在模拟编码和数字编码两种方式。例如,在电话通信情况下,对于局间信令中的"请求"信号,若使用模拟传输系统,则可用时长为150ms的2600Hz正弦模拟信号来表示,而若采用数字传输系统,在数字30/32 PCM线路上,则可用"0000"来表示,如图3-1所示。

信令编码也与信令设备的信令处理方式有关。例如,对于电话终端用户信令系统,信令必须具有便于用户接收和理解的编码形式。因此,提示呼叫进程的信号常是忙音、拨号音等可闻信号。而对于数据终端,信令常采用字符串编码形式,以便于计算机等设备接收识别。

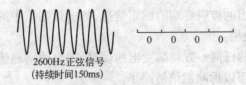

2600Hz正弦信号
(持续时间150ms)

0 0 0 0

图 3-1　信令编码示例

3.1.4　信令传输

为了提高信令传输的可靠性,并且增加信令的能力,要求基于明确的时序传输信令。在此前提下,可以明确呼叫的每一阶段中所应传输的信令范围,从而可以将范围外的其他信令在该阶段视为非法信令并加以拒绝,以防止错误发生,增强可靠性。另外,在此前提下,还可用同一种信号形式表达多种信令,以增加信令的表达能力。例如,在电话通信网中,基于对用户终端当前状态的掌握,交换系统可以判定一个"摘机"信号是请求信号,还是应答信号。

从信令传输通道与用户信息传输通道的关系角度来看,如前所述,信令可采取随路和共路两种方式传输。在随路方式下,信令与用户信息使用相同的传输信道,亦即意味着两类信息的传输路由是一样的。而在共路方式下,信令通道与用户信息通道不一定存在一一对应关系,其通常采用 3 种方式:一种是两类信息通道并行,称为随路方式;另一种是两类信息传输通道不并行,各自使用不同的路由,称为准随路方式;再一种是上述两种方式并存使用,称为混合路由方式。该些方式如图 3-2 所示,其中,SP 是信令点,负责收、发及处理信令,STP 是信令转接点,负责信令的转接,SP 和 STP 通常作为交换机控制系统的一个子系统而处于交换机中。

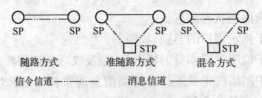

SP　　　SP　　SP　　　　SP　　SP　　　　SP

STP　　　　　　　STP

随路方式　　　准随路方式　　　混合方式

信令信道————　　消息信道————

图 3-2　共路信令传输通道方式

另外,还需要说明的一个问题是地址信令在多段路由上的传输方式问题。通常,地址信令在多段路由上的传输方式有 3 种,一种是"端到端"传输方式,该种方式下,发端局仅向中间局发被叫局号,中间局根据被叫局号接通到被叫局,然后,发端局通过端到端的方式直接向被叫局发送被叫终端地址号码。这种方式信令传输较快,但当网络结构变化时,号码翻译表、路由选择顺序表等端局数据都需要相应变动。另一种方式是"逐段转发"传输方式,该种方式下,每一转接局接收完整的被叫地址号码,并根据被叫局号选择路由且将上述完整号码通过该路由发给下一转接局,直至传输到被叫局为止。这种方式信令传输较慢,各交换局依赖性较小,路由改变方便。再一种就是混合方式,其实际上是上述两种方式的结合使用。

3.1.5　信令处理

信令处理由交换系统中信令子系统负责实施。该子系统按照信令系统所规定的处理原则收/发信令,并对收到的信令进行处理和执行相应的操作。实质上,该子系统是一个可看作有限状态机的时序控制系统,整个信令收、发及处理的过程可划分为若干个状态。在每个状态,可能会有多个导致状态转移的不同事件。该子系统将根据事件性质和当前状态确定并执行相应操作以便转移到指定状态，然后等待新事件到来，如此循环往复执行。通常，转移关系用逻辑程序图或状态转移图来描述。有关这方面的细节知识，本书将在后续章节依据实际例子加以介绍。

值得说明的是，信令处理过程中，必须考虑所有可能出现的情况，不但要考虑正常呼叫情况，也要考虑各种可能出现的非正常情况，否则，极有可能会导致交换系统不能正常工作。

3.2 七号信令

上一节主要介绍了信令系统一般设计原则方面的知识。在实际应用中，随着通信技术的发展，为了满足当时通信网的实际需求，人们基于信令系统的一般设计原则并考虑实际需求情况，先后设计了多种信令系统，CCITT 建议了 No.1 到 No.7 信令系统，中国也建议了一号和七号信令系统。鉴于目前七号信令系统得到广泛应用，本节对该信令知识加以比较详细的介绍。七号信令属于共路信令，通常采用逻辑上独立于信令所服务的信息通信网络的专用网传输，并且本质上采用模块分层化的功能结构和消息通信机制，具有信令传输速度快、分层模块改变灵活、可扩展以适应新业务要求等优点。

3.2.1 七号信令网

1. 七号信令网的拓扑结构

七号信令网实际上是一个逻辑上专用的分组数据交换网，由信令点 SP、信令转接点 STP 和信令链路组成，其中，SP 是信令网传输信令消息的源点和目的点，STP 是转发信令信息的节点。在拓扑结构上，七号信令网通常采取分级结构。以我国七号信令网为例。我国七号信令网采用 3 级结构，并在信令传输上加以区域划分，其结构示意图如图 3-3 所示，其中，LSTP 是低级信令转接点，它针对分信令区（我国规定，省内每个地区可以为一个分信令区）；HSTP 是高级信令转接点，其针对主信令区（我国规定，每个省、自治区、直辖市可以为一个主信令区）。在总体实施上，根据国际组网原则并考虑我国实际情况，我国七号信令网在第 3 级各 HSTP 间采用两个平面连接方式，每个平面内部的各 HSTP 间使用网状连接，不同平面间只有配对的 HSTP 才有连接，在第 1 级 SP 和第 2 级 LSTP 以及第二级 LSTP 和第 3 级 HSTP 之间采用星状连接，并且为了保障传输可靠性，每个连接应是由至少两条信令链路所组成的信令链路组，且每个 SP 应至少与两个 LSTP 连接，每个 LSTP 应至少与两个 HSTP 连接。需要说明的是，上述分区及连接方式是总体上的要求。通常针对各地具体情况，具体建网时，还可以进行一定的调整。例如，对于信令业务较少的几个地区可以统一设置一个分信令区，对于信令业务较大的县（级市）可以单独设置一个分信令区，对于相互之间具有较大信令流量的两个相邻分信令区之间可以设置直通信令链路等。

2. 信令点编码

七号信令网中包含很多节点。为了在通信中对每个节点都能够正确识别，需要为这些节点赋予可识别的唯一号码，这就是信令点编码问题。信令点编码包括国际网信令点编码和国内网信令点编码。国际网信令点编码由 ITU-T 统一规定，包含 14bit，3bit 为大区或洲的编码，8bit 为国家或地区的编码，3bit 为信令点的编码，如图 3-4 所示。国内网信令点编码由各国根据自身情况确定。一个作为国内网与国际网接口的信令点需要同时分配有一个国内网信令点编码和一个国际网信令点编码。我国在国际网上被分配8个信令点,编码格式为4-120-X(十进制数,$0 \leqslant X \leqslant 7$)。而在我国国内,网信令点编码采用24bit,主信令区、分信令区及信令点的编码各占8bit,如图3-6所示。原则上,主信令区编码以省、自治区和直辖市为单位进行编号,分信令区编码以每省、自治区的地区、低级市或直辖市的汇接区和郊县为单位进行编号。表3-1给出了我国主信令区编码分配表。各地主信令区所管辖的分信令区存在不同,在此不一一列出各地分信令区的编码分配。

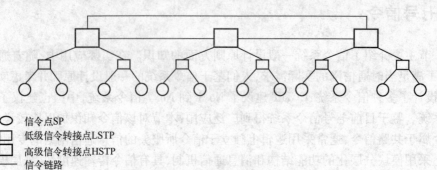

信令点SP
低级信令转接点LSTP
高级信令转接点HSTP
信令链路

图3-3 我国七号信令网分级结构

大区或洲 (3)	国家或地区 (8)	信令点 (3)		主信令区 (8)	分信令区 (8)	信令点 (8)

国际信令点编码　　　　　　首发比特　　　　　　国际信令点编码　　　　　　首发比特

图3-4 信令点编码格式

表3-1 我国主信令区编码分配表

区 域 名 称	十进制编码	区 域 名 称	十进制编码	区 域 名 称	十进制编码
北京	01	安徽	12	贵州	23
天津	02	浙江	13	云南	24
河北	03	福建	14	西藏	25
山西	04	江西	15	陕西	26
内蒙古	05	河南	16	甘肃	27
辽宁	06	湖北	17	青海	28
吉林	07	湖南	18	宁夏	29
黑龙江	08	广东	19	新疆	30
江苏	09	广西	20	台湾	31(暂定)
山东	10	海南	21	香港	32
上海	11	四川	22	澳门	33

3. 路由选择

在七号信令网中,两个信令点间主要采用直联和准直联方式传输信令信息,如图3-5所示。所谓直联方式是指两个信令点间存在直通信令链路,这两个信令点间的信令在这条直通链路上传输。所谓准直联方式是指两个信令点通过信令转接点转接,这两个信令点间的信令通过两段以上串接的信令链路进行转接传送,并且该信令信息所经过的信令链路及信令转接点是预先确定的。

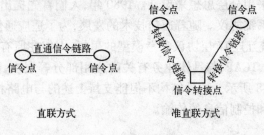

图 3-5　七号信令传输方式

上述两种方式也说明,七号信令网中不但存在传输信令的直通路由,也存在传输信令的迂回路由。为此,需要考虑该信令网下的路由选择问题。对于七号信令网,以从源信令点到目的信令点所经过的转接信令点的个数为依据,将可行的信令路由划分为若干个等级,每一级别上的各路由含有相同的信令转接点数目,并且令含有越少信令转接点数目的路由,其优先级别越高。在信令选路时,规定先选择级别高的路由,当级别高的路由不可得时,再选择级别低的路由。同时,考虑到每一级别上可能存在多条路由,为此,规定在同一级别上的各路由采用负荷分担方式传输信令信息。七号信令网中信令路由选择机制如图 3-6 所示。

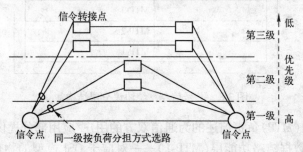

图 3-6　七号信令网路由选择机制

3.2.2　七号信令系统的基本功能结构

七号信令系统由用户/应用消息处理部分和消息传递部分组成,如图 3-7 所示。消息传递部分负责通信双方的用户/应用部分提供可靠的信令消息传输。用户/应用消息处理部分包含多个子模块,分别负责定义和处理应用于不同用户/应用的信令消息。本章将在后续部分对该两部分进行更详细的介绍。

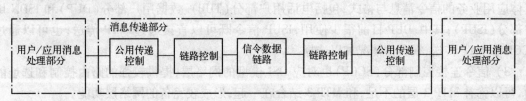

图 3-7　七号信令系统基本功能结构

3.2.3 七号信令系统协议分层结构

七号信令系统协议采用分层思想来设计。1980年,人们首先提出了支持电路相关消息传输的4级结构七号信令系统协议。随着通信技术的发展,为了适应通信网络环境新需求,1988年,基于OSI(开放式系统互连)7层协议参考模型的思想,人们在原有4级结构协议的基础上又额外扩展了SCCP、ISP、TCAP、与具体业务有关的应用部分等层次,形成了4级与7层并存的协议分层结构,如图3-8所示。这种结构不但能支持上述的与电路相关消息的传输,而且也支持与电路无关的数据和控制信息的传输。

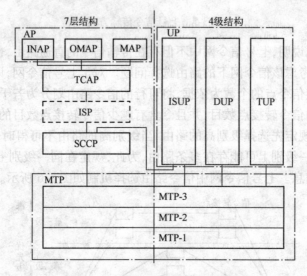

图3-8 七号信令系统协议分层结构

1)消息传递部分(MTP)负责前述的为通信双方的用户/应用部分提供可靠的信令消息传输,其包含3层:信令数据链路功能层(MTP-1)——对应于OSI模型的物理层,定义信令数据链路的物理、电气、功能特性以及与数据链路的连接方式;信令链路功能层(MTP-2)——对应于OSI模型的数据链路层,用于保障在相邻两个信令点间无差错地传输以帧为单位的信令消息比特流;信令网功能层(MTP-3)——对应于OSI模型的网络层,包含信令消息处理和信令网管理两部分功能,信令消息处理功能用于将信令消息传给适当的链路或用户部分,信令网管理功能主要用于在信令网出现链路故障、阻塞等异常情况以及异常情况解除时,调整信令消息路由及信令网设备配置,以保障信令消息正常传输。

2)用户部分是4级结构中的最高层,对应于OSI模型的应用层,定义与电路相关消息的具体应用业务的信令消息与格式,包括电话用户部分(TUP)、数据用户部分(DUP)和ISDN用户部分(ISUP),其中,DUP目前很少使用,ISUP信令既可以直接通过MTP传送,也可以通过SCCP和MTP传送,视具体情况加以选择。

3)信令连接控制部分(SCCP)也对应OSI模型的网络层,提供较强的路由控制和选址能力,可以弥补MTP-3层的不足,和MTP-3结合在一起,形成较完备的网络层功能。

4)中间业务部分(ISP)对应于OSI模型的运输层、会话层和表示层,用于提高信令传输的实时性和尽可能减少不必要的开销,目前该部分尚未规范化。

5）事务处理能力应用部分（TCAP）与 AP 部分共同对应 OSI 模型的应用层，完成应用层的部分功能，为各种具体应用业务信令提供通用服务，以利于 AP 部分能够灵活扩展变动，其与具体应用业务无关。

6）与具体业务有关的应用部分（AP）是 7 层信令协议结构的最高层，定义具体应用业务的信令消息与格式，目前 AP 已包括运行维护管理应用部分（OMAP）、智能网应用部分（INAP）和移动应用部分（MAP）。

3.2.4 信令消息单元基本格式

在七号信令分层协议结构中，信令消息在发送端从上层向下层依次分层组装（组装后的消息称为信号单元），在接收端从下层向上层依次分层拆装，各层处理信令消息中与其对应的相关字段信息。七号信令具有 3 种可变长信号单元格式，即消息信号单元（MSU）——用于传输用户/应用级的信令消息和网络管理消息、链路状态信号单元（LSSU）——用于传输来自于MTP-2 级的信令链路状态信息、填充信号单元（FISU）——用于传输来自于 MTP-2 级的节点间没有消息发送时为了维持信令链路通信状态的空信号。这 3 种单元的基本格式如图 3-9所示。

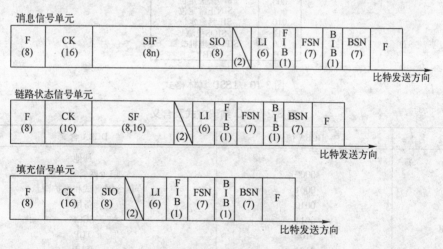

图 3-9　七号信令 3 种信号单元基本格式

1）F：信号单元标识符。固定码型为 01111110，用于标识一个七号信令消息的起止。

2）CK：校验码。用于校验信号单元在传输过程中是否出现了错误。

3）FSN、BSN、FIB 和 BIB：信号单元序号和重发比特指示。FSN（前向序号）是发送方信号单元的发送序号。BSN（后向序号）向发送方出示已正确接收到序号直到 BSN 的所有消息。BIB（反向指示比特）用于对接收到的信号单元进行否认指示。当接收到的单元出错并加以否认时，BIB 值取反，该值一直持续到下一次信号单元出错为止。FIB（前向指示比特）用于和BIB 一起进行差错控制。当 BIB 值变反时，其值也反转，表示信号单元重发。MTP-2 级组合利用这些信息可使信号单元按序传输，并在检查出错误后，利用重发机制纠正传输错误。

4）LI：长度指示码。用于表示一个信号单元中该码位置之后到 CK 位置之前的八位位组（即 1 字节，包含 8bit）的数目。从图中可见，根据 LI 的数值，可以很容易区分 3 种信号单元，即：LI = 0 对应 FISU，LI = 1 或 2 对应 LSSU，LI > 2 对应 MSU。

5) SF:状态字段。该字段只在 LSSU 中存在,用于指示信令链路状态。结合 SF,我们给出 LSSU 具体格式如图 3-10 所示。

6) SIF 和 SIO:信号信息字段和业务信息码字段。这两个字段只存在于 MSU 中。SIF 用于传送用户/应用级的信令消息和网络管理消息的信息本体,长度为 2~272B。由于 LI 仅有 6bit,所以规定当 SIF + SIO 大于或等于 63B 时,LI 均设置为 63。SIO 又分为业务指示码(SI)和子业务字段(SSF)两部分,各占 4bit DCBA,在传输时,先依次传输 SI 字段的 A、B、C、D 4bit,再依次传输 SSF 字段的 A、B、C、D 4bit,其具体编码含义如表 3-2 所示。结合 SIF 和 SIO,我们将在后续部分会具体介绍一些典型的 MSU 格式。

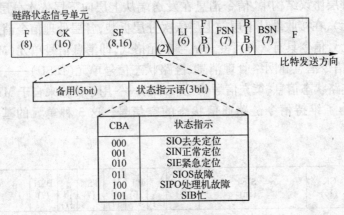

图 3-10 LSSU 具体格式

表 3-2 SIO 编码方式及含义

字 段 名	DCBA 值	DCBA 含义
SI		其他
	0000	信令网管理消息
	0001	信令网测试和维护消息
	0010	备用
	0011	SCCP
	0100	TUP
	0101	ISUP
	0110	DUP(与呼叫和电路有关的消息)
	0111	DUP(性能登记和撤销消息)
		备用
SSF	00××	国际网
	01××	国际备用
	10××	国内网
	11××	国内备用

注:该表中"×"代表目前该两位比特尚未使用。

3.2.5 消息传递部分

1. 信令数据链路功能层

如前所述,MTP-1 对应于 OSI 模型的物理层,定义信令数据链路的物理、电气、功能特性,以及与信令数据链路的连接方式。针对这一功能层,CCITT Q.702 建议七号信令系统可以采用数字和模拟两种接口,其中,数字的信令数据链路使用较普遍。

2. 信令链路功能层

MTP-2 层对应 OSI 模型的数据链路层,其功能模块结构及各模块间的连接关系如图 3-11 所示。

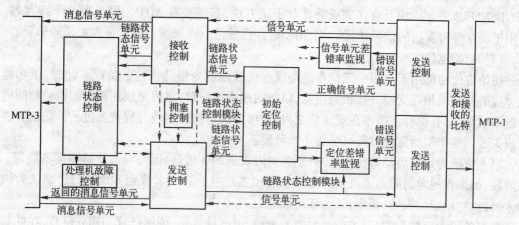

图 3-11 MTP-2 功能结构

对于图 3-11,其主要实现下述功能:

(1)信号单元定界及定位

信号单元定界是指利用 F 字段来区分信号单元。如前所述,F 字段码型为"01111110"。在发送时,MTP-2 层要将 F 字段加于信号单元首尾,在接收时,MTP-2 层要检测 F 字段是否出现。为了确保正确定界,一个信号单元的其他部分要求不能出现这种码型。然而,由于实际上其他部分可能会出现这种码型,为此,需要对其他部分比特信息作预先处理:在发送方,进行插零操作,如果在其他部分连续发现 5 个"1",就在其后插入一个"0",而在接收方,如果在其他部分连续发现 5 个"1",则将其后的一个"0"删除。

信号单元定位用于判别信令链路是否出现位同步失步。对于连续的信令比特流,如果多读或少读 1bit,就会导致后续信息全部出错,因此,进行信号单元定位是非常必要的。该定位功能依据所接收到的信号单元出现下述异常情况之一来判定失败:消息过短或过长,在不考虑 F 字段的情况下,消息长度小于 5B 或者大于(272 +6)B;消息不是 8bit 的整数倍;在不考虑 F 字段的情况下,消息中出现 6 个以上的连续"1"。如果定位功能判定出现失败,则舍弃该信号单元,并向"信令链路差错率监视"功能模块报告,且捕捉下一个定界标记 F 重新定位。

(2)差错检测

利用 CK 字段实现循环冗余校验,用于校验信号单元在传输过程中是否出现了错误。其校验多项式为 $X^{16} + X^{12} + X^5 + 1$。有关循环冗余校验的原理及实现方法在许多介绍传输系统和编码的文献中都有介绍,故在此不再赘述。

(3)重发差错校正

差错校正包含两种方式,即前向校正和后向校正,前者由接收端自己校正错误,后者由接收端检出错误后要求发送端重发。七号信令系统中,使用后者校错。这种重发校正错误方式也包含两种方法,即基本重发法和预防循环重发法。通常,传输时延小于 15ms 时使用前者,而传输时延大于 15ms 时使用后者。下面,介绍一下基本重发法。

基本重发法是一种能够实现连续发送、证实、重发纠错功能的方法。发送方可以连续发送信号单元,而不必等待接收方对上一信号单元证实后才发送下一个信号单元。接收方检测信号单元是否出现差错,如果没有出现,则向发送方进行肯定证实,否则,向发送方进行否定证实,请求发送方重发,以便进行错误校正。信号单元的证实和重发是由信号单元中的 FSN、FIB、BSN、BIB 等字段相互合作完成的。对于该方法,其需要在 MTP-2 层设置两个缓存器,一个用于缓存等待发送的信号单元,一个用于缓存已发送但尚未被接收端证实的信号单元。

(4)初始定位

初始定位功能用于启用一条信令链路或一条故障信令链路恢复的情况。此时,该功能首先完成链路两端相互交换一些状态信息,以便两端协调一致,然后完成在规定的检验期间内检验链路质量,只有检验差错率在规定值之内,才可以认为初始定位过程被通过,否则,认为初始定位失败。整个初始定位过程可分为 4 个阶段:

第一阶段为定位启动阶段,双方分别向对方发送 SIO 信息,通知对方该链路准备启用。在该阶段,如果在规定时间内未收到对方发来的相关对应消息或者收到 SIOS 信息,则认为该阶段未通过,初始定位失败,否则,认为该阶段通过。

第二阶段为定位阶段,双方收到对方发来的 SIOS 信息后,说明已成功建立链路,在此基础上双方分别向对方发送 SIN 或者 SIE 消息,通知对方进行定位。同样,在该阶段,如果在规定时间内未收到对方发来的相关对应消息或者收到 SIOS 信息,则认为该阶段未通过,初始定位失败,否则,认为该阶段通过。

第三阶段为检验阶段,双方互发 SIN 或者 SIE,同时利用下面将介绍的是初始定位差错率监视功能监视出错率。如果该阶段所监视到的差错率大于规定值,或者如果在该阶段也出现上述导致定位失败的现象,则认为定位不能成功,否则,认为该阶段通过。

第四阶段为定位完成阶段,双方互发 FISU 并在收到对方发来的 FISU 之后,信令链路就可投入正常运行使用。与上述各阶段相同,在该阶段,若在规定时间内未收到对方发来的相关对应消息或者收到 SIOS 信息,则认为该阶段未通过,初始定位失败,否则,认为该阶段通过。

(5)信令链路差错率监视

信令链路差错率监视功能用于监视信令链路质量,如果信令链路上差错率过高,则报告链路出现故障,并让链路退出服务。该功能包含两方面的监视:一方面是信号单元差错率监视,用于监视正在运行的信令链路的工作状况,若差错率超过规定值,就判定链路出现故障,令其退出服务;另一方面是初始定位差错率监视,用于监视上述初始定位过程中检验期间出现的差错率,若差错率超过规定值,则认为初始定位过程没有被通过。

(6)拥塞控制

拥塞控制是指当接收到的信号单元过多而 MTP-2 层不能及时处理时需要执行的操作。此时,可向对方发送忙信号,同时暂时不处理对方送来的消息证实。对方在收到忙信号后可减少消息发送,以减轻 MTP-2 处理负载。如果在规定时间内,MTP-2 层负载仍不能有效下降,则转入故障状态。

(7)处理机故障控制

在 MTP-2 和 MTP-3 之间,可能会因为处理机发生故障而导致通信中断。处理机故障控制功能就是负责处理这种异常情况的出现。

3. 信令网功能层

MTP-3 层对应于 OSI 模型的网络层,其包含信令消息处理和信令网管理两部分功能。MTP-3 层的功能模块结构及各模块间的连接关系如图 3-12 所示。

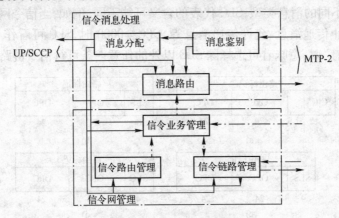

图 3-12 MTP-3 功能结构

(1) 信令消息处理功能模块

该功能模块包含消息鉴别、消息路由和消息分配 3 个子功能模块,如图 3-12 上半部分所示,负责将信令消息传给适当的链路或用户部分。

消息鉴别模块负责接收来自于 MTP-2 层的信令消息,并根据消息信号单元中的目的信令点编码(DPC)鉴别出该消息是送给本地接收方的,还是需要该接收方进行转发的。如果是后种情况,则将消息送给消息选路模块进行选路转发,如果是前种情况,则将信令消息送给消息分配模块进行分配上传。

消息分配模块接收消息鉴别模块送来的信令消息,并利用消息信号单元中 SI 字段判别消息是表 3-2 中所示的哪种业务类别,进而将消息送给相应处理模块,例如,SI =0000 时送给 MTP-3 层信令网管理功能模块,SI =0011 时送给 SCCP 层处理模块,SI =0100 时送给 TUP 模块。

消息路由模块完成两项工作:一是接收消息鉴别模块送来的需要转发的信令消息,并对其进行转发信令链路选择,然后将消息发送到 MTP-2 层的发送控制模块;二是直接接收来自于本地发送方 SCCP 层、TUP 等用户部分以及 MTP-3 层信令网管理功能模块的信令消息,并对其进行发送信令链路选择,然后将消息发送给 MTP-2 层的发送控制模块。

从上述介绍可见,选路标记是该模块操作的重要依据。选路标记位于 SIF 字段的头部。与电路有关的信令消息包括 TUP、ISUP 等。对于 TUP 消息,其选路标记如图 3-13a 所示,其中,DPC 是目的信令点编码,OPC 是源信令点编码,CIC 是电路标识码,CIC 的最低 4bit 也称为信令链路选择码(SLS)。对于该类消息,其选路是先依据 DPC 和预先设置的路由表选定路由,然后依据 SLS 选择该路由中的某条信令链路。信令链路的选择通常依据 SLS 采用负荷分担方式来实现,但如何进行负荷分担,没有统一规定,可由设计者自行规定。例如,若在选定路由上,一个节点存在两条信令链路,那么可使用简单的负荷分担方法来选择链路,即 SLS = XXX0 时选择第一条链路,SLS = XXX1 时选择第二条链路。就 ISUP 消息而言,其选路标记如图 3-13b 所示,其中,SLS 也根据负荷分担的原则进行选定,目前仅用最低的 4 位。与电路无关的信令消息(包括 SCCP 消息、信令网管理消息、信令网测试维护消息)的选路标记不包含 CIC 字段,但其也有类似于上述 SLS 功能的字段。对于 SCCP 消息,其选路标记如图 3-13c 所示,其中,SLS 也根据负荷分担的原则进行选定。对于信令网管理消息和信令网测试维护消息,其选路标记如图 3-13d 所示,其中,SLC 表示连接源信令点和目的信令点的信令链路的身份,其与消息类型密切相关,不同的消息类型,SLC 代表的含义可能不同,例如,当信令网管理消息与信令链路无关时(如禁止传递消息、允许传递消息等)SLC = 0000 时,SLC 可看作 SLS;当信令网管理消息是"倒换消息"时,意味着可选择除 SLC 以外的任意一条可行信令链路。

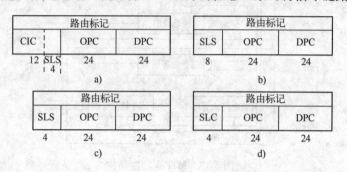

图 3-13   路由标记

(2) 信令网管理功能模块

信令网管理功能模块包含信令业务管理、信令链路管理和信令路由管理 3 个子功能模块,如图 3-12 下半部分所示,主要用于在信令网出现链路故障、阻塞等异常情况以及异常情况解除时,调整信令消息路由及信令网设备配置,以保障信令消息正常传输。

信令业务管理功能模块存在于任何信令点中,主要负责根据信令链路、信令路由及信令点等所发生的故障、拥塞、恢复正常等状态变化调整信令网的配置,以便保障信令网能够可靠有效运行。该配置调整信息由该模块发给上述消息路由模块,命令消息路由模块修改路由表。信令业务管理功能模块实现下述信令过程:

1) 倒换:当一条信令链路不可用时,将其上的信令业务转移到其他可用信令上。

2) 倒回:上述不可用信令链路又可用时,将信令业务再转移回该信令链路。

3) 强制重选路由:当信令点到某一目的信令点的一条路由不可用时,将去往该目的信令点的信令业务转移到可用替换路由。

4) 受控重选路由:当上述不可用路由又可用时,将信令业务在再转移回该路由。

5) 信令点再启动:当一个停止工作的信令点恢复工作时,需要使用该过程对信令链路和路由进行重新启动。

6) 管理阻断:当某一信令链路的倒换/倒回非常频繁,或误码率很高时,使用该过程阻断这条链路发送用户消息,但此时,该链路仍可传送维护测试消息,以便进行测试。

7) 信令业务流量控制:当信令业务非常繁忙,网络负荷过重时,可使用该过程限制信令点的信令业务流量,以减轻网络负荷。

信令链路管理功能模块存在于任何信令点中,用于控制一信令点其自身所连接的信令链路,对这些信令链路的启用、停用及恢复等进行管理。显然,由于该模块管理链路是否工作,常会引起倒换/倒回等过程,所以其与信令业务管理功能模块密切相关。信令链路的启用、停用及恢复需要涉及到信令链路和信令终端的分配及组合,可以采取 3 种处理方式:人工分配信令链路和终端、人工分配信令链路且自动分配信令终端、自动分配信令链路和终端,目前,主要使用第一种方式。

信令路由管理功能模块主要存在于信令转接点中,用于通知其相邻信令点有关到某一目的地的路由变化情况,以便确定信令路由是否有效,并根据上述情况采取禁止路由传递、允许路由传递等措施。有鉴于此,该模块需要通过消息路由模块进行有关消息传递,并且需要与信令业务管理模块进行通信,以便通过信令业务管理模块去调整消息路由模块中的路由表。信令路由管理功能模块主要实现下述信令过程:

1）禁止传递:由一个信令转接点发给其相邻信令点,告知相邻信令点不能通过本信令转接点转接到某一目的地的信令消息。

2）允许传递:是上述过程的逆过程。当其由一个信令转接点发给其相邻信令点时,告知相邻信令点可以重新通过本信令转接点转接到某一目的地的信令消息。

3）受限传递:由一个信令转接点发给其相邻信令点,告知它们通过该信令转接点到目的地的消息路由不是最好的。

4）受控传递:通知相邻信令点,由本信令转接点到目的地的消息路由发生拥塞。

5）信令路由测试:与禁止传递密切相关,当某消息路由被禁止传递后,使用信令路由测试功能周期性地测试该路由是否已恢复。这一过程直到收到允许传递消息才停止。

6）信令路由组拥塞测试:与受控传递密切相关,用于对消息路由发生的拥塞情况进行周期性测试,以便判断拥塞情况是否已解除。

从上述介绍可见,信令网管理功能涉及到多种信令过程,在每个过程中,都需要传送和处理一系列信令网管理消息。信令网管理消息使用消息信号单元(MSU)传送,其格式如图 3-14 所示,其中,SI = 0000;信息内容部分用于存放信令网消息本体内容;SLC 含义如前面所述,H_0 代表消息类型,H_1 代表某一消息类型下的一个具体消息。目前,已定义 9 类信令网管理消息,共包含 27 个具体消息,如表 3-3 所示。

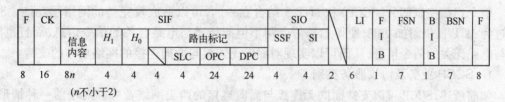

图 3-14　信令网管理信息信号单元格式

表 3-3　信令网管理消息类型及具体消息

H_0	消息类型	H_1	具体消息名称
0001	倒换和倒回消息	0001 0010 0101 0110	倒换命令信号 COO 倒换证实信号 COA 倒回说明信号 CBD 倒回证实信号 CBA
0010	紧急倒换消息	0001 0010	紧急倒换命令信号 ECO 紧急倒换证实信号 ECA
0011	信令流量控制消息	0001 0010	信令路由组拥塞测试信号 RCT 受控传递信号 TFC

H_0	消 息 类 型	H_1	具体消息名称
0100	传递禁止、允许、限制消息	0001	禁止传递信号 TFP
		0011	受限传递信号 TFR
		0101	允许传递信号 TFA
0101	信令路由组测试消息	0001	禁止目的地的信令路由组测试信号 RST
		0010	限制目的地的信令路由组测试信号 RSR
0110	管理阻断消息	0001	阻断链路信号 LIN
		0010	解除阻断链路信号 LUN
		0011	阻断链路证实信号 LIA
		0100	解除阻断链路证实信号 LUA
		0101	阻断链路否认信号 LID
		0110	强制解阻断链路信号 LFU
		0111	本地阻断链路测试信号 LLT
		1000	远端阻断链路测试信号 LRT
0111	业务再启动允许消息	0001	业务再启动允许信号 TRA
1000	信令数据链连接消息	0001	信令数据链路连接命令信号 DLC
		0010	连接成功信号 CSS
		0011	连接不成功信号 CNS
		0100	连接不可能信号 CNP
1010	用户部分流量控制消息	0001	用户部分不可用信号 UPU

3.2.6 SCCP

信令连接控制部分(SCCP)和 MTP-3 结合在一起,可以形成较完备的网络层功能。SCCP 通过为 MTP 提供附加功能,使得七号信令网不但能传递与电路有关的信令信息,而且也能传递与电路无关的信令信息,从而可以实现对面向无连接与面向连接的网络业务的支持。

1. SCCP 业务及协议服务类别

如前所述,SCCP 可以支持面向无连接与面向连接的两类网络业务。对于前一种情形,用户业务事先不需要建立信令连接,使用 SCCP 和 MTP 的路由功能,直接在七号信令网中传输数据。为了这一目的,SCCP 向用户提供两类协议服务:基本的无连接服务(称为 0 类)和消息有序的无连接服务(称为 1 类)。在 0 类协议服务中,SCCP 将 SLS 码随机或根据信令网中所规定的负载分担原则插入消息的选路标记中,正因如此,目的地所收到的消息可能会失序。在 1 类协议服务中,对于需要按序传输的消息,SCCP 在路由标记中为它们插入相同的 SLS 码,为此,接收端所收到的消息将是有序的。

就后一种情形而言,需要事先通过 SCCP 为用户建立连接,一旦连接起来,用户在传递数据时就不再使用 SCCP 的路由选择功能,而是通过已建立的信令连接传送数据,并在传送结束后释放已建立的连接。这也意味着消息传递是有序的。对于这种情形,SCCP 也向用户提供两类协议服务:基本的面向连接服务(称为 2 类)和具有流量控制的面向连接服务(称为 3 类)。在 2 类协议服务中,预先建立信令连接,同一用户的信令消息都通过该连接进行传递,这些消息被 SCCP 分配相同的 SLS 码,从而保证了消息传递的有序性。对于 3 类协议服务,其不但具有 2 类协议服务的特性,而且还具有流量控制、差错检测、传递加速数据等独有的附加功能。流量控制功能是用来控制发送端的数据发送速率,以便保证接收端能够及时接收。在这类协议服务中,该功能通常采用窗口技术来实现,通过调整窗口大小,来达到控制数据发送速率的目的。这一功能需要利用 3 类协议服务数据消息中所带有的消息序号 $P(S)$ 和下一个期望接收的消息序号 $P(R)$ 来配合。差错检测功能实际上也是利用上述序号信息,通过检查该些序号是否出现异常,来达到差错检测的目的。传递加速数据功能是用来加速发送一些被认为是重要的数据。如果使用这种功能,则数据发送不再受流量控制功能制约,但是该功能一次只能发送一个加速数据消息,只有在该消息被接收方受到并返回相应证实消息后,才可发送下一个加速数据消息。

针对上述 4 类协议服务,下面再介绍几种其所能提供的典型服务功能。

(1) 路由环路检测

路由环路检测功能仅针对 0 类和 1 类协议服务,原因在于 2 类和 3 类协议服务是面向连接的,只要连接建立成功,就不会出现环路路由现象。对于 0 类和 1 类协议服务,由于不是预先建立连接,那么在选路时,就可能出现所选择的路由构成了一个环路,从而导致消息不能被成功传递给目的地,为此,需要检测路由是否出现环路现象。这通过 XUDT 消息来实现。如后面所述,XUDT 中含有一个“跳计数器”参数,发送端给其设置一个规定值,然后在后续传递过程中,每经过一个中间节点,该值都减 1,如果该值为 0 时还未达到目的地,则认为出现环路现象。

(2) 消息分段/重装

SCCP 消息是通过消息信号单元(MSU)中的 SIF 字段传递的。正如前述,SIF 的最大长度是 272B,那么如果要传输更多字节的用户报文,就需要在发送端将报文分为若干个消息部分,每部分消息都能用一个 SCCP 消息信号单元传输,并且在接收端需要将上述分开的若干个部分消息进行组装,以便得到原来得用户报文。这一功能就是消息分段和重组功能。

在 0 类和 1 类协议服务中,该功能通过增强单元数据消息(XUDT)来实现。如后面所述,该消息中存在一个“主叫用户地址”参数和一个“分段”参数,“分段”参数中还含有用于指示信号单元中的消息是否是用户报文的第一个分段的指示比特位和用于指示在本信号单元中的消息之后还有多少段后续消息与该消息属于同一个用户报文的“剩余分段数”位。通过这些参数,发送方易于对用户报文进行分段并加以标识,而接收方也能很容易地对分段消息进行重组。在 2 类和 3 类协议服务中,消息分段和重组功能分别通过 1 型和 2 型数据消息来实现。如后面所述,该两个消息中都含有体现分段功能的参数。在该参数中,含有一个用于指示该消息后面是否有属于同一用户报文的后续消息的比特位,通过该位,易于实现用户报文分段标识和重组。

(3) 全局号码(GT)翻译功能

对于七号信令网,信令点编码只在所定义的信令网范围内有效,单纯依据 DPC 选路不能保证信令网间的端到端直接通信。并且就用户而言,若其想要利用信令点编码来选路,那么他必须要知道接收方的 DPC,显然,这也很不方便。为此,SCCP 扩充了一种新地址类型——全局号码(GT)。固定电话号码、移动电话号码、数据网终端号码等都可以作为全局号码。在此基础上,为了适用的普遍性,SCCP 定义了如图 3-15 所示的包含地址指示语和地址信息两部分的"用户地址"参数格式,用户可以根据具体需求,设置并使用其中的部分或全部字段。如果用户设置了 GT 号码相关字段,但没设置信令点编码相关字段,并以 GT 号码作为选路依据,那么 SCCP 在向 MTP 层传送消息时,必须通过 GT 号码获得 DPC 等相关信息,才能通过 MTP 传输信令消息。这就是由 GT 号码的翻译功能来实现的。

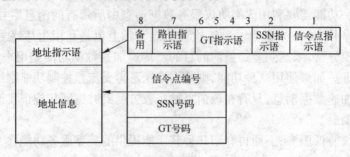

图 3-15　SCCP 用户地址格式

在图中,GT 指示语、SSN 指示语及信令点指示语分别用于出示地址信息中是否含有 GT 号、SSN 号、信令点编号,若有,该比特置 1,否则置 0。对于被叫用户地址,通常采用 3 种形式:目的地信令点编码 DPC + SSN 号码,GT 号码 + SSN 号码,GT 号码 + SSN 号码 + DPC。在第 3 种形式中,路由指示语用于出示是根据地址信息中的哪些字段来选路,该位为 0,则根据 GT 号码选路,该位为 1,则根据 DPC 和 SSN 号码来选路。

SSN 是子系统号的缩写。SCCP 将每类用户都看作是一个子系统,其编号用 8bit 表示,具体说明如表 3-4 所示。从这一点也可见,七号信令系统的 7 层结构中的 SCCP 最多可容纳 256 个不同的应用系统类型,这远比原来 4 级结构所能容纳的应用系统数目(最多是 16 个)要多。

表 3-4　SSN 编号及含义

SSN 编号	含　义	SSN 编号	含　义
00000001	SCCP 管理	00001000	移动交换中心(MSC)
00000011	ISDN 用户部分	00001001	设备识别中心(EIR)
00000100	OMAP	00001010	认证中心(AUC)
00000101	MAP	00001100	INAP
00000110	原籍位置登记器(HLR)	11111111	扩充备用
00000111	访问位置登记器(VLR)	其他	备用

GT 号码目前有 4 种类型,其具体格式如图 3-16 所示,其中,图 3-16a ~ d 所对应的 GT 指示语取值分别为 0001、0010、0011、0100。奇偶指示语用于指示地址信号的个数是奇数还是偶数,前者取值为 1,后者取值为零。地址信号实际上就是由一个 4bit 二进制数表示的一位十进制数,例如用二进制数 0001 表示十进制数 1,一个地址信息由若干个地址信号组成。地址性质指示语用于指示号码是用户号码、国内有效号码、国际号码还是智能网业务号码等。翻译类型用于指出全局号码翻译功能,将消息地址翻译为新的 DPC、SSN 和 GT 的不同组合。翻译类型如果不使用,则将其置 0。就编号计划而言,目前已定义的包括:ISDN/电话编号计划(码值 0001)、数据编号计划(码值 0011)、Telex 编号计划(码值 0100)、海事移动编号计划(码值 0101)、陆地移动编号计划(码值 0110)和 ISDN/移动编号计划(码值 0111)。对于编码计划,

目前只定义了两种,即 BCD 码且地址信息中含有奇数个地址信号(码值 0001)和 BCD 码且地址信息中含有偶数个地址信号(码值 0010)。

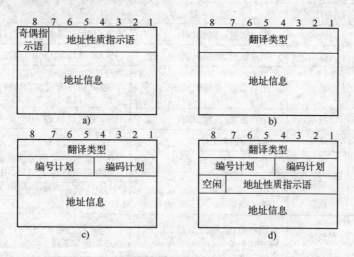

图 3-16　GT 号码格式

2. SCCP 层原语

SCCP 与高层及低层的通信是通过原语实现的。原语语法结构如图 3-17 所示,其中,属名指示编址层应完成的操作;专用名指示原语流的方向;参数为层间发送的信息元素。

提供业务的功能块	属名	专用名	参数

图 3-17　原语语法结构

SCCP 层原语包括面向无连接业务原语、面向连接业务原语、SCCP 管理原语和 MTP 原语等多种类型,每种类型所包含的原语数目各不相同。由于篇幅所限,在此,仅具体说明面向连接业务的原语的一些相关内容,如表 3-5 所示。

表 3-5　SCCP 面向连接业务的原语

原 语			功 能
属　名	专用名	参　数	
N-CONNECT	请求	被叫地址、主叫地址、加速确认选择、业务质量参数集、连接识别	SCCP 用户请求 SCCP 建立信令连接
	指示	被叫地址、主叫地址、加速确认选择、业务质量参数集、连接识别	SCCP 通知 SCCP 被叫用户,请求与主叫用户建立连接
	响应	响应地址、加速确认选择、业务质量参数集、连接识别	被叫用户响应本端 SCCP,同意建立信令连接
	确认	响应地址、加速确认选择、业务质量参数集、连接识别	主叫 SCCP 通知主叫用户,使主叫用户确认信令连接的建立

57

原　语			功　能
属　名	专用名	参　数	
N-DATA	请求	用户数据、连接识别	SCCP 用户请求 SCCP 进行数据传递
	指示	用户数据、连接识别	SCCP 通知 SCCP 用户数据到达
N-EXPEDITED DATA	请求	用户数据、连接识别	SCCP 用户请求 SCCP 进行加速数据传递
	指示	用户数据、连接识别	SCCP 通知 SCCP 用户加速数据到达
N-RESET	请求	起因、连接识别	若协议服务类别包括流量控制功能,则本原语可在数据传递中出现,用于抑制一切其他活动,使 SCCP 开始重新初始化程序以调整序号
	指示	起源者、起因、连接识别	
	响应	连接识别	
	确认	连接识别	
N-DISCONNECT	请求	用户数据、响应地址、连接识别、原因	SCCP 用户请求 SCCP,拒绝信令连接的建立或中断信令连接
	指示	起源者、用户数据、响应地址、连接识别、原因	SCCP 通知 SCCP 用户,拒绝信令连接的建立或中断信令连接
N-INFORM	请求	原因、连接识别、业务质量参数集	通知 SCCP 关于信令连接用户的故障/拥塞,或参与的业务质量的变化情况
	指示	原因、连接识别、业务质量参数集	指示 SCCP 到 SCCP 用户功能的故障或参与的业务质量的变化情况

3. SCCP 消息信号单元格式及消息类型

SCCP 消息信号单元格式如图 3-18 所示,其中,SI = 0011;消息类型不采用前面所述的 H_0 和 H_1 编码方式,而是采用 1B 的消息类型编码,如此编码方式更通用,且具有较高的编码容量利用率;信息部分用于存放 SCCP 消息本体,其以"参数"作为基本组成元素,包括必选参数和任选参数两部分,必选参数部分又分为长度固定的必选参数部分和长度可变的必选参数部分,必选参数的个数、类型及其先后顺序由消息类型确定,任选参数的个数和类型是可变的。

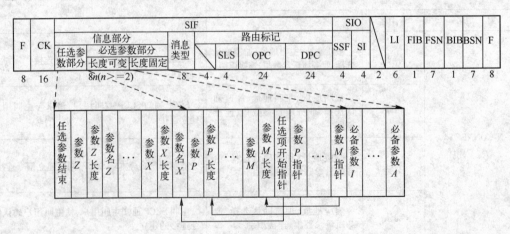

图 3-18　SCCP 消息信号单元格式

SCCP 层定义了 18 个消息类型,表 3-6 示出了各种消息类型及其所包含的参数情况。

表 3-6 SCCP 消息类型及其所含有的参数

消 息 类 型	编 码	适用协议类别	包 含 参 数	参数所属类型
单元数据消息(UDT)	00001001	0、1	协议类别	长度固定必选参数
			被叫用户地址	长度可变必选参数
			主叫用户地址	长度可变必选参数
			数据	长度可变必选参数
增强单元数据消息(XUDT)	00010001	0、1	协议类别	长度固定必选参数
			跳计数器	长度固定必选参数
			被叫用户地址	长度可变必选参数
			主叫用户地址	长度可变必选参数
			数据	长度可变必选参数
			分段	任选参数
			任选参数结束	任选参数
单元数据服务消息(UDTS)	00001010	0、1	返回原因	长度固定必选参数
			被叫用户地址	长度可变必选参数
			主叫用户地址	长度可变必选参数
			数据	长度可变必选参数
单元数据服务消息(XUDTS)	00010010	0、1	返回原因	长度固定必选参数
			跳计数器	长度固定必选参数
			被叫用户地址	长度可变必选参数
			主叫用户地址	长度可变必选参数
			数据	长度可变必选参数
			分段	任选参数
			任选参数结束	任选参数
连接请求消息(CR)	00000001	2、3	起源本地参考	长度固定必选参数
			协议类别	长度固定必选参数
			被叫用户地址	长度可变必选参数
			信用量	任选参数
			主叫用户地址	任选参数
			数据	任选参数
			任选参数结束	任选参数

消 息 类 型	编 码	适用协议类别	包 含 参 数	参数所属类型
连接确认消息（CC）	00000010	2、3	目的地本地参考	长度固定必选参数
			起源本地参考	长度固定必选参数
			协议类别	长度固定必选参数
			信用量	任选参数
			被叫用户地址	任选参数
			数据	任选参数
			任选参数结束	任选参数
连接拒绝消息（CREF）	00000011	2、3	目的地本地参考	长度固定必选参数
			拒绝原因	长度固定必选参数
			被叫用户地址	任选参数
			数据	任选参数
			任选参数结束	任选参数
连接释放消息（RLSD）	00000100	2、3	目的地本地参考	长度固定必选参数
			起源本地参考	长度固定必选参数
			释放原因	长度固定必选参数
			数据	任选参数
			任选参数结束	任选参数
释放完成消息（RLC）	00000101	2、3	目的地本地参考	长度固定必选参数
			起源本地参考	长度固定必选参数
1 型数据消息（DT1）	00000110	2	目的地本地参考	长度固定必选参数
			分段/重装	长度固定必选参数
			数据	长度可变必选参数
2 型数据消息（DT2）	00000111	3	目的地本地参考	长度固定必选参数
			排序/分段	长度固定必选参数
			数据	长度可变必选参数
数据证实消息（AK）	00001000	3	目的地本地参考	长度固定必选参数
			接收序号	长度固定必选参数
			信用量	长度固定必选参数
加速数据消息（ED）	00001011	3	目的地本地参考	长度固定必选参数
			数据	长度可变必选参数
加速数据证实消息（EA）	00001100	3	目的地本地参考	长度固定必选参数
复原请求消息（RSR）	00001101	3	目的地本地参考	长度固定必选参数
			起源本地参考	长度固定必选参数
			复原原因	长度固定必选参数

（续）

消息类型	编码	适用协议类别	包含参数	参数所属类型
复原确认消息（RSC）	00001110	3	目的地本地参考	长度固定必选参数
			起源本地参考	长度固定必选参数
协议数据单元出错消息（ERR）	00001111	2、3	目的地本地参考	长度固定必选参数
			错误原因	长度固定必选参数
不活动性测试消息（IT）	00010000		目的地本地参考	长度固定必选参数
			起源本地参考	长度固定必选参数
			协议类别	长度固定必选参数
			排序/分段	长度固定必选参数
			信用量	长度固定必选参数

3.2.7 TCAP

事务处理能力应用部分（TCAP）用于为各种具体应用业务信令提供通用服务。它面向的是各种应用信令通信的通用动作，与具体应用业务没有直接关系，因此，便于七号信令系统的AP部分灵活增加新应用类型。

1. TCAP 功能

在介绍 TCAP 功能之前，先介绍一些有关概念。一个通信过程可以看作是一个对话过程，在 TCAP 中，对话被称为事务。在一个对话过程中，通信双方需要相互交换若干条消息。而每个消息的传输又由若干个操作来完成，每个操作含有一定的信息。TCAP 将关于一个操作的信息定义为成分，它是 TCAP 消息的基本组成元素。基于上述易见，AP 部分的任何应用类型在信令通信过程中都需要执行操作和对话两种通用动作。TCAP 层就是负责对这两种动作进行处理。

概括来讲，可以认为 TCAP 具有两个功能子层，即成分处理功能子层和对话处理功能子层，分别用于处理操作和对话。

在成分处理功能子层，TCAP 定义了 4 种操作过程，并基于操作过程，定义了 4 种成分，如表 3-7 所示。

表 3-7　操作过程和成分类型

成分类型	成分类型说明	操作过程类型	操作过程类型说明
调用成分（INV）	请求接收方执行指定操作	1 类操作	不论操作是否成功，都向请求方报告。这类操作通常使用 INV 和 RR
回复结果成分（RR）	向请求方回复操作执行结果	2 类操作	只在操作失败时才向请求方报告。这类操作通常使用 INV，或者使用 INV 和 RE

成 分 类 型	成分类型说明	操作过程类型	操作过程类型说明
回复出错成分（RE）	向请求方出示无法执行其所请求的操作	3 类操作	只在操作成功时才向请求方报告。这类操作通常使用 INV，或者使用 INV 和 RR
拒绝成分（RJ）	向请求方出示拒绝执行其所请求的操作	4 类操作	不论操作是否成功，都不向请求方报告。这类操作通常使用 INV

对话过程可分为非结构化对话过程和结构化对话过程两种。前者发送不期望应答的成分。而后者由对话开始、继续和结束等阶段顺序组成，其中，结束阶段又分为正常结束和异常结束两种。基于对话过程，在对话处理功能子层，TCAP 定义了 5 种消息类型，如表 3-8 所示，分别用于上述两种对话过程。其中，每个消息中都含有若干个成分，并且不同消息所含有的成分也不尽相同。

表 3-8　TCAP 消息类型

消息类型	消息类型标记	说　　　明
单向消息	01100001	用于非结构化对话过程，发送不期望接收方应答的成分
开始消息	01100010	用于结构化对话过程，开始一个对话
继续消息	01100101	用于结构化对话过程，表示一个对话继续
结束消息	01100100	用于结构化对话过程，表示对话正常结束
中止消息	01100111	用于结构化对话过程，表示对话异常结束

2. TCAP 消息结构

信息单元是 TCAP 消息的基本组成单元，一个 TCAP 消息含有若干个信息单元。信息单元由标记、长度和内容 3 部分组成，如图 3-19 所示，其中，标记用于区分信息单元的类型；长度用于出示内容字段的长度，以字节为单位；内容字段存放实际要传送的信息，该部分内容既可以是单纯的数据，也可以是一个以上的内嵌信息单元。

基于上述，并鉴于 TCAP 需要处理操作和对话两种动作，一个 TCAP 消息的结构如图 3-20 所示。其中，消息类型标记如表 3-8 所示；消息总长度是指后续全部信息单元的长度，以字节为单位；事务部分信息单元包含与对话处理有关的一些参数，如 DTID 等；成分部分信息单元包含与操作处理有关的一些参数，如操作码等，该信息单元是一个复合体，即其内容部分由若干成分组成，每个成分又包含多个成分信息单元。

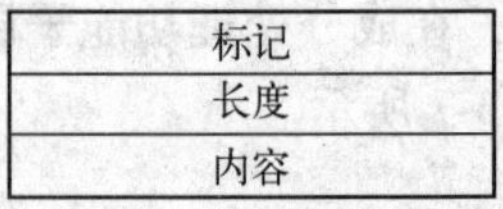

图 3-19　信息单元构成

3.2.8　与具体业务有关的用户及应用部分

由于篇幅所限，在这一部分，仅针对 TUP 和 ISUP，介绍其消息信号单元结构、消息类型及一些消息典型应用实例。

1. TUP

TUP 是电话用户部分，其为电话通信应用定义各种信令消息及信令过程。

（1）TUP 消息信号单元结构

TUP 消息信号单元的结构如图 3-21 所示。其中，$SI = 0100$；H_0 代表消息组；H_1 代表一个消息组中的一个具体消息；路由标记由 OPC、DPC 和 CIC 3 部分组成；必备部分和可选部分存放 TUP 消息本体内容，必备部分是一具体消息必须包含的，由具体消息来决定，可选部分用于存放一具体消息可能带有的附加信息。必备部分和可选部分又都可分为长度固定部分和长度可变部分。

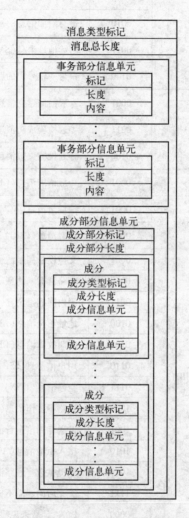

图 3-20　TCAP 消息基本结构

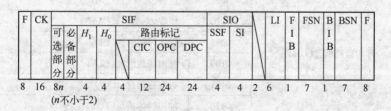

图 3-21　TUP 消息信号单元结构

（2）TUP 消息类型

目前，TUP 定义了 13 个消息组，共有近 60 个消息。表 3-9 列出了各消息组及具体消息。

表 3-9　TUP 消息组和具体消息

H_0	消息组名称	H_1	具体消息名称
0001	前向地址消息(FAM)	0001	初始地址消息(IAM)
		0010	带有附加信息的初始地址消息(IAI)
		0011	后续地址消息(SAM)
		0100	只带一位号码的后续地址消息(SAO)
0010	前向建立消息(FSM)	0001	一般前向建立信息消息(GSM)
		0011	导通检验成功消息(COT)
		0100	导通检验失败消息(CCF)
0011	后向建立消息(BSM)	0001	一般请求消息(GRQ)
0100	成功后向建立消息(SBM)	0001	地址全消息(ACM)
		0010	计费消息(CHG)
0101	不成功后向建立消息(UBM)	0001	交换设备拥塞消息(SEC)
		0010	电路群拥塞消息(CGC)
		0011	国内网拥塞消息(NNC)
		0100	地址不全消息(ADI)
		0101	呼叫故障消息(CFL)
		0110	用户忙消息(SSB)
		0111	空号消息(UNN)
		1000	线路不工作消息(LOS)
		1001	发送专用信息音消息(SST)
		1010	接入拒绝消息(ACB)
		1011	不提供数字通路消息(DPN)
		1111	扩充后向建立不成功信息消息(EUM)
0110	呼叫监视消息(CSM)	0000	应答、计费未说明消息(ANU)
		0001	应答、计费消息(ANC)
		0010	应答、免费消息(ANN)
		0011	后向释放消息(CBK)
		0100	前向释放消息(CLF)
		0101	再应答消息(RAN)
		0110	前向转移消息(FOT)
		0111	主叫挂机消息(CCL)

H_0	消息组名称	H_1	具体消息名称
0010	前向建立消息（FSM）	0111	电路监视消息（CCM）
		0001	电路释放监护消息（RLG）
		0010	电路闭塞消息（BLO）
		0011	电路闭塞证实消息（BLA）
		0100	解除电路闭塞消息（UBL）
		0101	解除电路闭塞证实消息（UBA）
		0110	电路导通检验请求消息（CCR）
		0111	电路复原消息（RSC）
1000	电路群监视消息（GRM）	0001	面向维护的群闭塞消息（MGB）
		0010	面向维护的群闭塞证实消息（MBA）
		0011	面向维护的群闭塞解除消息（MGU）
		0100	面向维护的群闭塞解除证实消息（MUA）
		0101	面向硬件故障的群闭塞消息（HGB）
		0110	面向硬件故障的群闭塞证实消息（HBA）
		0111	面向硬件故障的群闭塞解除消息（HGU）
		1000	面向硬件故障的群闭塞解除证实消息（HUA）
		1001	电路群复原消息（GRS）
		1010	电路群复原证实消息（GRA）
		1011	软件产生的群闭塞消息（SGB）
		1100	软件产生的群闭塞证实消息（SBA）
		1101	软件产生的群闭塞解除消息（SGU）
		1110	软件产生的群闭塞解除证实消息（SUA）
1010	电路网管理消息（CNM）	0001	自动拥塞控制消息（ACC）
1100	国内后向建立成功消息（NSB）	0010	计次脉冲消息（MPM）
1101	国内呼叫监视消息（NCB）	0001	话务员消息（OPR）
1110	国内后向建立不成功消息（NUB）	0001	用户市忙消息（SLB）
		0010	用户长忙消息（STB）
1111	国内地区使用消息（NAM）	0001	恶意呼叫识别消息（MAL）

（3）TUP 消息应用示例

为了了解 TUP 消息是如何被应用的，在这一部分，我们通过一些典型示例来说明相关信令消息的发送顺序。这些示例分别针对呼叫遇被叫用户空闲的情形，描述了分局到分局/汇接局（直达）、市话局到长话局或国际局（自动）、长话局间（直达）、长话局间（转接）接续的信令使用情况，如图 3-22 所示。

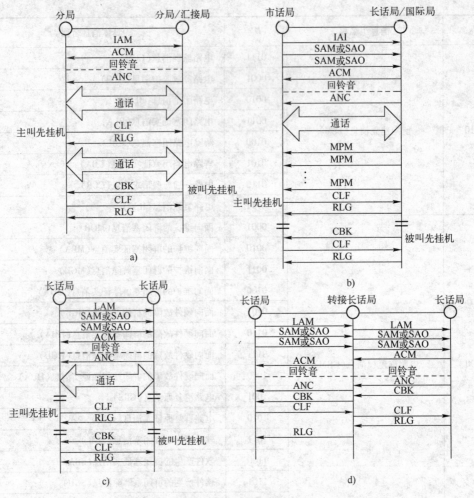

图 3-22　TUP 消息应用示例

a）被叫空闲情形下分局到分局/汇接局直达接续的信令使用情况

b）被叫空闲情形下市话局到长话局/国际局自动接续的信令使用情况

c）被叫空闲情形下长话局间直达接续的信令使用情况　d）被叫空闲情形下长话局间转接接续的信令使用情况

2. ISUP

TUP 是专门针对电话业务的。随着通信网络技术的发展，网络上需要支持的业务种类变得多样化。为了满足多种业务的通信要求，七号信令系统中引入了用于 ISDN 信令传递的 ISUP，该部分是在 TUP 基础上，为非话音承载业务补充了控制协议，并增添了电话网络不具有的呼叫中更改及通信的暂停/恢复等控制协议。

ISUP 能够支持承载业务、用户终端业务及补充业务。承载业务包括：不受限 64kbit/s 电路交换、话音、3.1kHz 音频、不受限 64kbit/s 话音交替等。用户终端业务包括：电话、智能用户电报、2/3 类传真、4 类传真、混合方式、可视图文、可视电话等。补充业务包括：主叫先识别提供/限制（CLIP/CLIR）、被接线识别提供/限制（COLP/COLR）、直接拨入（DDI）、闭合用户群（CUG）、用户-用户信令（UUS）、呼叫转移（CF）、多用户号码（MSN）、终端可移动性（TP）等。

（1）ISUP 消息信号单元结构

ISUP 消息信号单元的结构如图 3-23 所示。和 SCCP 消息信号单元相比较可见，ISUP 消息信号单元与其很相似,并且信息部分所存放的 ISUP 信息本体内容也是以参数为基本组成元素的,只是多了一个电路识别码字段,该字段中,CIC 是源信令点和目的地信令点间相连话路的编码,目前其仅使用最低的 12bit。此外,在 ISUP 消息信号单元中,SI = 0101。

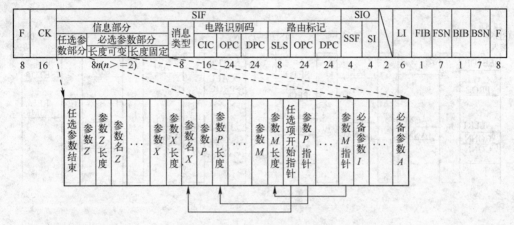

图 3-23　ISUP 消息信号单元结构

（2）ISUP 消息类型

ISUP 消息除了包括类似于七号信令系统中 TUP 消息的一些消息外,还包括一些新增加的与非话音业务及补充业务有关的消息,各种消息类型如表 3-10 所示。

表 3-10　ISUP 消息类型和编码

消 息 类 型	消息类型编码	消 息 类 型	消息类型编码
地址全消息（ACM）	00000110	识别响应消息（IRS）	00110111
应答消息（ANM）	00001001	信息消息（INF）	00000100
闭塞消息（BLO）	00010011	信息请求消息（INR）	00000011
闭塞证实消息（BLA）	00010101	初始地址消息（IAM）	00000001
呼叫进展消息（CPG）	00101100	环回证实消息（LPA）	00100100
电路群闭塞消息（CGB）	00011000	网路资源管理消息（NRM）	00110010
电路群闭塞证实消息（CGA）	00011010	过负荷消息（OLM）	00110000
电路群询问消息（CQM）	00101010	传递消息（PAM）	00101000
电路群询问响应消息（CQR）	00101011	释放消息（REL）	00001100
电路群复原消息（GRS）	00010111	释放完成消息（RLC）	00010000
电路群复原证实消息（GRA）	00101001	电路复原消息（RSC）	00010010
电路群解除闭塞消息（CGU）	00011001	恢复消息（RES）	00001110
电路群解除闭塞证实消息（CGUA）	00011011	分段消息（SGM）	00111000
计费消息（CRG）	00110001	后续地址消息（SAM）	00000010
混乱消息（CFN）	00101111	暂停消息（SUS）	00001101
连接消息（CON）	00000111	解除闭塞消息（UBL）	00010100
导通消息（COT）	00000101	解除闭塞证实消息（UBA）	00010110
导通检验请求消息（CCR）	00010001	未分配的 CIC 消息（UCIC）	00101110
性能消息（FAC）	00110011	用户部分可用消息（UPA）	00110101
性能接受消息（FAA）	00100000	用户部分测试消息（UPT）	00110100
性能拒绝消息（FRJ）	00100001	用户-用户消息（USR）	00101101
性能请求消息（FAR）	00011111	话务员消息（OPR）	11111110
前向转移消息（FOT）	00001000	计次脉冲消息（MPM）	11111101
识别请求消息（IDR）	00110110	主叫用户挂机消息（CCL）	11111100

（3）ISUP 消息应用示例

在此，我们也给出一些示例，来说明如何应用 ISUP 消息。这些应用示例如图 3-24 所示，分别描述基本电路交换呼叫建立情况及市话汇接接续下 ISUP 与 TUP 的信令配合情况。

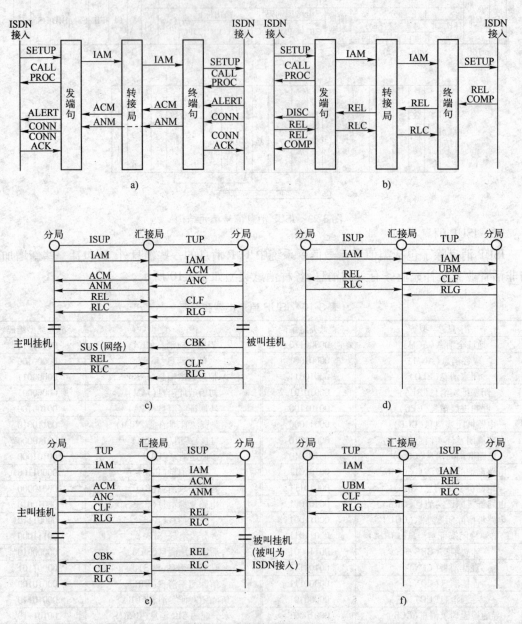

图 3-24 ISUP 消息应用示例

a）基本电路交换的成功呼叫建立过程（成组、非自动应答终端）

b）基本电路交换的不成功呼叫建立过程（点到点数据链路）

c）成功市话呼叫接续下的 ISUP 至 TUP 的信令配合情况   d）不成功市话呼叫接续下的 ISUP 至 TUP 的信令配合情况

e）成功市话呼叫接续下的 TUP 至 ISUP 的信令配合情况   f）不成功市话呼叫接续下的 TUP 至 ISUP 的信令配合情况

3.3 小结

信令系统是一个通信网络的神经中枢,其对通信网络的有效稳定运行起着至关重要的作用。本章阐述信令系统的基本知识、介绍了七号信令技术。信令系统的设计涉及到信令定义、信令编码、信令传递及信令处理等关键环节,为此,本章对这些环节的有关知识也进行了简要介绍。七号信令系统是目前广泛应用的一种共路信令系统。有鉴于此,本章在上述介绍的基础上,着重介绍了七号信令系统技术。在这一方面,首先简要介绍了网络拓扑、信令点编码、路由选择等七号信令网有关知识以及七号信令系统的基本功能结构。其次,着重介绍了七号信令系统协议分层结构。早期的七号信令协议结构由 4 级组成,即 MTP-1、MP-2、MTP-3 和 UP。为了适应通信网络环境新需求,20 世纪 80 年代末,人们在上述 4 级结构的基础上,又补充了 SCCP、TCAP、ISP 3 个层次,并将应用层次扩展为 UP 和 AP 两部分,形成了 4 级与七层并存的协议分层结构。针对这种协议分层结构,本章比较深入地说明了除 ISP 以外的所有层次部分的功能、信令消息结构、消息类型等相关知识。由于 ISP 目前尚未规范化,本章没有对其单独进行比较详细的介绍。

3.4 习题

1. 比较共路信令与随路信令,并说明它们的优缺点。
2. 七号信令有哪几种信令消息基本单元? 试说明它们的格式及功能。
3. 七号信令的体系结构如何?
4. 信令网功能层包含哪些子功能? 试说明它们的工作机理。
5. 信令消息单元有哪几种格式?
6. SCCP 的被叫地址和 MTP 中的 DPC 有什么区别和联系?
7. 设信令链路的信令负荷为 0.2Erl,中继线平均话务负荷为 0.7Erl,每次呼叫平均时长 40s,每次呼叫建立平均需要传送 8 个消息,消息平均长度为 100bit,则一条 64 kbit/s 的七号信令链路能传送多少条话路的电话信令消息?
8. 简述 TCAP 的功能。
9. 什么是 TUP? 简要描述 TUP 消息的结构。
10. TUP 是根据消息中哪个字段确定该消息是属于哪个呼叫的?
11. 试说明 SCCP 在哪些方面加强了七号信令的网络层功能。
12. 试说明信令系统的应用及其特点。
13. 信令的基本信令单元有哪几种? 画图说明它们的格式。
14. MSU 具体分为哪几种? 是根据哪个字段来区分的?
15. 简要描述 TCAP 的功能。

第4章 电路交换和数字程控交换

电话通信是最早出现的一种通信方式,也是当今通信领域中的主要通信方式之一。从传送模式角度来看,在传统的电话通信中通常采用电路交换方式。而从控制方式角度来看,电话通信从最初的人工控制接续逐渐演变为自动控制接续,目前主要是数字程控接续。本章将首先对电路交换加以简单介绍,然后将重点介绍数字程控交换技术。

4.1 电路交换

如第1章所述,基本电路交换、多速率电路交换与快速电路交换都属于电路交换范畴。本节对这3种交换方式加以简单介绍。

4.1.1 基本电路交换

基本电路交换是通信领域中最早出现的形式。其一般过程是:

1) 呼叫建立阶段。主叫方首先向交换机发起呼叫请求。如果至被叫方的路径上不存在空闲链路,或者被叫忙,则呼叫请求失败;反之,呼叫请求成功,该路径上所经过的交换机会为这一请求建立一条固定带宽的独用通信链路,并向被叫方送振铃音,向主叫方送回铃音,这一阶段称为呼叫建立阶段。

2) 信息传送阶段。如果呼叫建立成功,且在规定的时间内被叫方摘机且主叫方在对方摘机应答前没有先挂机,则主叫方和被叫方可通过上述已建立的通信链路进行通信,这一阶段称为信息传送阶段。

3) 连接释放阶段。当上述信息传输阶段结束后,通信双方中任何一方执行挂机操作结束通信时,或者当被叫方无应答或主叫方在对方摘机应答前先挂机等一些例外情形发生时,路径上所经过的相关交换机将释放上述独用通信链路,以供其他呼叫使用,这一阶段称为连接释放阶段。

基本电路交换具有如下一些典型特点:

1) 对呼叫请求采用呼损处理方式,即呼叫请求条件满足,交换系统接纳该呼叫并建立通信链路进行通信,且其不受后续呼叫影响,否则,交换系统拒绝该呼叫。

2) 通信使用在通信开始之前预先建立的专用通信链路。该链路在通信期间即使无信息传送,也不能被其他呼叫所使用。这也导致了通信链路资源利用率较低。

3) 专用通信链路带宽固定,并且要求各呼叫采用相同的传输速率且在数字通信系统中采用同步时分复用传输方式。在这种情形下,面向每个呼叫的专用通信链路在同步时分复用的每帧中占用一个时隙间隔,用于传送纯粹通信信息且各帧中时隙位置相同。这也导致了其适合于速率单一且恒定的业务通信,而不适合于变比特率业务以及多速率业务通信。

4) 存在通信时延,但时延主要集中在呼叫连接建立阶段,信息传输阶段的时延相对来说要小得多。

5）除信令信息外,对其他通信信息采用透明方式传送,在传送途中不对这些信息作任何处理。另外,对信息的传送也不进行差错控制。

4.1.2 多速率电路交换

从上述基本电路交换方式可见,这种方式仅适合于速率单一且恒定的业务通信。而随着通信需求的发展,在此之后,人们希望能够实现对具有不同恒定速率的若干业务类型在同一个网络上进行通信。为了应对这一需求,多速率电路交换方式得以出现。

该交换方式是在基本电路交换方式基础上进行调整扩展而形成的,可以说后者是前者的一个特例。二者基本原理和工作机理类似,主要不同是,为了适应于若干种不同恒定速率的业务通信,多速率电路交换方式采取了下述机制:首先给定一个基本速率,并且同步时分复用中每帧中时隙按基本速率进行划分;然后一个业务根据其速率是基本速率的多少倍,来决定并占用每帧中的时隙个数,当倍数是小数时,时隙个数取最接近于该小数的正整数,同样,对于同一个业务,其在每帧中占用的时隙位置相同,但是在一帧中所占用的时隙位置不一定相邻。

多速率电路交换具有如下一些典型特点:

1）适用于多个具有不同恒定速率的业务类型,每种业务类型都分配固定带宽。因此,不适合于变比特率业务。

2）基本速率较难确定。如果该速率确定得过高,在面向低速率业务时,会导致链路带宽资源浪费,而如果确定得过低,在面向高速率业务时,又会导致每帧中时隙数目过多,控制复杂度增加。因此,在选定基本速率时,通常要考虑将这两方面性能折衷。另外,也正是由于上述原因,因此各类业务的速率类型不能太多,且最低速率和最高速率相差不能过大,否则,会导致控制困难或链路带宽资源浪费。

3）除了上述独有特点外,多速率电路交换还和基本电路交换拥有一些共性特点,例如,信息透明传送、通信链路专用、使用呼损制等特点。

4.1.3 快速电路交换

前述两种电路交换方式都存在独占链路资源,导致链路资源浪费的问题。为了克服这一局限性。人们又提出了快速电路交换方式。这种方式实际上是在电路交换领域中引入了"虚电路"的思路,类似于后续章节要介绍的分组交换、ATM 交换中所采用的"虚电路"概念。该种交换方式的基本原理是,根据呼叫要求预先建立一条非物理连接的逻辑电路(即虚电路),该电路只有在该呼叫有信息传送时才被快速占用,当没有信息传送时,它可以被别的呼叫连接用于信息传输,因此,该电路不是一个呼叫所独占的,这也是虚电路概念的含义,同时,也正是由于这一原因,需要虚电路所经过的相关交换节点在呼叫连接建立阶段预先记录通信带宽、所选路由等有关信息,当用户发送信息时,各交换节点根据这些信息快速建立物理连接并对信息加以传送。

快速电路交换具有如下典型特点:

1）由于一条虚电路可以被多个呼叫复用,因此可以提高链路带宽资源的利用率。

2）各相关交换节点在呼叫需要有信息传送时,能够具有快速建立物理连接的能力。

3）由于通信链路不被一个呼叫所独占,因此可能会导致在其有信息需要传送时,不能激活虚电路以建立物理连接,进而可能会产生信息丢失或者排队时延。另外,由于在每次用户有信息传输时该种交换方式都需要重新建立物理连接,所以在信息传输阶段,还会产生额外的用于建立物理连接的时延。因此,总体来说,这种交换方式的时延和呼损要比前两种电路交换方式的大。

4）也正是由于上述原因,其控制比前两种电路交换方式要更复杂。

4.2 数字程控交换

数字程控交换是通过预先存储的程序对所传输的数字信号进行控制、接续等处理。这是目前电话通信的主要交换方式。在此,首先简单介绍一下基本原理,然后对程控交换系统的软硬件功能结构加以简单介绍。考虑到呼叫处理软件是程控交换系统中极为重要的软件组成元素,所以这一部分也对呼叫处理软件单独加以较为详细的介绍。

4.2.1 数字程控交换的基本原理

数字程控交换是建立在 PCM(脉冲编码调制)技术基础上的,最初的程控交换机是空分模拟程控交换机,所交换的信息是模拟信号。20 世纪 60 年代末至 70 年代初,通信网逐渐采用了 PCM 的传输设备,从而引入了数字交换机,数字程控交换机所交换的信息是根据 PCM 技术将语音转换得到的数字信号。

（1）程控交换的概念

程控交换机是由计算机控制的交换机,计算机上安装有程控交换控制的软件,计算机通过软件实现控制交换的接续,计算机是程控交换机的控制设备。

程控交换的基本结构如图 4-1 所示。

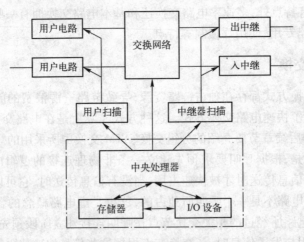

图 4-1　程控交换的基本结构

图中控制设备是数字电子计算机,包括中央处理机(CPU)、存储器和输入/输出设备等。用户终端通常是指用户话机,用户电路是用户终端单独使用的设备,它包括用户状态的监视、与用户直接相关的功能等。出中继和入中继设备是和其他电话交换机之间的接口电路,其传输交换机之间的各种通信信号。交换网络通常是指各种接线器,对于程控交换机而言,交换网络应用电子开关接点组成,可以是空分或时分。程控交换机通过 CPU 向交换网络发送命令控制网络交换过程,通过用户扫描电路监视用户电路,通过中继器扫描电路监视出/入中继电路。

（2）PCM 传输

在发送端的话音模拟信号经过抽样后得到 PAM 信号,再经过量化和编码后得到 PCM 数字信号,即话音模拟信号通过 A/D(模拟/数字)转换得到数字信号,该信号通过传输信道达到接收端。在接收端首先通过 D/A(数字/模拟)转换,进行译码,把 PCM 信号还原成与发送端一样的量化样值,得到离散的 PAM(脉冲幅度调制)信号,然后通过低通滤波器过滤 PAM 信号,将 PAM 信号还原成连续的话音信号。由于 PCM 脉冲在传输过程中会受到信道中噪声干扰,也可能会有失真现象产生,因而有必要在传输过程中每隔一定距离接入再生中继器,其目的是为了用重新产生的脉冲替代可能已失真的 PCM 脉冲,保证接收端接收到的 PCM 信号与发送端发出的信号基本一致。

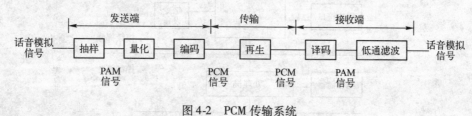

图 4-2 PCM 传输系统

（3）时分多路复用

数据通信网中,传输介质的铺设需花费大量的人力、物力,因而必须考虑提高传输介质的利用率,采取复用方式是一种较好的提高线路利用率的方式,其基本思想就是在一对传输线路上传输多个话路的信息,即多路复用。多路复用方式常见的有频分多路复用和时分多路复用两种。频分多路复用是将传输信道按频率分割成 N 个部分,每个部分作为一个独立的传输信道,从而在一对传输线路上实现 N 对话路信息传送。时分多路复用是将一个传输信道按时间分割,把 N 个话路设备接入到一条公共的传输通道,分配一定的时间间隔,按一定的次序和时间间隔,依次将话路设备接入传输通道,当某个话路设备接入到传输信道时,该话路设备与信道接通,独占信道传送信息,其他话路设备与信道暂时断开端口。在该话路设备占用信道时间达到指定分配时间时,通过时分多路切换开关把信道连接到下一个话路设备上。频分多路复用为频分制(FDM),FDM 通信又称载波通信,时分多路复用为时分制,时分制通信又称时间分割通信。

4.2.2 数字程控交换系统的硬件组成

数字程控交换系统结构可以从硬件和软件两个方面来看。

1. 硬件组成

数字程控交换系统实际上可以看作是一个由数字电子计算机控制的交换机。其硬件组成结构如图 4-3 所示,由接续部分和控制部分组成。接续部分主要包括交换网络、交换系统接口、信令设备等组成元件,其中,交换网络负责入线和出线间数字信号的接续,信令设备负责信令信号的收发,接口负责接收传输线上发来的信号和将机内信号发送到传输线上去,并完成机内信号与机外线路上信号之间的转换及匹配。鉴于第 2 章和第 3 章已经分别详细介绍了有关交换网络和信令的相关知识,故在这一部分仅介绍有关程控交换系统的接口知识。

控制部分主要包括处理机、存储器件等组成部件,其中,处理机是实现控制的核心部件,存储器件用于存储程控交换系统中所涉及的各种程序、数据等,这里的数据包含系统数据(该种数据是不同交换局共同具有的数据,不随交换局的具体条件而改变)、局数据(该种数据用于指示交换局设备安装条件等,具体数据内容随交换局的不同而不同)和用户数据(该种数据用于指示业务类别、用户类别、话机类别等,是针对具体用户的,随着用户的不同而不同)三大类。对于控制部分,在此主要介绍处理机的有关知识。

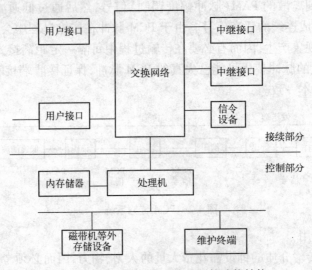

图 4-3 数字程控交换系统的硬件功能结构

2. 交换系统接口

从面向线路的角度来看,程控交换系统的接口可以分为用户接口和中继接口两大类,前者对应交换系统与用户间的用户线路,而后者对应交换系统间的中继线路。从面向信号的角度来看,程控交换系统的接口可分为模拟接口和数字接口两大类,前者从线路接收和向线路发送模拟信号,而后者接收和发送的数字信号。基于上述划分,数字程控交换系统的接口主要包含4 种,即,模拟用户接口、数字用户接口、模拟中继接口和数字中继接口。

(1) 模拟用户接口

CCITT 为数字程控交换系统的模拟用户接口定义了 7 项功能:B、O、R、S、C、T、H,如图 4-4所示。

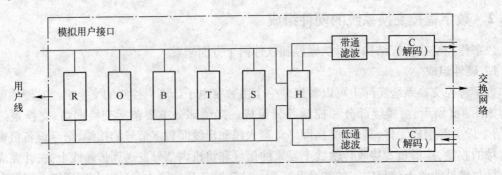

图 4-4 模拟用户接口 7 项功能

R——振铃功能。用于交换系统向用户话机提供铃流,告知用户有电话打入,并且在用户摘机后停止振铃。

O——过电压保护功能。用于防止外界雷电、工业高压、人为破坏等因素损坏交换系统内部器件。

B——馈电功能。由交换系统为电话提供直流电源,通常,馈电电压为 -48 V 或 -60 V。

T——测试功能。作为辅助功能,用于测试模拟用户接口内各功能模块以及用户线是否出现故障。

S——监测功能。用于监测环路直流电流的通/断变化状况,并根据变化状况向控制系统输出相应的摘/挂机信号、拨号脉冲信号等。

H——混合电路功能。鉴于模拟用户线上的模拟信号进行的是二向传输,而交换系统内分别利用二线接收和发送数字信号,为此,需要利用该功能实现用户环线二线传输与交换网络四线传输之间的变换。

C——编解码功能。用于实现机内需要处理的数字信号和用户线上传输的模拟信号之间的转换。

【例 4-1】 模拟用户接口工作原理。

图 4-5 所示是模拟话机及其工作的模拟用户接口。模拟话机由送受话器、拨号盘、听筒、电铃、电键 S1、S2 等组成。模拟话机通过用户线连接到配线架(Main Distribution Frame,MDF)上,配线架可以增加用户线与接口板之间连接和改线的灵活性,配线架上一般会安装避雷器(也称保安器),作为第一级保护,以防止外界雷电等高压损坏交换机的内部电路。接口板中常采取第二级保护,其原因在于保安器的击穿速度不够快,能达到数百伏高压仍可能在短时间内施加到接口板的入线端,容易损坏交换机的内部电路。由 4 个二极管组成一个桥式电路来提供二级保护,当任一条入线上的电压高于 0 V 或低于 -48 V 时,都将导致桥路导通,从而将 c、d 端的电压钳制在 $-48 \sim 0$ V 之间,达到保护目的。图中 R 是过电压限流电阻,R 不宜大(常在数十欧姆数量级)是为了避免过分衰减正常信号,但这会造成过压时,R 和二极管桥路中的电流可能很大,如无保安器及时击穿,仍可能烧坏电阻 R 或二级管。振铃电路由铃流源、继电器 K/2(K/2 表示继电器 K 具有 2 个触点)和铃流监测电路组成,它向话机提供铃流,铃流可在 20 ~ 25 Hz,70 ~ 110 V 之间(我国邮电部标准规定铃流为 25 Hz,75 V ± U_{rms}),它必须位于第二级过电压保护电路之前。混和电路由一个变压器和一个平衡阻抗网络组成,在上下两个方向上各有 3 dB 衰耗。变压器由 8 个匝数相同的绕组组成。在理想情况下,平衡网络的阻抗应等于混和电路(图中)向右看去的等效阻抗。由下分支流入的电流在 W1 和 W2 中感应出大小相同,极性相反的两个电压。当平衡网络的阻抗与环线(包括话机)的阻抗相等时,绕组 W3 和 W4 中的电压相互抵消,上分支中无输出电压,因此在理想情况下,下分支输入的功率平分于环线和平衡网络,由环线流入的电流在绕组 W2 和 W4 中产生相互抵消的两个电压,因此输入功率平分于上下分支。下分支的输出将消耗在放大器 A2 的输出阻抗中,因此来自环线的输入信号功率仅由上分支放大器 A1 输出。下面说明一下模拟用户接口工作原理。

当电话处于挂机状态时,话机内的电键 S1 断开,话机不消耗交换机电源,由自带电池供电。此时,交换机的振铃电路中继电器的两个触点 K1 和 K2 向上闭合,用户线与接口电路的后续部分连接。

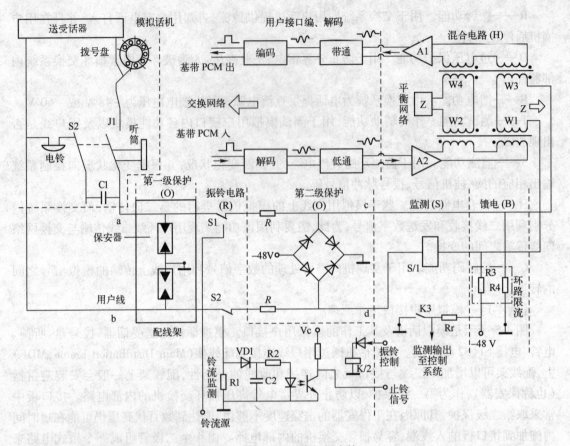

图 4-5　模拟话机和模拟用户接口

1）用户发起呼叫。用户拿起话机,电键 S1 弹起,此时由于交换机的振铃电路中继电器的两个触点 K1 和 K2 向上闭合,话机中的送话器与交换机电源接通,获得所需的工作电流,工作电流由交换机的馈电电路通过限流电阻 R3 和 R4 向话机提供,环线中的直流可驱动混和电路中继电器触点 K3 闭合,产生话机的摘机信号及拨号脉冲。交换机可由此提供的工作电流检测到摘机状态,用户拨号时,号盘在弹簧的作用下使弹簧电键 S1 时通时断,形成脉冲号码信号。话机拨号后,拨号脉冲进入混和电路,下分支的输出将消耗在放大器 A2 的输出阻抗中,因此来自环线的输入信号功率仅由上分支放大器 A1 输出话音信号。在混和电路上分支输出的话音信号在进入 PCM 编码器之前,需要经过带通(300 ~ 3400 Hz)滤波,以便消除带外干扰,并保证抽样信号不出现频率混淆。编码器形成的 64 kbit/s 基带 PCM 可直接送至集中器或交换网络。

2）用户接收呼叫。如果有其他用户呼叫该用户时,交换机需要对话机进行振铃,来自控制系统的振铃控制信号通过驱动器使继电器的 K1、K2 触电与铃流接通,将铃流送入用户环线,交换机发出的铃流通过电容 C1 和电键 S2,使电铃发声。用户摘机后,电话处于摘机状态,铃流断,R1 中电流消失,光耦管输出高电平,作为止铃信号送至控制系统,终止振铃,环线重新与接口的后续电路接通。采用光耦管的目的是实现用户线与交换机内部电路的电气隔离,保护内部电路不受外部高压损坏。用户通话时,由交换网络返回的基带 PCM 信号先进行用户接口的解码,从下分支进入解码器,经过低通滤波,完成模拟话音的恢复。

（2）模拟中继接口

模拟中继接口通常也具有O、T、H、C功能模块,它与模拟用户接口的相应功能等同。此外,模拟中继接口也具有S(监测)功能模块,但其功能及实现与模拟用户接口的S功能模块有较大差别,原因在于:模拟用户接口仅需要单向监测用户线上直流的通断状态,而模拟中继接口不但要监测来自于对端的监测信号,还要将来自于本端系统控制部分的监测信令插入到传输信道中去,因此,模拟中继接口的S功能要比模拟用户接口的S功能要复杂得多。

由于数字程控交换系统本身具有馈电电源且不需要振铃,因此,模拟中继接口一般不具有B和R功能。此外,如果中继线路采用4线传输,那么模拟中继接口还可以省去H功能。

（3）数字用户接口

数字用户接口通常具有O、B、T功能模块,它与模拟用户接口的相应功能类似。此外,数字用户接口还具有R(收发器)和S(信令插入/提取)两个功能,前者用于实现用户环线传输信号与交换系统内工作信号之间的变换和匹配以及实现数字信号的双向传输,后者用于插入和提取信令信号。

由于数字用户终端的"来电提示"信令通常用数字信号的形式传输,并且即使是数字电话,来电提示振铃声也是由数字信号控制话机内的电子铃音发生器来生成的,因此,数字用户接口不需要具有R(振铃)功能。另外,数字用户接口所面对的用户线和交换系统内部都是采用数字信号,因此,数字用户接口也不需要具有实现模/数和数/模转换的C功能。此外,如果用户终端本身能够提供电源,则数字用户接口还可以省去B功能。

（4）数字中继接口

基于与模拟中继接口和数字用户接口相应的类似原因,数字中继接口不需要具有B、R(振铃)、2/4线变换以及C功能。数字中继接口仅具有T、S(信令插入/提取)、O功能,这3种功能与模拟中继接口的相应3种功能类似。

3. 处理机结构

处理机是数字程控交换系统的核心控制部件,交换系统的全部控制工作主要由该设备完成。早期的程控交换系统中,主要采用单处理机结构,单台处理机通过集中控制方式承担全部控制任务。随着需要处理控制的功能日益庞大复杂,目前,除了对于容量较小且较为简单的用户交换系统还采用集中控制方式下的单处理机结构外,几乎都采用多处理机结构,各台处理机通过分散控制方式协作工作来完成所需的控制任务。当然,考虑到程控交换系统控制部件的可靠性,不论单处理机结构还是多处理机结构,结构中通常都考虑采用冗余备份的机制,以保证在主处理机发生故障时,备份处理机能够接替其工作,从而保障交换系统控制部件能够正常运行。下面,对上面提到的控制方式及冗余备份机制加以说明。

（1）控制方式

对于程控交换系统的控制部件,有两种控制方式可以采用,即集中控制方式和分散控制方式。

所谓集中控制方式,是针对单处理机结构,一台处理机承担对所有资源负荷及所有功能的全部控制任务。

所谓分散控制方式,是针对多处理机结构,各台处理机协同工作,每台处理机只承担一部分资源负荷或者一部分功能的控制任务。对于前者情况,称为负荷分担控制方式;对于后者情况,称为功能分担控制方式。

对于分散控制方式,在实际实现方面,多台处理机通常采用两种连接布置方式,即分级分散控制结构和分布分散控制结构。分级分散控制结构是将多台处理机布置在多个级别的层次上,同一级别层次上的各台处理机采用负荷分担方式工作,而不同层次上的处理机是按照功能分担方式进行划分的。在这种结构中,最高一级层次上的处理机担当中央处理机身份。分布分散控制结构是指各台处理机独立处理能力非常强,理论上不存在中央处理机,然而在实际中,由于系统的维护管理等功能还非常适合使用中央控制方式,因此,实际使用的分布分散控制结构中一般还含有中央处理机,只不过其功能相对来说有了很大程度上的减弱。

(2) 冗余备份机制

针对处理机的冗余备份问题,存在 3 种典型的机制。

1) 同步机制。对于这种机制,两台完全相同的处理机同时工作,同时接收信息并同时执行同一条指令,但只有一台处理机执行实际的控制操作,这台处理机相当于主处理机。为了发现故障,在这种机制中使用了一个比较器,每执行完一条指令,两台处理机都通过该比较器比较各自指令的执行结果。如果比较结果一致,说明处理机工作正常,继续执行下一条指令;如果比较结果不一致,说明两台处理机中,至少有一台处理机可能出现了故障,此时需要进行及时必要的故障诊断和处理。

2) 负荷分担机制。对于这种机制,正常情况下,多台处理机同时工作,每台处理机承担一部分业务负荷。当有一台处理机出现故障时,其所承担的业务负荷由其他处理机接替承担。

3) 主/备用机制。对于这种机制,只有主处理机运行,此时备用处理机不运行。当主处理机出现故障时,备用处理机才运行并接替主处理机的工作。这种机制有冷备用和热备用两种方式。冷备用方式下,备用处理机在主处理机工作时由于没有运行,所以其不保存呼叫处理有关数据,当备用处理机接替主处理机工作时,或者需要从主处理机获取相关呼叫处理数据并加以存储,或者进行数据初始化,因此,可能会产生呼叫丢失。热备用方式下,备用处理机随时保存主处理机送来的有关呼叫处理数据,并在主处理机出现故障时可以及时有效地接替工作,因此,这种方式的性能相对更好。

4.2.3 数字程控交换系统的软件组成

数字程控交换系统的软件包括运行软件和支援软件两部分。

1. 运行软件

运行软件的基本任务是控制交换系统的运行。由于交换系统的主要目的是建立和释放呼叫请求的连接,因此,运行软件的主要任务是呼叫处理。此外,运行软件还负责交换系统的管理和维护、保护系统安全运行等工作。运行软件的一般组成如图 4-6 所示,包含应用软件、操作系统和数据库管理软件 3 部分。

应用软件又可以划分为呼叫处理程序和维护与管理程序两部分。呼叫处理程序主要用于负责交换系统的呼叫处理任务,其执行扫描与输入、数字分析、路由选择、通路选择、输出驱动等工作,本章将在后续部分加以介绍。维护与管理软件主要用于管理人员执行相关用户和交换局的各种数据的保存和修改、话务量统计、计费处理、交换网络测试、业务观察等工作。

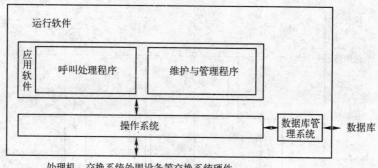

图 4-6　运行软件的组成

操作系统是交换系统硬件与其他运行软件之间的接口。对于一般的计算机及网络系统,按照服务对象的不同,可以有几种操作系统类型:用于批处理系统的批处理操作系统、用于分时系统的分时操作系统、用于实时系统的实时操作系统、用于计算机网络的网络操作系统,以及用于分布式处理机系统的分布式操作系统。而数字程控交换系统由于其自身的功能和特点,其操作系统属于实时操作系统。另外,鉴于目前的程控交换系统通常采用多处理机结构且该结构具有计算机局域网的特点,因此其操作系统还具有网络操作系统的特点。对于采用分布分散控制方式的多处理机结构,通常还具有分布式操作系统的特性。数字程控交换系统的操作系统包含很多功能,主要基本功能包括:任务调度、通信控制、存储器管理、时间管理、系统安全和恢复等。任务调度是指根据预先制定的一定调度策略将处理机资源分配给并发多任务中的某个任务。对于程控交换机,存在大量需要并发执行的进程,为了保障各进程有效且公平地使用处理机资源,制定优化的调度策略和算法是十分必要的。在程控交换系统中,任务按照紧急性和实时性要求的不同被划分为 3 类:故障级、周期级和基本级。故障级任务负责紧急处理故障现象,调度优先级别最高;周期级任务被周期性地执行,调度优先级别居中;基本级任务实时要求最低,可以通过等待和插空执行进行延迟处理,因此调度优先级别最低。在实际执行任务调度时,各周期级任务会在一个周期内被顺序执行,并且在不同的周期内被重复执行,如果一个周期内完成了所有周期级任务的执行并还有剩余时间,则可以执行基本级任务,但基本级任务在一个周期内不论是否已执行完毕,当下一个周期到来时,都要返回执行周期级任务。同时,在整个任务执行期间,不论当前是正在执行周期级还是正在执行基本级任务,只要出现故障现象,都需要立即中止当前任务的执行并保留现场,启动执行相应的故障级任务,当故障级任务执行完毕后,再根据所保留的现场返回执行被中止的任务。图 4-7 给出了这种处理机制的一个示例。通信控制主要是针对一台处理机的软件模块之间以及多处理机控制方式下各处理机之间需要通信的问题,需要制定灵活有效的通信控制机制,并由操作系统统一控制和管理。存储器管理是针对程控交换机在运行过程中会频繁改变一些存储区内的数据这一问题,由操作系统统一管理这些存储区,以便提高存储器的效率。操作系统也统一管理时间资源,主要包括相对和绝对时限的监视以及提供日历和时钟计时。系统安全和恢复主要是指操作系统具有系统监视、再启动等功能,以保障系统的安全可靠性。

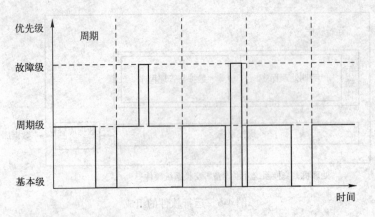

图 4-7 故障级、周期级和基本级任务调度优先级别的示例

数据库管理软件主要用于集中管理系统中的大量数据,以实现其他运行软件共享访问数据库中的数据,并为数据库中的数据提供保护等功能。

2. 支援软件

数字程控交换系统中软件数量众多且复杂。针对这种情况,人为处理这些软件无疑工作量是繁重的。为此,需要有一套完善的支援软件系统,以便在从软件设计到运行的软件整个寿命期间,协助完成大量的设计、开发、生产、安装、维护、管理交换系统运行软件等诸多任务,从而达到减轻人员工作量并提高工作效率,提高运行软件可靠性的目的。

支援软件种类很多,不同的程控交换系统所采用的支援软件也有所不同。在众多的支援软件中,下面列举其中有代表性的几个:

1)用于软件开发的支援软件。主要用于建立源文件和机器语言表示的目标文件。这类软件主要包括:源文件的生成和编译程序、连接编辑程序、调试程序等。

2)用于应用工程的支援软件。主要用于规划、设计、安装等交换局的各项工程。该类软件以交换局的相关具体数据作为输入,通过运行,可以为交换局实施上述各项工程获得相关的交换局布置程控交换系统所需的软件和硬件的所有数据。这类软件主要包括:交换网络规划程序、交换局工程设计程序、装机工程设计程序、安装测试程序等。

3)用于软件加工的支援软件。用于根据交换局的具体需求,生成并在程控交换系统内装入各种特定功能的程序和数据。这类软件主要包括:局数据生成并装入程序、用户数据生成并装入程序、用于将已装入的某些程序和数据进行组合以生成满足一交换局具体要求的特定程序的组装程序。

3. 软件设计语言

软件众多是数字程控交换系统的一大特色。软件的设计开发离不开软件设计语言。程控交换系统的软件设计语言包含汇编语言和高级语言两大类。如何选择设计语言,需要考虑程序的存储空间占用效率和机时的占用效率、程序编写员的编程效率、结构化和模块化软件程序设计是否适用、调试是否方便、程序是否便于维护和移植、数据修改是否方便等因素。从这些因素考虑,总体来说,高级语言要明显优于汇编语言,汇编语言仅在机时的占用效率方面存在优势。正是由于上述原因,程控交换系统已从早期广泛使用汇编语言演变到目前主要使用高级语言。

多年来,针对程控交换系统,出现了诸多高级设计语言。例如:ITT 公司的 ESPL/1 语言、贝尔实验室的 EPL 语言、C 语言、CCITT 建议的 CHILL 语言等。此外,CCITT 还为数字程控交换系统建议了 SDL(功能规格和描述语言)和 MML(人-机通信语言)。由于篇幅所限,在此,仅对 SDL、CHILL、MML 语言加以简单介绍。这 3 种语言用于程控交换系统生存周期的不同阶段,如图 4-8 所示。

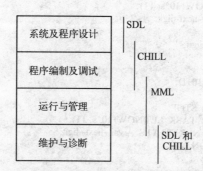

图 4-8 SDL、CHILL、MML 语言在生存周期中的应用阶段

SDL 语言面向的阅读对象是人,为此,它的表现形式必须接近人类语言,但必须避免任何人类语言所存在二义性。该语言可以用于定义说明整个系统、系统的一部分、一个进程以及一个程序等。SDL 语言有两种表达方法:基于一组标准图形符号的图形表达方法 SDL-GR 和基于类似于程序语句描述的文本语句表达方法 SDL-PR。对于前者,图 4-9 给出了其所使用的一组标准符号,有关该表达方法的示例可见后续部分的图 4-11。对于后者,图 4-10 给出了一个示例,此示例描述了一个 M 位数号码的收号进程。在该示例中,变量 i、N 和 $T0$ 分别代表已收到数字个数、号码的十进制数值和当前时间。该示例的工作原理是:首先,将定时器 $T1$ 设置为 $T1 = T0 + 10\,\mathrm{s}$。然后,进程进入"Await next digit"(等待下一个数字)状态。当下一个数字到来时,使进程退出该状态,并更新 i 和 N 数值。之后,判断是否收满 M 位数字。若未收满,进程返回"Await next digit"状态并继续收号;反之,若收满,进程结束。在此期间,如果数字输入的间隔时间超过 $10\,\mathrm{s}$,则输出超时信号 $T1$,使该进程在输出"Time-out"信号后结束收号操作,并进行超时处理。

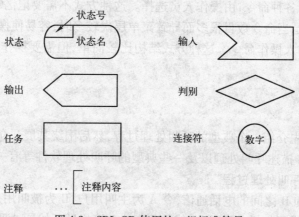

图 4-9 SDL-GR 使用的一组标准符号

```
PROCESS  digit-reception;
DCT  i, N  Integer;

START;
    INPUT  Digit(D)  COMMENT  D  contains  one  digit;
        TASK  i:=1,
              N:=D,
              SET(NOW+10*s, T1);
NEXTSTATE  Await-next-digit;

STATE  Await-next-digit;
    INPUT  Digit(D);
        TASK  i:=i+1,
              N:=N*10+D;
        DECISION  i;
              (=M): STOP;
              (/=M): TASK  SET(NOW+10*s, T1);
                     NEXTSTATE Await-next-digit;
        ENDDECISION;
    INPUT  T1;
    OUTPUT  'Time-out';
    JOIN  Z;

Z: ·······.
   ·······.
   ·······.

ENDPROCESS  digit-reception;
```

图 4-10 M 位数号码的收号进程示例

CHILL 语言作为一种数字程控交换系统的高级设计语言具有可生成高效的机器执行代码、尽量增强编译过程中的检错能力、便于结构模块化设计、应用灵活、易学易用等优点。使用 CHILL 语言编制的程序通常包括:基于数据语句描述的数据项、基于操作语句描述的对数据项的操作,以及基于程序结构语句描述的程序结构等 3 个基本部分。

MML 语言是一种人-机会话语言,可用于管理员管理和维护系统、安装和试验系统等目的。MML 语言可以采取两种执行方式,即菜单式和命令式。菜单式利用上/下拉菜单操作给出各阶段可供选择的各种命令,由操作人员选择。这种方式不需要记忆每条具体命令,适合于非专业人员使用,但是当命令数目很多而导致菜单层次较多时,容易使操作人员产生迷惑。命令式需要操作人员输入操作命令。这种方式结构比较简单,但需要操作人员熟记每条命令并掌握其操作方法。

4.2.4 呼叫处理

在这一部分,首先介绍一个典型的呼叫处理过程,然后围绕其展开介绍呼叫处理中的状态及状态转移、SDL-GR 描述呼叫处理以及一些典型的呼叫处理软件等有关知识。

1. 一个典型的呼叫处理过程

考虑两用户 A 和 B 之间的电话通信,令 A 为主叫用户,B 为被叫用户。初始时,用户处于空闲状态,交换系统进行扫描,监视用户线的状态。A 摘机后开始了处理机的呼叫处理。处理过程如下所述:

（1）A 摘机呼叫

1）交换系统检测到 A 摘机状态。

2）交换系统调查 A 的类别，以便区分是一般电话、投币电话等。

3）交换系统调查话机类别，弄清是按钮话机还是号盘话机，以便接上相应的收号器。

（2）送拨号音，准备收号

1）交换系统找寻一个空闲收号器以及其与 A 之间的空闲路由。

2）找寻 A 和信号音源之间的一个空闲路由，向 A 送拨号音。

3）监视收号器的输入信号，准备收号。

（3）收号

1）由收号器接收 A 所拨的 B 用户号码。

2）收到第一位号码后，停止拨号音。

3）按位存储所收到的号码。

4）对"应收位"和"已收位"加以计数。

5）将号首送给分析程序，进行预译处理分析。

（4）号码分析

1）在预译处理中分析号首，以便决定呼叫类别（呼叫类别包括本局、出局、长途、特服等等），并决定该收多少位号码。

2）检查该呼叫是否允许接通（需要考虑是否是限制用户等）。

3）检查 B 是否空闲，若不空闲，则予以示忙。

（5）接至 B

测试并预占空闲路由，包括：

1）测试并预占向 A 送回铃音的路由。

2）测试并预占向 B 送铃流的路由。

3）测试并预占 A 和 B 之间的通话路由。

（6）向 B 振铃

1）向 B 送铃流。

2）向 A 送回铃音。

3）监视 A 和 B 的状态。

（7）B 应答通话

1）B 应答，交换系统检测到后，停止振铃并停止回铃音。

2）建立 A 和 B 之间的通话路由，双方开始通话。

3）启动计费装置，开始计费。

4）监视 A 和 B 的状态。

（8）话终，A 先挂机

1）A 挂机，交换系统检测到后，复原路由。

2）停止计费。

3）向 B 送忙音。

（9）话终，B 先挂机

1）B 挂机，交换系统检测到后，复原路由。

2）停止计费。

3）向 A 送忙音。

2. 呼叫处理过程及其状态表示和 SDL-GR 描述

从上一部分介绍可见,一个呼叫处理过程是依次执行输入处理、内部分析处理和输出处理 3 种任务,并对这一过程循环往复执行下去。其中,输入处理是信息采集部分,监视、识别和接收外部输入信号(例如:用户线状态、拨号号码等)以及其他相关信号。用户线扫描监视(包括:用户话机的摘/挂机识别、用户通话时的环路状态变化检测与识别、拨号脉冲检测与识别等)、中继线扫描监视、接收数字信号、接收操作台的各种信号等软件都属于输入处理程序。这些程序通常是被周期性地执行,因此属于周期级程序。内部分析处理是内部数据分析处理部分,根据所接收的输入信号以及当前所处的状态进行分析识别,并基于分析识别结果决定下一步要执行什么任务。去话分析、号码分析(又称数字分析)、路由选择、通路选择、来话分析、状态分析等软件都属于内部分析处理程序。这些程序往往可以通过查表法进行一系列分析和判断。内部分析处理程序不是周期性被执行的,属于基本级程序。输出处理是输出命令部分,基于分析识别结果,向内部某些任务或者外部硬件发布相应的控制命令,以便启动另一个内部处理程序或者驱动外部相应硬件。接通或释放交换网络中的通信通路、为执行振铃/送信号等功能而启动或释放某话路设备中的继电器或者改变控制电位等软件都属于输出处理。本节后续部分将介绍几种典型的呼叫处理软件。

对于上述循环往复的整个呼叫处理过程,实际上可以把其看作若干个阶段,每个阶段用一个稳定状态来表示。那么,整个呼叫处理过程实际上就是稳定状态及稳定状态转移不断交替的过程,状态转移需要依赖于当前状态以及输入信号,且两个稳定状态之间的转移需要涉及执行输入处理、内部分析处理、输出处理等 3 种操作,如图 4-11 所示。图 4-12 给出了一个典型局内接续过程的状态转移示意图。

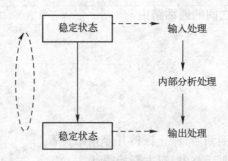

图 4-11　稳定状态及转移与 3 种处理的关系

从上述关于典型呼叫处理过程以及状态转移示例的介绍中可以发现,所描述的是成功通话的呼叫处理过程。实际上,一个呼叫处理过程是很复杂的,在不同的情况(包括当前稳定状态、当前具体输入信号等)下,相应需要涉及的处理方法各不相同。例如:在识别到挂机阶段,会出现主叫用户在听拨号音时中途挂机、主叫用户在收号阶段中途挂机、主叫用户在振铃阶段中途挂机、通话完毕挂机等多种可能情形,它们分别需要进行不同的处理。又如,从状态角度考虑,同一状态下,不同输入信号处理也不相同,例如:若在"振铃"状态下,收到主叫挂机信号,则进行中途挂机处理,进而转向"空闲"状态,若收到被叫摘机信号,则进行通话接续处理,进而转向"通话"状态;在同一状态下,输入同样信号,也可能因不同情况得出不同结果,例如:若在"空闲"状态,主叫用户摘机,则要进行收号器接续处理,此时,如果无空闲收号器或者无空闲收号路由或送拨号音路由,则进行送忙音处理,进而转向"听忙音"状态,反之,转向"等待收号"。正是由于上述呼叫处理过程的复杂性,为此,为了实现简单有效的表述完善的呼叫处理过程并便于理解,可以采用 SDL 语言对整个完善的呼叫处理过程加以描述,该描述可用于开发和设计相应所需要的程序和数据。图 4-13 给出了一个用 SDL 语言描述的局内呼叫处理过程。

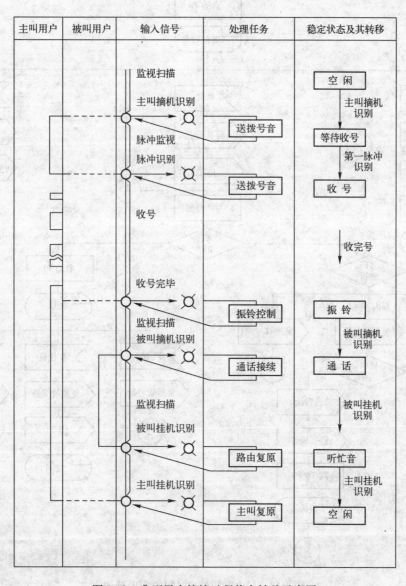

图 4-12　典型局内接续过程状态转移示意图

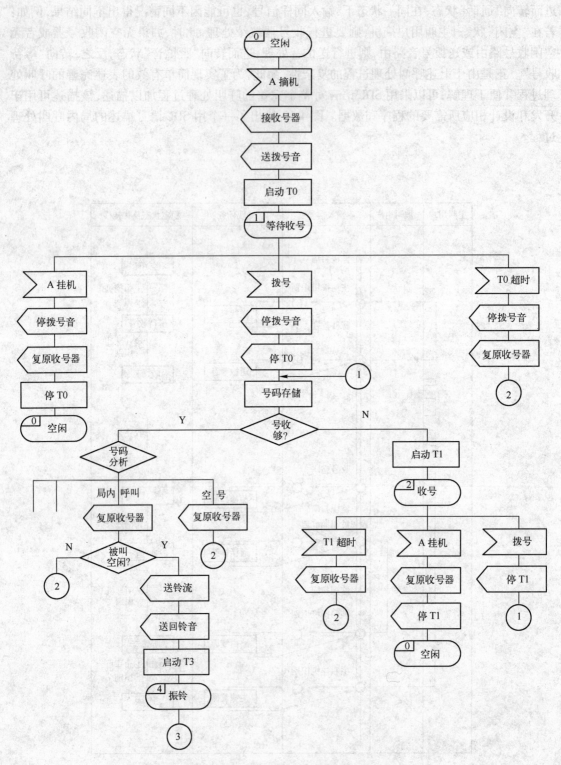

图 4-13　局内呼叫处理过程的 SDL 描述

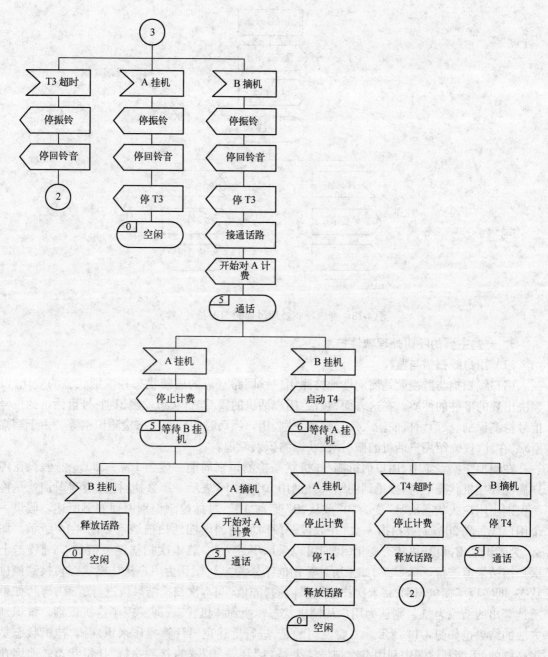

图 4-13　局内呼叫处理过程的 SDL 描述(续)

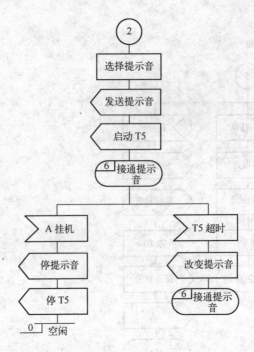

图 4-13   局内呼叫处理过程的 SDL 描述(续)

3. 一些主要的呼叫处理软件技术

(1)用户线扫描与监视

用户线扫描与监视就是周期性地检测用户线回路直流的通断状态并识别状态的变化,以判决出现的事件的性质。在这方面,包括:用户话机的摘/挂机状态检测识别、号盘话机的拨号信号检测识别、投币话机的输入信号检测识别、用户通话时的环路状态检测识别等。由于篇幅所限,在此,仅介绍用户话机的摘/挂机状态测识别原理。

在程控交换系统中,用户话机摘/挂机状态检测识别周期一般为 100 ~ 200 ms。假设在用户摘机和挂机状态下,扫描得到的结果分别用"0"和"1"表示。那么摘/挂机检测识别就是检测识别出用户线状态从"1"变为"0"或从"0"变为"1"。具体检测识别原理如下所述。假设一个用户线每隔 200 ms 被扫描一次,并假设一段时间内的周期性扫描结果如图 4-14 所示。那么,为了识别出摘/挂机状态变化,我们可以采取下述方法:将本次扫描结果值的"非值"与上次扫描结果值进行逻辑"与",如果所计算出的结果为"1",则认为用户从挂机状态转换到摘机状态,即实现了摘机识别;将上次扫描结果值的"非值"与本次扫描结果值进行逻辑"与",如果所计算出的结果为"1",则认为用户从摘机状态转换到挂机状态,即实现了挂机识别。该识别方法的结果也如图 4-14 所示。需要说明的是,进行上述逻辑计算操作来识别摘/挂机状态是很必要的,不能从该图中利用本次扫描结果是"1"还是"0"来直接判决摘/挂机状态。原因在于,交换系统在识别摘/挂机以后还要根据识别结果进行相关后续处理,如果每隔 200 ms 都要处理一次,显然不切实际且也不必要,更坏的情况是,还有可能导致呼叫处理数据紊乱,影响系统可靠运行。

(2)数字分析

数字分析的主要任务是根据收到的被叫号码(通常是前几位)判定接续的性质,如判别本局呼叫、出局呼叫、特种业务呼叫等,以及在非本局呼叫情形下获得用于选路的有关数据。数字分析结果可能含有多种数据,如路由索引、计费索引、还需接收的号码位数等信息。

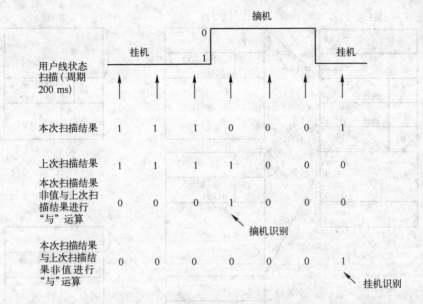

图 4-14 用户线摘/挂机检测识别原理

数字分析可以采用查表法来实现。通常表格有两种表示方法,即塔形结构和线性结构。塔形结构由多级表格组成,图 4-15 给出了 3 级结构。用逐位所收到的被叫号码依次查找各级表格,亦即用收到的第 1 位被叫号码数字查找第 1 级表格,用收到的第 2 位被叫号码数字查找第 2 级表格,用收到的第 3 位被叫号码数字查找第 3 级表格,依次类推,直至得到相应的接续任务代码,进而查表工作得以完成。对于这种方法,如何决定是否需要继续查找下一级表格,是通过表格中每一行的首部都含有一个指示位来实现的,该指示位占有 1 bit,当其取值为 0时,表示需要继续查找,此时,该行指示位后续部分为需要查找的下级表格的首地址,也就是用于定位下一级要查找的是哪一个表格,当其取值为 1 时,表示查找完成,此时,该行指示位后续部分为所获取的接续任务代码。从这种方法也可见,塔形结构的第 1 级只有一张表格,含有10 行,对应数字"0"~"9",第 2 级最多可以扩展出 10 张表格分别对应于第 1 级表格的每一行,并且每张第 2 级表格也都含有 10 行,分别对应数字"0"~"9",第 2 级最多可以扩展出 100张表格分别对应于第 2 级表格的每一行,同样每张第 3 级表格也都含有 10 行,分别对应数字"0"~"9",依次类推,随着级数的增加,相应级上的表格数量也不断增多,从而形成了一种尖塔式的架构形式,这也就是塔形结构概念的由来。线性结构不同于塔形结构,塔形结构每收到一位号码数字,就可以查找一级的表格,而线性结构需要收到足够位数的数字后才开始进行查表处理。图 4-16 给出了一个线性结构示例,其在查表前需要收到足够的 3 bit 号码数字。在大多数情况下,收到足够位数的号码后,查表可以得到接续任务代码。但是,也存在少数情况,需要继续查表,鉴于这一原因,线性结构通常除了一张主表(其每行由两部分组成,第一个比特为指示位,若为"0",表示需要继续查找后续的扩展表,若为"1",表示不再需要继续查表,此时,该行指示位的后续部分即为接续任务代码)外,还存在一张扩展表(其每行由两部分组成,前一部分为号码组合,后一部分位接续任务代码),用于需要继续查表的情况。这里的扩展表可以使用搜索法来查找,即将收到的一定位数的后续号码与扩展表中的号码组合进行比较,如果二者相同,则搜索成功,进而得到接续任务执行代码。

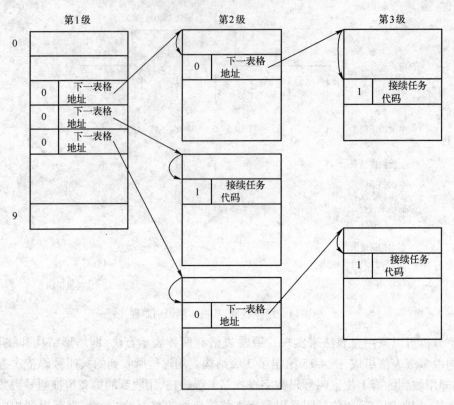

图 4-15 塔形结构法

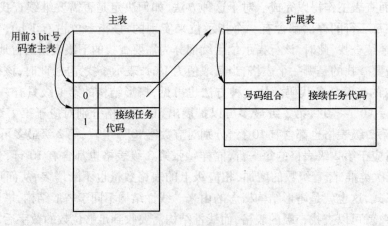

图 4-16 线性结构法

（3）路由选择

路由选择是在数字分析之后执行。如前所述,数字分析可以得到路由索引、计费索引等数据。路由选择的任务就是针对呼叫去向,根据路由索引确定交换系统的出线中继群,并从该中继线群中选择一条空闲的出中继线。路由选择的准则是路径最短原则,即转接节点最少。为此,在选择路由时,首先选择直达路由,当没有直达路由可以使用时,再选择迂回路由,迂回路由的选择基于尽量选择最短的迂回路由的原则。

在程控交换系统中,路由选择通常采用查表方法来实现。图 4-17 给出了一种简便的路由选择查表方法。该方法的基本原理是:基于数字分析程序所得到的路由索引(RTX)查找路由索引表,并得到两个数据:中继线群号(TGN)和下一迁回路由索引(NRTX)。每个 RTX 对应一个 TGN。有了 TGN,就可以在该中继线群中选择空闲中继线。如果有空闲中继线,则选择出来;如果全忙,就用 NRTX 再检索路由索引表,又得到与 NRTX 对应的 TGN 及下一个路由索引,基于该 TGN,继续进行中继线选择。上述步骤持续下去,直到选出一条可用的空闲中继线或者直到最后仍没有选择出空闲中继线,至此结束路由选择。路由选择的结果可用于后续的通路选择等程序进行下一步的处理。

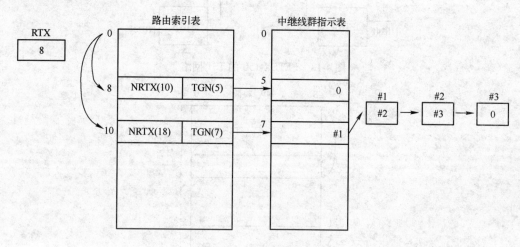

图 4-17　路由选择查表法

在该图中,假设了数字分析结果得到的 RTX = 8。从该图可见,用 8 检索路由索引表,得到 NRTX = 10,TGN = 5。用 5 检索中继线群指示表,其内容为"0",表示对应于 TGN = 5 的路由全忙。为此,再用 NRTX = 10 查路由索引表,得到 NRTX = 18,TGN = 7,用 7 检索下一张中继线群指示表,得到的非零数值"#1",表示第一条中继线空闲并可选用。由于已经选出空闲中继线,因此不再需要迁回,即不再需要使用 NRTX = 18 继续进行选择。

（4）通路选择

通路选择在数字分析和路由选择之后执行,此时,路由选择操作已经确定了交换网络的入端口和出端口。通路选择的任务就是在上述已经确定的交换网络的入端口和出端口之间选择一条空闲通路,该工作主要依据于存储器中所存储的各级链路的忙闲状态的网络映像。

下面以 FETEX-150 的 TST 网络为例,来介绍通路选择的工作原理。

FETEX-150 的 TST 网络结构如图 4-18 所示。每个 T 单元的出入时隙数为 1024,最多可有 64 个输入 T 单元和 64 个输出 T 单元,因此 S 级最大规模为 64 × 64。输入 T 单元称为初级 T 接线器(PTSW),输出 T 单元称为次级 T 接线器(STSW),对应的 PTSW、STSW 和 S 级组成一个网络模块 NW。

每个网络模块有 64 个字的网络映像,即链路忙闲表,表示内部时隙 ITS 的忙闲状态。如图 4-19 所示,32 个字用于 PTS,存放 PTSW 出线上 1024 个 ITS 的忙闲状态,另外 32 个字用于 STS,存放 STSW 入线上 1024 个 ITS 的忙闲状态。每个字有 32 bit,32 × 32 对应于 1024 个 ITS。用 T9 ~ T0 共 10 bit 表示 ITS 的编号,那么 T9 ~ T5 表示 ITS 在忙闲表中的行号,T4 ~ T0 表示位号。NW_i 表示第 i 个网络模块。

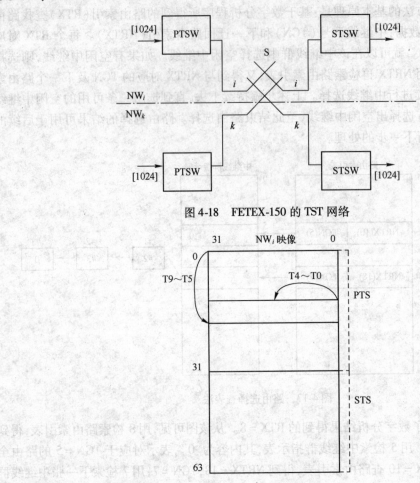

图 4-18 FETEX-150 的 TST 网络

图 4-19 内部时隙忙闲状态表

通路选择时,出入端位置已定。例如,入线在 NW_i,出线在 NW_k,由此可以确定要用哪两个 NW 的忙闲表。需要说明的是,出入端也可能属于同一个网络模块 NW。

32 行 ITS 可任意选用,为均匀负荷,可设置行计数器 WC,初值为 31,每选一次减 1。根据 WC 的值,取 NW_i 和 NW_k 的相应一行进行逻辑乘运算。

由于通话是双向的,应选择两个方向的通路。假设 A、B 两用户需要选择通路。就 $A{\rightarrow}B$ 的通路而言,涉及 NW_i 的 PTS 和 NW_k 的 STS 忙闲表,应为(NW_i 忙闲表第 WC 行 $^\wedge NW_k$ 忙闲表第 WC + 32 行)。该逻辑乘的两项内容相当于图 4-20 中的 a 和 b。如果逻辑乘结果不等于 0,表示存在空闲时隙,可用寻 1 指令从最右端开始寻找第一个"1",所找到的 1 所在位加上行号 WC 即可得到所选中的 ITS 号码。而就 $B{\rightarrow}A$ 的通路而言,涉及 NW_k 的 PTS 和 NW_i 的 STS 忙闲表,应为(NW_k 忙闲表第 WC + 16 行 NW_i 忙闲表第 WC + 48 行)。由于上述两个方向的通路相差半帧,即 512 个时隙,所以 NW_k 的忙闲表要取 WC + 16 行。WC + 48 则表示跳过 NW_i 的 PTS 的 32 行,而用 NW_i 的 STS 的 WC + 16 行。如果逻辑乘结果为 0,表示这一行全忙,可换一行测试,最多可换 32 行。

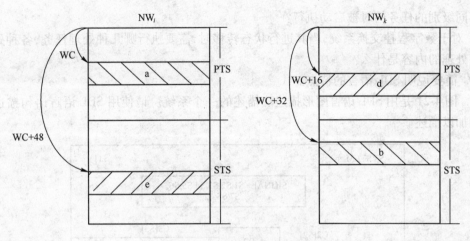

图 4-20　忙闲状态表运算

4.3　小结

本章首先简要介绍了电路交换技术,然后重点介绍了数字程控交换原理、技术。

电路交换分为基本电路交换、多速率电路交换与快速电路交换 3 种交换方式。基本电路交换方式仅适合于速率单一且恒定的业务通信;多速率电路交换可满足不同恒定速率的若干业务类型在同一个网络上进行通信的需求;快速电路交换方式采用"虚电路"思想,可以有效利用链路带宽资源,但其控制机制比前两者复杂。

数字程控交换是通过预先存储的程序对所传输的数字信号进行控制、接续等处理。硬件由接续部分和控制部分两部分组成,交换系统的全部控制工作由核心处理机完成,目前采用多处理机结构。数字程控交换是用软件控制的,软件由运行软件和支援软件两部分组成。运行软件的是控制交换系统的运行,支援软件是辅助完成交换功能的软件。本章介绍了软件设计语言 SDL、CHILL、MML 语言,同时介绍了一个典型的呼叫处理过程,介绍了程控交换呼叫处理中的状态及状态转移、SDL-GR 描述呼叫处理,以及一些典型的呼叫处理软件等有关知识。

4.4　习题

1. 简述基本电路交换、多速率电路交换、快速电路交换的特点。
2. 简述数字程控交换系统软、硬件组成。
3. 说明程控交换机模拟用户接口所具有的重要功能,并指出其与数字中继接口在功能上的异同。
4. 交换系统接口的分类是什么? 各自有什么含义。
5. 模拟接口的工作原理是什么?
6. 分级分散式控制结构的特点是什么? 对于这种结构,各级处理机通常采取何种任务分工方式?
7. 程控交换系统由哪几部分组成? 各自有功能?
8. 在程控交换系统中,为什么需要将任务划分为若干个级别? 通常任务级别被划分为几种？不同级别的任务何时被启动执行？

9. 对于数字程控交换系统，当其进行状态转移时，需要执行哪几种处理任务，各种处理任务需要处理的内容是什么？

10. 简要说明 SDL 语言的特点。

11. 图 4-21 是用 SDL 语言图形描述法描述的一个系统。请使用 SDL 语言语句描述法对该系统加以描述。

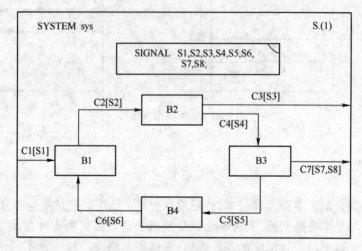

图 4-21　用 SDL 语言图形描述法描述的一个系统

12. 简述用户摘挂机状态识别原理，并说明不用每次当前扫描结果直接判决摘挂机状态的原因。

13. 当数字分析采用查表法时，若表格采用线性结构，试讨论如何能够提高查表速度。

14. 程控交换机软件的基本特点是什么？由哪几部分组成？

第5章 分组交换和帧中继

分组的概念起源于电话通信,而不是数据通信。分组交换技术是由兰德(RAND)公司的保罗·布朗和他的同事于1961年在美国空军RAND计划的研究报告中首先提出来的。分组交换技术是适应数据通信,特别是计算机通信的需要而发展的一种通信技术。数据通信的特点是业务的突发性与高度的可靠性要求,而其对于实时性的要求却不很严格,为了达到有效的资源共享,要求在计算机之间有高速、大容量和时延小的通信路径,寻求一种适合于该特点的高效而经济的交换技术是人们早期在数据通信领域中所追求的主要目标。分组交换被公认为是满足这一需求的优良技术,它取代电路交换,成为早期数据通信领域中的主导交换方式。帧中继源于ISDN,最初是作为ISDN中的新型分组业务而予以提出的,和分组交换相比,帧中继采用了更为简化的协议并在第2层进行交换,因此其交换性能相对来说要更好。本章将首先对分组交换的相关知识加以介绍,包括分组交换的相关基本概念、分组交换核心技术及X.25协议,然后再介绍帧中继的相关知识,包括帧中继的特点、协议及操作。

5.1 分组交换

数据通信发展过程中用到几种不同的交换技术,主要是电路交换、报文交换与分组交换,下面对3种交换方法进行比较。

1. 电路交换

数据通信中的电路交换不同于电话交换网中的数据交换方式,但它是根据电话交换的原理发展起来的,其特点是接续路径采用物理连接。当用户要求发送数据时,交换网在主叫用户终端和被叫用户终端之间分配一条数据传输通路,该通路是物理连接的电路,分配给该对用户之间使用,只要主叫用户终端和被叫用户终端之间接续没有断开,这条电路就一直被通信双方占用,成为他们通信的专线,交换机的控制电路也不干预其信息的传输,直到主叫用户终端或被叫用户终端要求拆除电路连接,该通路才会被释放。

电路交换方式曾经是数据通信网的热点,其主要优点如下:

1)传输时延小。由于其"专线"的特点,一次接续中信息传输时延小,且基本不变。

2)信息"透明"传输。电路交换方式中,交换机对用户传送的数据信息不存储,也不进行分析和处理,交换机开销小。用户间的信号通路是透明的,信息传输效率高。

3)信息的编码方法和信息格式不受限制。可无需考虑统一的编码方法,只要通信双方遵守相同的约定,就可以正常通信。

当然,电路交换没有真正发展起来是由于其存在很大的局限性,其主要缺点如下:

1)电路资源被通信双方单独享用,电路利用率低,不利于资源共享。

2)存在电路接续,电路接续时间较长,短报文通信效率低。

3)用户终端设备之间互通性差。由于其对信息编码方法和信息格式没有特定要求,这是其优点也是其重要缺点,正因如此,没有统一要求,用户终端设备之间可能会存在不同速率、不同代码格式、不同通信规程的问题,要解决此问题,需要通信双方在信息传输速率、编码格式、同步方式、通信规程等方面要完全兼容。

4)存在呼损。可能出现类似电话交换中,由于被叫方用户终端设备忙或交换网负载重而呼叫不通。

2. 报文交换

电路交换可能存在呼损,电路利用率低,由于其一些缺点,人们提出了报文交换的思想。报文交换的基本原理是"存储-转发",例如,用户 A 要向用户 B 发送数据,用户 A 无需呼叫接通与用户 B 之间的电路,只需与用户 A 端交换机接通,用户 A 将报文发给交换机,报文中含有用户 B 的地址信息,交换机接收到用户 A 发送的报文并暂时将其存储起来,然后在交换机中确定报文到达用户 B 的路由,将报文送到输出线的队列上排队,在输出线空闲时立即将该报文发送到路由的下一个交换机,最终报文到达用户 B。报文交换以报文为单位进行交换。

报文交换的主要优点如下:

1)线路利用率高。报文交换中不存在电路接续,不同用户的报文可以多路复用。

2)用户终端设备之间可相互通信。由于报文传送采用存储转发方式,不是在用户终端之间直接建立电路通路,主叫端和被叫端的传输速率、编码方式可以不同,因而通信终端之间是不同类型。

3)无呼损。发送报文方无需接通对方就可以发送。

当然,报文交换也存在一些缺点:

1)对交换机能力要求高。交换机存储用户发送的报文,报文可能很长,可能有很多用户在较短时间内发送大量报文,这需要交换机要具备高速处理能力和较大的存储容量,交换机的成本可能较高。

2)不适合即时对话的通信方式。

3)时延与交换机有关,时延大,时延变化大,实时通信差。

3. 分组交换

分组交换采用报文交换"存储-转发"的思想,但其交换单位不是报文,而是分组(Packet),其将需要传送的数据按照一定的长度分割成许多小段数据进行交换和传输,并在数据之前增加相应的用于对数据进行选路和校验等功能的头部字段,作为数据传送的基本单元即分组。采用分组交换技术,在通信之前不需要建立连接,每个节点首先将前一节点送来的分组收下并保存在缓冲区中,然后根据分组头部中的地址信息选择适当的链路将其发送至下一个节点,这样在通信过程中可以根据用户的要求和网络的能力来动态分配带宽。

分组交换的基本特点是面向无连接而采用存储转发的方式,分组格式统一,分组长度固定且较短,有利于在交换机中存储和处理,与报文交换相比,对交换机要求大为降低,而且信息传输时延短,分组交换继承了报文交换实现不同类型终端设备之间有效互相通信的优点。其主要优点如下:

1)可靠性高。信息传输误码率低,通信不会发生中断。

2)可实现多方通信。不同速率、不同代码、不同同步方式、不同通信控制规程的数据终端之间可以友好兼容。

3)线路利用率高。实现线路的动态统计时分复用,一条物理线路上可以同时提供多条信息通路,大大提高了通信线路的利用率。分组交换比电路交换的电路利用率高。

4）信息传送安全、可靠。信息不是采用"专线"或整个报文发送,而是采用分组的方式沿多个路由传送信息,对信息进行监控比较困难,有利于信息安全传送。

由于分组交换采用分组的方式,其传送信息的附加信息增加。由于分组交换中要在每个分组数据上加上分组头,作为控制信息,以便保证分组能够沿着正确的路径到达目的地。另外,需要设计一些不包含数据信息的控制分组,用来实现数据通路的建立、保持和拆除等功能,并进行差错控制以及数据流量控制等,分组交换对交换机要求有更好的智能处理手段。

5.1.1 分组交换的工作原理

在集成电路和计算机技术飞速发展的推动下,计算机数据处理成本不断下降,计算机数据处理应用在电子信息世界中迅速普及。不过随着数据通信需求不断增长,早期用于远程数据传输的费用居高不下,而且数据通信对于信息传输可靠性的要求也越来越高。数据通信业务可以利用传统的采用电路交换的电话通信网络传输数据,但它不能根据数据通信的实际要求去改造已存在的电话交换网络,因此关于设计出更适合于计算机通信的、经济又可靠的基于新数据通信交换方式的通信网络的应用需求日渐迫切。分组交换技术的出现正好满足了上述需求,是继电路交换之后出现的新型交换技术。分组交换最基本的思想是存储转发并实现通信资源共享。这种交换技术可以实现对网络资源的统计复用,信息传输时延短,数据传输可靠性高,特别适用于突发性的通信业务。本节中,为了清晰起见,先简要说明一下分组交换通信系统的相关概念,在此基础上,再介绍分组交换的工作原理。

一个分组交换通信系统通常由数据终端设备（Data Terminal Equipment, DTE）、分组交换网和交换协议共同组成,如图5-1所示。其中,分组交换网由若干个分组交换机（节点机）和连接交换节点的通信链路组成,完成分组数据的转接和传输;分组交换协议分为接口协议和网内协议两种。为实现各种终端用户和不同分组交换网之间的自由连接,分组交换通信系统的接口协议必须标准化,这就是著名的 CCITT X.25 协议（该协议是分组交换网中的重要核心协议,本章后续将有单独一节对其加以介绍）。分组交换网中的内部协议没有统一的国际标准,CCITT 为分组交换网国际互连定义了网间接口协议——CCITT X.75 协议,在实际应用中,许多分组交换网的网内协议都是在 X.75 或 X.25 的基础上进行少量修改或增补而形成的;DTE 可以是计算机或是一般 I/O 设备,具有一定的处理、发送和接收数据能力。分组交换网及 X.25 接口协议要求 DTE 具有 X.25 协议的处理能力,如果 DTE 具有这种处理能力,则该 DTE 称为标准的分组终端,否则称为非分组终端。对于非分组终端,如果其要利用分组交换网进行通信,则需要对其补增分组拆装功能（该功能可以通过一个独立设备来实现,也可以通过在原非分组终端中增加一个相应功能模块来实现）,以实现其原有接口协议与 X.25 协议之间的转换。

针对上述分组交换通信系统,分组交换技术的基本思想是存储转发。这一思想和报文交换相同,只不过报文交换存储转发的是整个报文,而分组交换是先将报文拆分成若干个分组并对各个分组分别进行存储转发,如图5-2所示。从这一点来看,当报文较大时,分组交换时延要远小于报文交换时延。

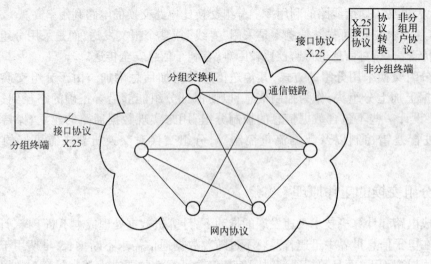

图 5-1　分组交换通信系统示意图

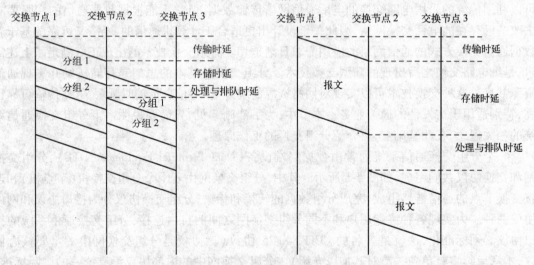

图 5-2　分组交换与报文交换的储存转发思想示意图

基于上述存储转发思想,下面说明分组交换的工作原理。

分组交换可以提供两种服务方式,即:数据报方式和虚电路方式。前者具有以下一些特点:

1)在分组头部含有有关目的地址的完整信息,可以使同一个通信中的各个分组经历不同的路径到达目的端。

2)整个通信过程中不需要呼叫建立和呼叫清除阶段,只需要数据传输阶段,对短报文通信传输效率比较高。

3)对网络故障的适应能力强,一旦某个经由的分组交换机出现故障,则可以另外选择传输路径。

4)各分组的传输时延和传输路径有关,由于目的终端接收的分组可能是经由不同的路径传输来的,分组之间的到达顺序可能会发生错乱,因此目的终端必须有能力将接收的分组重新排序。

后者所具有的一些特点如下:

1）两个用户终端在开始互相传输数据之前,必须通过网络建立网络上的连接,因此一次通信的整个过程中需要包含呼叫建立、数据传输和呼叫清除 3 个阶段,对长报文通信传输效率比较高。

2）各分组头部不需要包含目的地址的完整信息,只需要给出虚电路标识号,亦即逻辑信道的标号,该标识号用于选路,有关虚电路和逻辑信道的概念将在本章后续部分加以介绍,另外,该标识号所占用的比特数通常比完整的目的地址所占用的比特数要少,因此和数据报方式相比,该方式从分组头部角度就节省了一定的带宽资源。

3）各数据分组按已建立的同一路径顺序通过网络,因此目的终端不需要对收到的分组进行重新排序。

4）该服务方式中,电路的建立是逻辑上的,只是为收发终端之间建立逻辑通道,只有在有数据传输需要时,才占用网络的传输资源。

5）和数据报方式相比,虚电路方式在数据传输阶段的时延要小。

图 5-3a 给出的是数据报方式下的分组交换工作原理。通信发生在发送终端 A 和接收终端 B 之间。各分组的头部含有 B 的完整目的地址信息。分组交换机 1 将分组存入存储器并进行路由选择,决定将分组 1 和 3 直接传输给分组交换机 3,将分组 2 通过分组交换机 2 传输给分组交换机 3,路由选择完毕,当相应路由有空闲时,分组交换机将各分组从存储器中取出送往相应的路径。在其他相应的交换机也进行同样的操作。最后所有分组到达 B,B 再对各分组进行重新排序并组成报文。图 5-3b 给出的是虚电路方式下的分组工作原理。各分组头部仅含有虚电路标记号,根据预先建立的虚电路以及已有的虚电路标记号,各分组经过相同的路径加以传输。

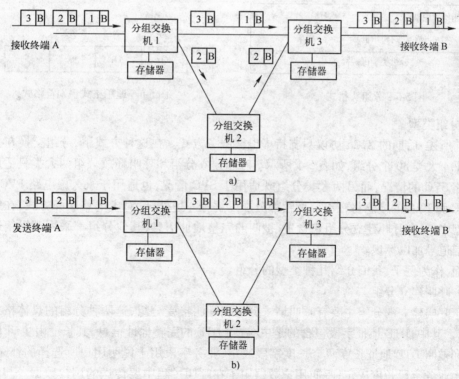

图 5-3　分组交换工作原理
a）数据报方式　b）虚电路方式

需要说明的是，上述两种服务方式可以在一个分组交换网络中同时使用，这由 X.25 协议版本决定。早期的 X.25 协议版本同时支持两种服务，而后期的 X.25 协议版本只支持虚电路服务方式。另外，从上述工作原理中可见，分组都具有包含标记自己身份信息的分组头部，因此，能够通过统计时分复用方式来有效共享利用网络带宽资源。

5.1.2　分组交换的核心技术

1. 分组格式/类型与最佳长度

1. 分组格式

在分组交换方式中，分组是交换和传输处理的基本单元，每个分组可在网内独立传输，并能在网内以分组为单位进行流量控制、路由选择和差错控制等通信处理。分组的一般格式如图 5-4 所示。其中，分组头格式如图 5-5 所示，占用分组的前 3 个字节。通用格式识别符占用 4 bit，具体描述如图 5-6 所示，Q 比特是限定符比特，用于区分所传输的分组是用户数据还是控制信息，前者 Q = 0，后者 Q = 1；D 比特是送达证实比特，用于指示 DTE 发出的数据是由本地接入端的网络接口处（DCE）加以证实，还是由远程目的端处的网络接口（DCE）证实，前者 D = 0，后者 D = 1；SS 是模式比特，用于指示分组的顺序号范围是模 8 的还是 128 的，前者 SS = 01，后者 SS = 10。逻辑信道群号与逻辑信号号合在一起，用于指示分组所对应的逻辑信道。分组类型识别符用于指示各分组的类型。

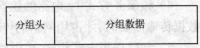

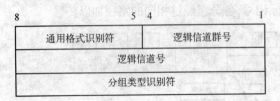

分组头	分组数据

图 5-4　分组的一般格式

8　　　5	4　　　1
通用格式识别符	逻辑信道群号
逻辑信道号	
分组类型识别符	

图 5-5　分组头格式

8	7	6	5
Q	D	S	S

图 5-6　通用格式识别符格式

2. 分组类型

如前所述，后期的 X.25 协议只支持虚电路服务方式。在这种方式下，分组交换在分组层共定义了 4 大类 30 个分组，如表 5-1 所示。呼叫建立分组和呼叫释放分组两大类只适用于交换虚电路 SVC 的情况，而另两大类分组既适用于 SVC 情况，也适用于永久虚电路 PVC 情况，有关 SVC 和 PVC 的概念将在本节后续部分加以解释。另外，针对虚电路服务方式，在所有的分组类型中，只有呼叫建立分组包含主/被叫的完整地址信息，其他分组都采用逻辑信道群号和逻辑信道号加以标识。

下面，作为例子，我们介绍几种类型的分组。

（1）呼叫建立分组

用于呼叫建立的分组主要有呼叫请求分组和呼叫接受分组，这两种分组的具体格式如图 5-7 所示。其中，DTE 地址字段包含的是主/被叫 DTE 的完整地址信息，其长度由主叫 DTE 地址长度和被叫 DTE 地址长度两个长度字段决定；业务字段用于说明用户所选择的补充业务，其长度由业务字段长度决定；呼叫用户数据用于在呼叫过程中要传送的用户数据。与呼叫请求分组不同，呼叫接受分组不需要含有主/被叫 DTE 的完整地址信息，这是由虚电路服务方式

决定的,这一现象对其他分组也存在,通过这种方式可以充分减少分组的开销,从而使得传输效率得到提升,另外,该分组由于只用于说明呼叫接受问题,所以其结构简单,除了分组头部外,不再包含任何信息。

表 5-1　分组类型

		从 DTE 到 DCE	从 DCE 到 DTE	功　能	分组类型识别符 8 7 6 5 4 3 2 1
呼叫建立分组		呼叫请求 呼叫接受	入呼叫 呼叫连接	建立 SVC	0 0 0 0 1 0 1 1 0 0 0 0 1 1 1 1
数据传输分组	数据分组	DTE 数据	DCE 数据	传输用户数据	× × × × × × × 0
	流量控制分组	DTE RR DCE RNR DTE REJ	DCE RR DTE RNR	流量控制	× × × 0 0 0 0 1 × × × 0 0 1 0 1 × × × 0 1 0 0 1
	中断分组	DTE 中断 DTE 中断证实	DCE 中断 DCE 中断证实	加速传输重要数据	0 0 1 0 0 0 1 1 0 0 1 0 0 1 1 1
	登记分组	登记请求	登记证实	申请或停止可选业务	1 1 1 1 0 0 1 1 1 1 1 1 0 1 1 1
恢复分组	复位分组	复位请求 DTE 复位证实	复位指示 DCE 复位证实	复位一个虚电路	0 0 0 1 1 0 1 1 0 0 0 1 1 1 1 1
	重启动分组	重启动请求 DTE 重启动证实	重启动指示 DCE 重启动证实	重启动所有虚电路	1 1 1 1 1 0 1 1 1 1 1 1 1 1 1 1
	诊断分组	诊断		诊断	1 1 1 1 0 0 0 1
呼叫释放分组		释放请求 DTE 释放证实	释放指示 DCE 释放证实	释放 SVC	0 0 0 1 0 0 1 1 0 0 0 1 0 1 1 1

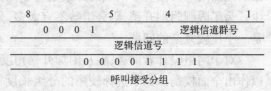

图 5-7　呼叫建立分组格式

（2）数据分组格式

在数据传输阶段传送的是数据分组,数据分组的具体格式如图 5-8 所示。对于模 8 的数据分组,其分组类型标识符由 4 部分组成,第 1 比特为 0 值,用于指明分组为数据分组,在所有的分组类型中,只有数据分组的分组类型标识符中的第 1 个比特值为 0;第 2～4 比特和第 6～8 比特分别为分组发送顺序号 P(S) 和分组接收顺序号 P(R),只有数据分组才包含 P(S),P(R) 表示期望接收的下一个分组编号,指出数据发送方所传送的 P(R)-1 前的数据分组已正确接收,数据分组和流量控制分组都含有 P(R);第 5 比特为 M 比特,用于说明该分组后是否还含有属于同一报文的分组,若有,当前分组的 M = 1,否则,M = 0,表示该数据分组是同一份用户报文的最后一个分组。对于模 128 情况下的数据分组,也含有上述 4 个部分,含义同上,只不过 P(S) 和 P(R) 分别占用 7 bit,在分组类型识别符中只包含"0"和 P(S) 两部分,而 M 和 P(R) 两部分却在分组的第 4 个字节中。

图 5-8　数据分组格式

(3) 呼叫释放分组格式

用于两个 DTE 之间断开虚电路的呼叫释放分组具体包含释放请求分组与释放证实分组,这两类分组格式如图 5-9 所示。其中,释放请求分组要在分组数据部分说明释放原因,而释放证实分组不需要包含分组数据部分。

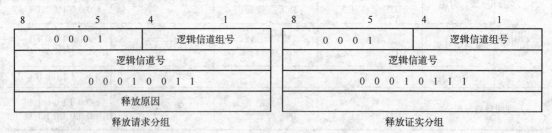

图 5-9　呼叫释放分组格式

3. 分组最佳长度

分组交换可以利用"管道化"效应,同时传输分组长度短,因此分组交换技术机制处理灵活。然而同一份报文分割成的分组数越多,引入的附加开销就越多,即每个分组的有效成分越少。为了限制附加开销,则分组数不宜太多,分组长度又不能太短,因此分组最佳长度的选择是一个比较复杂的问题。

对于网络设计者而言,除从附加开销角度考虑分组长度外,还必须考虑其他多个制约因素以作出全面权衡。如果选择较短的分组长度,则可以缩短节点上的存储-转发时延,对节点中的存储容量要求较少,还可以减少分组的出错概率。但是短分组会使得每个报文分割出的分组数据增加,从而增加分组装载、拆卸、分组排序与组装成报文等方面的处理复杂性。反之,如果选择较长的分组长度,则其带来的好处与缺陷正好与短分组情况相反。所以必须在这些因素中进行折衷,通常的做法是选择其中与用户要求关系最密切的某一个因素来考虑。一般情况下,大多数用户都希望端到端的时延最小。

下面讨论轻负载条件下如何选择分组长度,以使端到端的时延最小问题。在此可以不考虑排队时延和出错后的重发,因为两者都与网络中的负载有关,而且当负载较重时才表现得比较明显,只有在轻负载的条件下,才能进行以下的推导。

设报文的总长度为 D(bit)，其中包括固定的报文头部，但不包括将报文分割成分组后，附加到每个分组上的额外开销（如分组头）。令 h(bit)为附加到每个分组的开销，L_{max}为包括附加开销在内的最大分组长度。则可以得到，以分组方式发送一个报文所必须传送的总比特数为，其中「.⌉表示取大于或等于 $D(L_{max}-h)$ 的最小正整数

$$N_{bits} = D + \lceil D/(L_{max}-h)\rceil h \tag{5-1}$$

为了简单起见，假设一个报文被分成整数个分组，那么若不考虑排队和处理时延，则在从源点到宿点所经过的传输速率相同的 i 条链路中，传送一个报文所需要的总时间 T 为第一个分组通过前面(i-1)条链路的时间加上整个报文通过最后一条链路的时间。令 R 为每条链路的传输速率(bit/s)，则有

$$T = \frac{(i-1)L_{max} + D\lceil D/(L_{max}-h)\rceil h}{R} \tag{5-2}$$

因此，T 的平均值为

$$E[T] = \frac{(i-1)L_{max} + E[D] + E[\lceil D/(L_{max}-h)\rceil]h}{R} \tag{5-3}$$

但是若没有报文长度分布的先验知识，则上式中的 E[D]不可能求得。为此，可以采用下述近似表达式：

$$E[\lceil D/(L_{max}-h)\rceil] \approx E[D/(L_{max}-h)] + \frac{1}{2} = \frac{E[D]}{L_{max}-h} + \frac{1}{2} \tag{5-4}$$

当报文长度 D 的概率分布使得 $D/(L_{max}-h)$ 的平均值介于两相邻整数的中间值时，上式是精确表达式。进而，可以得到

$$E[T] \approx \frac{(i-1)L_{max} + E[D] + E[D]h/(L_{max}-h) + h/2}{R} \tag{5-5}$$

针对上式，对 L_{max} 求导并令导数等于零，则可得到分组最佳长度 L_{max}^{opt} 为

$$L_{max}^{opt} \approx h + \sqrt{\frac{E[D]h}{i-1}} \tag{5-6}$$

从(5-6)式可见，最佳分组长度随着报文长度或每个分组的附加开销的增加而增加；另一方面，若全路径上经过的链路数增加，则最佳分组长度有所减小。链路的传输速率 R 不影响最佳分组长度。如此关系如图 5-10 所示。

2. 虚电路和逻辑信道

如果将分组交换过程中每条链路上的标记级联起来，那么构成的这样一条逻辑通路就称为虚电路(Virtual Circuit,VC)。VC 可以是永久连接，也可以是临时连接。永久连接的称为永久虚电路 PVC，用户如果向网路预约了该项服务之后，就在两个用户之间建立永久的虚连接，用户之间的通信直接进入数据传输阶段，就好像具有一条专线一样，可随时传送数据。临时连接称为交换虚电路 SVC，用户终端在通信之前必须建立虚电路，通信结束后就拆除虚电路。将各条链路上的标记称为逻辑信道(Logical Channel,LC)。这种逻辑信道不同于物理链路，它并不是通过电气开关的开闭或时隙互换提供转接功能的，而是通过交换节点上的路由表映射功能建立起一条逻辑链路。应该明确，虚电路是对于端到端连接而言的，而逻辑信道是对于点到点链路而言的。虚电路和逻辑信道的主要区别在于：

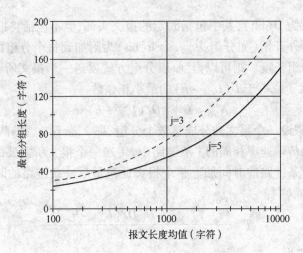

图 5-10　最佳分组长度与报文长度关系

1) 一条虚电路需要呼叫建立才能存在, 其用于数据传输, 在呼叫断开后可以将其清除。永久虚电路有网络预约分配建立, 也可以通过预约将其清除。逻辑信道代表子信道的一种编号资源, 不存在建立与清除的过程, 它的状态是占用或空闲。

2) 虚电路是在主被叫 DTE 之间建立起来的, 逻辑信道是在 DTE-DCE 接口或网内中继线上分配的, 一条虚电路是由多个逻辑信道链接构成的。每条线路的逻辑信道号分配是独立进行的。

分组交换为了充分利用数据链路, 允许多对用户的数据统计复用在一条数据链路上。为了最终能把复用在一起的各对用户的数据分开, 分组交换在发送时给不同用户数据以不同的标识符, 而给同一用户的数据以相同的标识符, 即逻辑信道标记。这样在抽象意义上, 就把一条数据链路划分成若干不同的逻辑信道, 同一对用户的数据在同一个逻辑信道上传输。当两端系统之间必须经过多个中继交换节点时, 每条链路都分为若干个逻辑信道, 每对端系统用户之间的通信只占有每条链路的一个逻辑信道。将这些逻辑信道串接起来就构成了虚电路, 如图 5-11 所示。

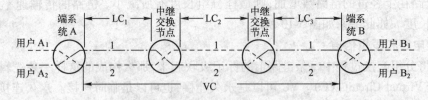

LC 表示逻辑信道, VC 表示虚电路

图 5-11　虚电路与逻辑信道示意

上图中两个端系统的两对用户之间分别建立了一条虚电路, 而且这两条虚电路都经过共享的两个中继交换节点, 可以用下述表达式描述虚电路和逻辑信道的关系, 其中, LC 的下标表示物理链路号, 括号内的数字表示该链路上的逻辑信道号:

$$VC(A_1, B_1) = LC_1(2) + LC_2(1) + LC_3(2)$$
$$VC(A_2, B_2) = LC_1(1) + LC_2(1) + LC_3(1)$$

从该图可见, 用户 A_1 与用户 B_1 之间建立的虚电路是由逻辑信道 $LC_1(2), LC_2(1)$ 和 $LC_3(2)$

串接而成的,而用户 A_2 和用户 B_2 之间建立的虚电路是由逻辑信道 $LC_1(1),LC_2(2)$ 和 $LC_3(1)$ 串接而成的,分别相当于在一对用户之间建立了一条专用的线路,而构成这条线路的物理链路是被其余相互通信的用户对所共享的,因此将这条虚拟的专用线路称为虚电路。

综上所述,虚电路的连接建立过程实际上是各条链路的逻辑信道号的分配过程,通常将建立虚电路的呼叫过程称为虚呼叫。当虚电路建立之后,两个端系统用户使用较短的逻辑信道号,而不再使用全程的网络地址即可进行分组传输。需要说明的是,虽然虚电路是交付通信双方共用,但分组传输仍旧必须按照存储-转发方式进行,分组在节点上存储、转发和处理时还是必需的。

3. 交换虚电路的建立、通信和释放

基于交换虚电路的整个分组交换通信的过程包括 3 个阶段:即交换虚电路的建立、数据通信与交换虚电路的释放。

(1) 交换虚电路的建立

交换虚电路建立过程如下所述:如果数据终端 A 与数据终端 B 要进行数据通信,则 A 先发出呼叫请求分组。接入交换机收到这一请求分组后,将根据该分组中的被叫 DTE 地址,选择通往下一交换机的路由,并对下一交换机发送呼叫请求分组。如果终端 A 与终端 B 之间的通信路径要经过多个交换机节点,则每个前面的交换机都要进行上述操作,以确认下一交换机,直至到达数据终端 B。在分组交换过程中,各交换机对分组的交换是通过改变分组中的逻辑信道群号和逻辑信道号来实现的。考虑到这一点并考虑到分组交换机的入端口和出端口数目是多个,因此每个交换机中需要建立一个输入/输出端口/逻辑信道映射表,如表5-2 所示。当终端 B 可以接入呼叫时,其发出呼叫接受分组。由于两个终端间的路由已经确定,所以呼叫接受分组只有逻辑信道号,无主叫和被叫 DTE 地址,呼叫接受分组的逻辑信道号与呼叫请求分组的逻辑信道号相同。该呼叫接受分组经过前述的逆过程,直至终端 A。一旦 A 收到该呼叫接受分组,两个终端间的虚呼叫就算完成,也就完成了虚电路的建立。

表5-2 交换机输入/输出端口/逻辑信道映射表

交换机输入端		交换机输出端	
端口 0	逻辑信道 0 逻辑信道 1 逻辑信道 2 …	端口	逻辑信道 0 逻辑信道 1 逻辑信道 2 …
端口 1	⋮	端口 1	⋮

(2) 数据传输

在虚电路建立后,就进入数据传输阶段,利用数据传输分组进行信息传递。由于虚电路已经建立,数据传输分组只要使用对应虚电路的逻辑信道号即可,因此,数据传输分组中只有逻辑信道号,而没有 DTE 地址。另外,需要说明的是,在分组交换方式中,普遍采用逐段转发、出错重发的控制措施,必须保证数据传送的正确无误。所谓逐段转发、出错重发是指数据分组经过各段线路并抵达每个转送节点时都须对数据分组进行检错,并在发现错误后要求对方重新发送并进行确认。因此在数据分组中设有 P(S) 和 P(R) 分组编号。

(3) 虚电路的释放

与虚电路的建立过程相似,虚电路的释放过程也首先由主动要求释放方发出释放请求分组,各途径交换机对该分组进行与虚电路建立过程中相似的操作;当该分组到达另一终端时,该终端在逆向也采用与虚电路建立过程中相似的操作,向主动要求释放方发送释放证实分组,最终完成虚电路的释放。

4. 路由选择

鉴于在通信网络内,两个终端之间可能会存在多条可行路径,因此有必要进行路由选择。路由选择实际上也就是在上述多条路径中,根据某一优化目标并利用某种路由选择方法,选择一条较好的路径。通常来说,较好的路由选择方法,应该使报文通过网络的平均延迟时间较短,平衡网内业务量的能力较强。也就是说,路由选择问题不只是考虑走最短的路由,还要考虑通信资源的综合利用以及网络结构变化的适应能力,从而使得全网的通过量最大。

从路由选择对网络变化的适应性角度来看,路由选择方法可以分为静态法和动态法。动态法需要路由表,且该表中的内容会随着网内当前业务量情况和线路畅通情况的变化而动态变化。

(1) 静态路由选择方法

静态法不需要路由表或者利用固定的路由表。两种典型的静态路由选择方法是洪泛法和固定路由表法。

1) 洪泛法。洪泛法不需要建立路由表,节点机收到一个分组后,只要该分组的目的节点不是本节点,就将该分组转发到可能的相邻节点,最终该分组必会到达目的节点。其中,最早到达的分组所经历的路由一定是最佳的,而由其他路径到达的同一分组将被目的节点丢弃。这种方法简单,并具有良好的路由选择鲁棒性,但是,显然其通常会造成网络中无效负荷的剧增。另外,该方法在分组传送过程中,有可能会发生环路,为了回避环路现象,需要令每个中间节点丢弃以后重复进入该节点的同一分组。

2) 固定路由表法。在固定路由表法中,每个交换节点设置一张路由表。该表在系统配置时生成,固定不变。为了提升这种方法的性能和灵活性,可以对其进行改进,亦即,路由表中对每个目的地设有多条路由,每条路由给予一个选择概率,概率越大表示由此路由传送分组获得最小时延的可能性越大。当一个分组到达时,节点产生一个[0,1]均匀分布的随机变量,据此随机数和选择概率决定路由。

(2) 动态路由选择方法

动态路由选择方法是指路由选择过程中所用的路由表要考虑网内当前业务量情况和线路畅通情况,并在网络结构发生变化后及时更新,以便在新情况下仍能获得较好的路由。为了做到动态路由选择,必须及时测量网内业务量、交换机处理能力和线路畅通情况等,并把测量的结果通知各相关交换机,以便各交换机计算出新的路由表。

从路由表调整方法角度来看,动态路由选择方法可以分为分布式、集中式和两者的混合式。对于集中式动态路由选择方法,由一个网络管理中心定时收集全网情况,按照一定算法分别计算出当时各个交换机的路由表,并且通过网络分别传送通知各个交换机。对于分布式动态路由选择方法,每个交换机定时把本身的处理能力及与其相连的线路畅通等情况向相邻或全部交换机报告,各交换机根据其他交换机送来的情况,按照一定的算法定时计算出本交换机的路由表。可以说,集中式和分布式动态路由选择方法各有优缺点,前者传送路由信息的开销小,实现也比较简单,但功能过于集中,可靠性较差,后者与其相反。为了综合利用两者的优点,也可以用混合式动态路由选择方法,其既有集中控制部分,又有分布控制部分。针对动态路由选择方法,显然需要每隔一段时间测量、通知并且更新路由表,这里时间间隔是该种方法要考虑的重要参数,若时间相隔太长,则不能反映网络当前情况,若时间间隔太短,则路由选择所花开销太大且较复杂。实际环境下,根据网络规模的不同,这一时间间隔通常选为几分钟至十几分钟。

5. 流量控制

流量控制功能是分组交换所必需具备的核心技术之一。电路交换通常针对的是同步时分复用情形,属于立即损失制,如果路由选择时没有空闲的中继电路可供使用,则呼叫就被拒绝,反之呼叫请求被接受。其流量控制只是在交换机处理机过负荷时才应用,主要是限制用户的发话话务量。而在数据传输阶段,由于一个通信已经独占信道,几乎不需要流量控制处理。与电路交换方式不同,分组交换面向的是统计时分复用方式,这种方式导致了不但需要在呼叫阶段进行流量控制,而且在数据传输阶段也需要流量控制。

分组交换的流量控制主要针对 3 方面的目的:①防止因过载导致网络吞吐量下降和传送时延的增加;②采用缓冲器划分和占用率控制方法,避免网络死锁现象发生;③对网络资源进行公平分配。

为了实现上述目的,分组交换通常实施如图 5-12 所示的几个不同级别上的流量控制机制:

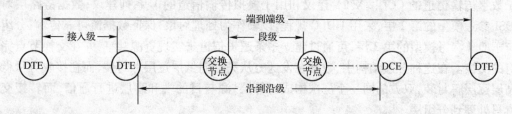

图 5-12　分组交换流量控制机制的分级

1)段级流量控制:段级流量控制的作用是防止出现局部的节点缓冲区拥塞和死锁,根据是对相邻两个节点间的总流量进行控制,还是对其间每条虚电路的流量分别进行控制,段级还可划分为链路段级和虚电路段级。

2)沿到沿级流量控制:沿到沿级流量控制指的是从网络源节点至网络终节点之间的控制,其作用是防止终节点的缓冲区出现拥塞。

3)接入级流量控制:接入级流量控制的作用是控制进网的业务量,以防止网络发生拥塞。

4)端到端级流量控制:端到端级流量控制指的是源终端至目的终端进程之间的流量控制,其作用是在进程级防止用户缓冲区出现拥塞。

5.1.3　X.25 协议

接口规程的标准化,对于终端用户和交换网络都非常有利。一方面,对于终端用户而言,终端用户设备可以与支持标准接口的任何分组交换网连接,而且在终端用户设备中加入规程转换功能,容易实现具有不同用户规程的终端设备之间的互相通信。另一方面,对于交换网络而言,标准接口规程减少了网络必须支持的接口种类,它不需要为每一种用户规程提供接口,减少了网络软件的开发、测试和维护时间,同时单一的接口类型有利于使接口的监视、故障诊断和维修过程变得更加精细和有效。

X.25 建议是数据终端设备(DTE)和数据电路终接设备(DCE)之间的接口规程,1974 年,CCITT 颁布了 X.25 的第一稿,其最初文件取材于美国的 Telnet、Tymnet,加拿大的 Datapac 分组交换网络的经验和建议。在这之后 X.25 又进行了多次修改,增添了许多可选业务功能和设施,是广域分组交换网络范畴中重要的终端用户和网络之间的接口标准。早期的 X.25 版本既支持数据报服务方式,也支持虚电路服务方式,1984 年以后的版本仅支持虚电路服务方式。

X.25 标准的思路是为用户(DTE)和分组交换网络(DCE)之间建立对话和交换数据提供一些共同的规程,这些规程包括数据传输通路的建立、保持和释放,数据传输的差错控制和流量控制,防止网络发生拥塞,确保用户数据通过网络的安全,向用户提供尽可能多而且方便的服务。为此,在 X.25 建议中定义了帧(Frame)和分组(Packet)结构、循环码校验(CRC)和确认证实过程、逻辑信道号(LCN)/逻辑信道群号(LCGN)、虚电路(VC)、顺序控制和窗口(Windows)机制、基本业务和可选业务等。但在 X.25 建议中并不包含路由选择算法,这是网络内部控制功能,留给通信厂家自行决定。

1. 协议分层结构

作为 DTE-DCE 接口协议,X.25 也遵循众多协议所采用的分层及对等层通信思路,由 3 层组成,如图 5-13 所示。其中,物理层对应于 OSI 参考模型的第 1 层,可以采用两种接口标准:用于数字传输信道的 CCITT X.21 建议和用于模拟传输信道的 V 系列建议;数据链路层对应于 OSI 参考模型的第 2 层,采用 HDLC 规程,以帧作为处理对象,保证数据流可靠传输;分组层对应于 OSI 参考模型的第 3 层,可通过建立多条逻辑信道来实现资源共享,并在交换节点完成分组的交换。在这种分层结构中,数据在发送方从高层向低层逐层加封装,而在接收方从低层向高层逐层解封装,双方的同一个层次构成对等层,源与目的端和高层进行通信,而转接交换节点只处理到分组层。

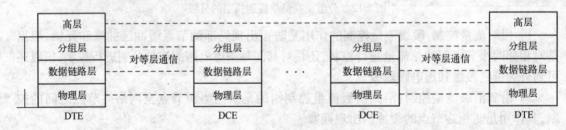

图 5-13 X.25 协议分层模型

2. 物理层

X.25 物理层主要是建立信息传输通路,在这一层不执行控制功能,另外,X.25 在物理层还定义了 DTE 和 DCE 之间的电气接口。其接口标准主要有两种:X.21 建议与 X.21 bis 建议,X.21 bis 与 V 系列建议互相兼容,与 RS-2312 接口也兼容。X.21 建议中的电路主要有 T、R、C 和 I,其中电路 T 为发送、R 为接收,T 和 R 分别完成分组的发送和接收工作,通过电路 T 和 R 可以进行数据交换。电路 C 为控制,I 为指示,电路 T、R、C、I 一直处于工作状态。X.21 bis 建议中的电路有 103(BA)、104(BB)、105(CA)、106(CB)、107(CC)、108/2(CD)和 109(CF)等,规定在 103 和 104 上可交换数据,在 103 和 104 上交换数据的条件是其他电路接通,如果其他电路断开,则不进行数据交换工作,即物理层不在工作状态,因而其上的其他层也无法工作。

两种接口标准相比较而言,X.21 的接口电路少,可定义的接口功能多,是比较理想的接口标准,X.21bis 标准则定义的接口电路复杂,灵活性不强。

DTE 是数据终端设备,通常由输入设备、输出设备与传输控制器3 部分组成。输入设备主要有键盘、光学信号与磁记录信号的识别和阅读设备等。输出设备主要有显示器、打印机和磁记录设备等。由于输入设备、输出设备的不同,再加上各种类型的传输控制设备,构成了诸多种类的数据终端设备。在数据通信网络中,所有与网络的端口相连接入数据通信网络的设备都可以称为数据终端设备,其类型有同步终端、异步终端、简单终端、智能终端、通用终端、专用终端等,例如:键盘、显示器、银行自动取存款机、个人计算机、用户数据交换机、远程信息集中器,甚至连专用数据通信网也可看作是数据终端设备。在分组交换通信网中的分组终端是指其接口符合 X.25 规程的终端,不符合该规程的终端将其看作非分组终端。

DCE 是数据电路终接设备,如调制解调器(Modem)、多路复用器(Multiplexer)数字设备等。Modem 用于提供数字信号和模拟信号之间的转换和接口,多路复用器可提高线路利用率,将高速信道分成许多子信道,一条物理线路可供多个 DTE 同时使用。

3. 数据链路层

（1）数据链路层协议

X.25 在数据链路层采用的协议属于面向比特的数据链路总协议——HDLC 协议的一个子集,并在不同 X.25 版本中还有所不同,较为普遍使用的是平衡型链路接入协议(Link Access Protocol Balanced,LAPB)。LAPB 采用平衡配置方式以及异步平衡数据传送方式,如图 5-14 所示。所谓平衡配置方式是指,链路两端设备都具有主站(该类站利用命令帧控制整个链路工作)和从站(该类站利用响应帧响应主站发出的命令帧)功能,相互之间可以发送命令和响应,该方式只支持点到点链路连接。所谓异步平衡数据传送方式是指,每个站都可以平等地向对端站发送数据。

图 5-14　LAPB 链路配置与数据传送方式

（2）LAPB 帧结构及帧类型

LAPB 帧结构如图 5-15 所示。

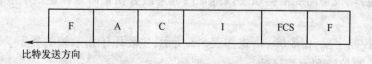

图 5-15　LAPB 帧结构

字段是一帧的定界符,占用 8 bit,编码为 01111110。每帧的首尾都有 F 字段,用于在数据流中将一个帧区分出来。除了帧开始标志 F 和帧结束标志 F 外,一个正确的帧长度至少为 32 bit,否则该帧是无效的。在一个帧的信息内部可能会出现与 F 相同的比特序列,为了避免接口将其当作 F 对待导致区分出错误的帧,破坏了本来的帧结构,链路层采用了透明传输技术来确保帧结构的完整。标志 F 中有 6 个连续的"1",基于这个特点,在接口的发送端发送一个帧之前,接口对于帧开始标志 F 和帧结束标志 F 之间比特序列进行连续 5 个"1"的检查,如果发现有 5 个连续的"1",就在这 5 个连续的"1"后加上一个"0",通过这种手段可以保证在首尾标志 F 之间不可能出现与 F 相同的比特序列。在接口的接收端,接收到帧后通过帧标志检测器界定帧的开始标志,然后对帧后续的比特序列进行检查,如果发现连续 5 个"1",则将其后的"0"去掉,操作与发送端相反,这样可以恢复发送的帧的结构,且不会影响对标志 F 的处理。透明传输技术的含义在于不破坏帧的结构,且不对帧的比特序列组合加以约束,而达到可靠正确传输的目的。

FCS 字段:是帧的校验字段,占用 16 bit,采用 16 bit 循环冗余码,用于检测信号单元在传输过程中有可能产生的差错。FCS 由发送方生成后,附在发送帧的尾部,位于帧结束标志 F 之前,接收端通过 FCS 检查接收到的帧是否遭到破坏,从而识别帧在传输中是否出现错误。FCS 作为帧的冗余码,其基于帧信息通过循环码计算产生,与帧具有一定的相关性。CCITT 定义了一个生成多项式 $P(X)$,其比特序列是 10001000000100001,表示成 $P(X) = X^{16} + X^{12} + X^5 + 1$。定义发送帧信息比特为数据多项式 $G(X)$,帧信息比特不包括标志 F,另外也需要去除透明传输技术额外插入的"0"。首先计算两个余数: $X^K(X^{15} + X^{14} + X^{13} + \cdots + X^2 + X^1 + 1)/P(X)$ 的余数和 $X^{16} \times G(X)/P(X)$ 的余数。其中前者中 K 帧信息总比特数(不计算透明传输技术额外插入的"0"), $X^{15} + X^{14} + X^{13} + \cdots + X^2 + X^1 + 1$ 标识 16 bit 全"1"的数。上述两个余数的模 2 和的反码即得到 FCS。在接收端,定义 M(X) 为帧开始标志 F 和帧结束标志 F 之间的全部比特序列,计算:

$$[X^{16} \times M(X) + X^n(X^{15} + X^{14} + X^{13} + \cdots + X^2 + X^1 + 1)]/P(X)$$

式中, $n = K + 16$, 16 为 FCS 的长度, K 为帧信息的长度, n 标识 $M(X)$ 的长度。如果帧传输没有发送错误,则 $M(X) = G(X) + FCS$,其含义是 $M(X)$ 为 $G(X)$ 比特序列加上其后 FCS 得到的全部比特序列,上式得到的余数应该为 0001110100001111。如果没有得到该结果,表明帧传输过程中发送了错误,需要 X.25 层通知对方重发帧,并将该错误帧丢弃。

I 字段是信息字段,占 $8 \times N$ bit, N 为大于等于 3 的正整数,用于装载分组层产生的分组。

A 字段是地址字段,占 8 bit,其内容是响应站的地址。注意,这一地址内容是数据链路层的,不是网络层的地址,所以其与选路无关。之所以考虑这种地址,原因在于 LAPB 协议下的某些帧既可以是命令帧也可以是响应帧,命令帧用于发送信息或产生某种操作,响应帧用于对命令帧的响应,端设备需要根据该字段地址内容来区分帧是命令帧还是响应帧,以便做出相应的处理。

C 字段:是控制字段,占 8 bit,格式如表 5-3 所示,主要用于指示帧的类型。LAPB 帧包括 3 种类型,信息帧、监控帧和无编号帧。

信息帧 I 帧的标识符是 C 字段中第 1 个比特为"0"。该类帧是命令帧(相应地,在 C 字段中的第 5 个比特为"P"),用于传送分组层产生的分组,放于 I 字段中。如果 P = 1,要求对方用 F = 1 的响应帧予以应答。该帧 C 字段中的 N(S) 是当前发送帧的序号, N(R) 是下一个期望接收帧的序号,它们的作用类似于七号信令中的 FSN 和 BSN,用于帧接收的肯定证实。

监控帧 S 帧的标识符是 C 字段中第 2 个和第 1 个比特为"01"。该类帧没有 I 字段,既可以是命令帧(相应地,在 C 字段中的第 5 个比特为"P"),也可以是响应帧(相应地,在 C 字段中的第 5 个比特为"F"),用于保证 I 帧的正确传送。监控帧有 3 种:接收就绪 RR(用于在没有 I 帧发送时向对端发送肯定证实信息)、接收未就绪 RNR(用于流量控制,通知对端暂停发送 I 帧消息)和拒绝帧 REJ(用于重发请求),这 3 种帧由 C 字段的第 4 个和第 3 个比特的"SS"区分。对这 3 种帧详细说明如下:

1)接收就绪 RR 帧。用于向对方确认已经正确接收到编号为 N(R)−1 及以前的信息帧,向对方表示已为接收下一个信息帧准备就绪,用 P = 1(命令帧)询问对方的状态,用 F = 1(响应帧)响应已经接收到 P = 1 的命令帧,其可用于解除由于发送 RNR 帧所引起的"忙"状态。

2)接收未就绪 RNR 帧。其表示接收还未准备好,向对方表示正处于"忙"状态,暂且还不能接收新的信息帧,需要对方等待。其可以确认已经正确接收了编号为 N(R)−1 及以前的信息帧,用 P = 1 询问对方的状态。解除"忙"状态的发生在发送 RR、REJ、SABM(无编号帧中的异步平衡方式)帧时或是用 UA(无编号帧中的无编号确认)对 SABM 作出响应的时候。

3)拒绝 REJ 帧。用于要求对方重发编号从 N(R)开始的信息帧,可确认已正确接收到编号为 N(R)−1 及以前的信息帧,可以解除以前由 RNR 帧建立起来的"忙"状态,用 P = 1 询问对方的状态。只能在一个传输方向上建立 REJ 条件,收到信息帧后,其 N(S)等于 N(R),则解除 REJ 条件,在接收到 SABM 帧时也解除 REJ 条件。

监控帧在 C 字段中都有 N(R),但没有 N(S)。无编号帧的标识符是 C 字段中的第 2 个和第 1 个比特为"11"。该类帧用于在信息传递前控制链路的建立和断开。

无编号帧 U 帧主要有 5 种,分别是置异步平衡方式 SABM(是命令帧,用于在两个方向上建立链路,接收方用 UA 帧作肯定的响应,用 DM 帧作否定的响应)、断链方式 DISC(是命令帧,用于断开链路,对方可用 UA 帧表示接受断开连接)、已断链方式 DM(是响应帧,用于对断链方式帧的响应,表明本方已经断开链路,其可作为对置异步平衡方式帧 SABM 命令帧的否定应答)、无编号确认 UA(是响应帧,用于对置异步平衡方式帧 SABM 的响应,为肯定应答响应)和帧拒绝 FRMR(是响应帧,用于表示接收到语法正确但语意不正确的帧,其将会引起链路的复原)、置扩充的异步平衡方式 SABME(是命令帧,在两个方向上建立链路,与 SABM 不同之处在于其按模 128 编号在两个方向上建立链路。接收方用 UA 帧作肯定应答响应),这 5 种帧通过 C 字段中的"MMMMM"来区分。除了拒绝帧外,其他无编号帧都无 I 字段。

表5-3　C 字段的格式及帧类型

控制字段/bit	8 7 6	5	4 3 2	1
信息帧	N(R)	P	N(S)	0
监控帧	N(R)	P/F	S S 0	1
无编号帧	M M M	P/F	M M 1	1

表5-4　信息帧编码格式

命　　令	响　　应	8 7 6	5	4 3 2	1
I(信息帧)		N(R)	P	N(S)	0

表5-5　监控帧编码格式

命　　令	响　　应	8 7 6	5	4 3 2 1
RR(接收就绪)	RR(接收就绪)	N(R)	P	0 0 0 1
RNR(接收未就绪)	RNR(接收未就绪)	N(R)	P/F	0 1 0 1
REJ(拒绝帧)	REJ(拒绝帧)	N(R)	P/F	1 0 0 1

表5-6　无编号帧编码格式

命　　令	响　　应	8 7 6	5	4 3 2 1
	DM(已断链方式)	0 0 0	P	1 1 1 1
SABM(置异步平衡方式)		0 0 1	P	1 1 1 1
DISC(断链方式)		0 1 0	F	0 0 1 1
	UA(无编号确认)	0 1 1	F	0 0 1 1
	FRMR(帧拒绝)	1 0 0	F	0 1 1 1
SABME(置扩充的异步平衡方式)		0 1 1	F	1 1 1 1

信息帧的内容来自分组层的分组,只能是命令帧,只有信息帧才包含发送帧的序号 N(S)。监控帧用于提供通过链路传输数据(信息帧)所需要的控制功能,信息帧和监控帧中都包含了接收帧的序号 N(R)。无编号帧在链路的建立、链路的断开、链路的复位等控制过程中使用,无编号帧中不包含 N(R)。信息帧和监控帧都可以对对方发的信息帧进行确认,通常情况下,当有信息帧发送时用信息帧确认,如果没有信息帧发送时则用监控帧确认。为了提高传输效率,可在已经正确接收到一组信息帧后进行一次确认。

X.25 帧结构中有两种编号方式,模 8 方式和模 128 方式。通常情况下是模 8 方式,如上述帧格式中 N(S)、N(R)占 3 bit,编号为 0~7。模 8 的编号范围有限,在实际情况下可能不足因而需要扩大编号的范围,模 128 方式编号范围为 0~127,模 128 方式中 N(S) 和 N(R)占 7 bit,信息帧、监控帧的控制字段结构也有变化,信息帧、监控帧在模 8 方式中为 8 bit(1 B),而在模 128 方式中为 16 bit(2 B),无编号帧的控制字段没有变化,但其置异步平衡方式 SABM 帧信息字段的结构发生了变化。链路层规程采用哪一种编号方式工作,由建立链路时使用 SABM 命令还是使用 SABME 命令决定,前者决定是用模 8 方式,后者决定是用模 128 方式。

表5-7　模 128 方式的信息帧 C 字段的格式及帧类型

控制字段/bit	8 7 6	5	4 3 2	1
信息帧	N(S)			0
	N(R)			P
监控帧	0 0 0 0		S S 0 1	
	N(R)			P/F

表 5-8　模 8 方式的无编号帧的 FRMR(帧拒绝)

控制字段/bit		8 7 6	5	4 3 2	1
帧头		A			
		1 0 0	F	0 1 1 1	
帧信息	8～1	被拒绝帧的 C 字段			
	16～9	V(R)	C/R	V(S)	0
	24～17	0 0 0 0		Z　Y　X	W

紧跟帧头后的 3 B 的信息字段用来表示拒绝的原因,被拒绝的 C(控制)字段表示所接收到的导致发送 FRMR 帧的那个帧的控制字段,V(R)表示拒绝的 DTE 或 DCE 的 V(S)的当前值,V(S)表示拒绝的 DTE 或 DCE 的 V(R)的当前值,C/R 有两个值,为 1 时表示该拒绝帧为响应帧,为 0 时表示该拒绝帧为命令帧,Z=1 表示接收的帧的控制字段中的 N(R)无效,Y=1 表示接收到的帧的信息字段超过了最大长度,X=1 表示接收到的帧的控制字段无效,其原因在于该帧包含了不符合要求的信息字段,也可能由于监控帧或无编号帧具有不正确的长度,W =1 表示接收到的帧的控制字段无效。其他比特位置 0,即 9、21～24 置 0。

表 5-9　模 128 方式的无编号帧的 FRMR(帧拒绝)

控制字段/bit	8 7 6	5	4 3 2	1
帧头	A			
	1 0 0	F	0 1 1 1	
帧信息	被拒绝帧的 C 字段			
	被拒绝帧的 C 字段			
	V(S)			0
	V(R)			C/R
	Z	Y	X	W

其中,紧跟帧头后的 5 B 的信息字段用来表示拒绝的原因。

(3)数据链路层功能

数据链路层主要承担以下几种功能:

1)建立和断开链路。建立通信链路是信息传输前必须执行的工作,而在通信结束后也需要断开链路以便释放网络资源。分组交换技术通过使用前述的置异步平衡方式、断链方式、已断链方式和无编号确认等 4 种无编号帧来实现通信链路的建立与断开。

2)复位链路。对于所建立的链路,在通信期间,可能会出现协议出错帧或者帧拒绝帧,这种情形无法通过后续所述的出错重传机制来加以纠正。此时,需要进行链路复位,启动链路建立过程,使链路恢复到初始状态。

3)校正差错。分组交换技术在数据链路层使用肯定/否定证实以及出错重传机制进行差错校正。这需要利用监控帧类型中的拒绝帧以及 N(S)/N(R)来完成,如果出现非法帧或出错帧,则加以丢弃,如果出现帧号不连续,则利用拒绝帧通知发送方重新发送。此外,X. 25 协议还规定了定时重发功能,在超时情形下,发送方如果还没有收到接收方的肯定证实,则进行重新发送。

4)流量控制。流量控制的作用是为了防止发生通信拥塞。在数据链路层,可以采用经典的窗口技术,来控制所发送的帧的数目,也可以在通信一方发生接收拥塞现象时,使用监控帧种类中的接收未就绪帧通知另一方暂停发送,以便消除拥塞。

4. 分组层

(1) 分组的格式与类型

有关分组的格式和类型,本章前面5.1.2小节已经介绍,故在此不再赘述。

(2) 呼叫建立

一个简单的正常的呼叫建立过程见图5-16。主叫DTE发送包含有可供分配的高端的逻辑信道号LCN和被叫DTE地址的"呼叫请求"分组,表示需要建立虚呼叫。主叫DTE发送"呼叫请求"分组到本地DCE,DCE将该分组进行网络规程格式转换,并通过网络路由到被叫DCE,被叫DCE将收到的网络规程格式的"呼叫请求"分组通过网络规程格式转换为"入呼叫"分组,并发送给被叫DTE,"入呼叫"分组中包含了可供分配的地段LCN,如图5-16中LCN为250。在"呼叫请求"分组中的从高端选择LCN,而在"入呼叫"分组中从低端选择LCN,其目的是避免呼叫冲突,并且被叫DCE选择的LCN和主叫DCE选择的LCN是可以不一样的,图中被叫DCE选择的LCN为20。被叫DTE接收到"入呼叫"分组后,通过发送"呼叫接受"分组表示同意建立虚电路,此时"呼叫接受"分组中的LCN必须与"入呼叫"分组中的LCN相同,以表明是同一个逻辑信道号。被叫DCE接收到"呼叫建立"分组后将该分组进行网络规程格式转换,并通过网络路由到主叫DCE。主叫DCE将收到的网络规程格式的"呼叫接受"分组通过网络规程格式转换为"呼叫连接"分组,并发送给主叫DTE,"呼叫连接"分组中的LCN与"呼叫请求"分组中的LCN一样,表示网络已经完成虚呼叫的建立过程,此时整个虚呼叫建立过程还未完成。主叫DTE接收到"呼叫连接"分组,虚呼叫建立过程已经完成,可以进行后续的数据传输。

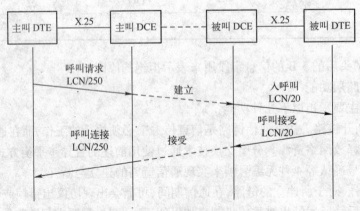

图5-16　呼叫建立过程

在呼叫建立过程开始,主叫发出"呼叫请求"分组之后启动记时器进行记时(CCITT建议为200 s),如果记时结束后还未收到主叫DCE的响应(被叫同意呼叫的"呼叫连接"或被叫拒绝呼叫的"清除指示"分组),则主叫DET发送"清除指示"分组,执行呼叫清除工作,将LCN返回到"准备好"状态。被叫 DCE 在发送"入呼叫"分组后启动记时器进行记时(CCITT 建议为 180 s),当被叫 DTE 接收到"入呼叫"后在 90 s 时间内作出响应,同意呼叫发送"呼叫接受"分组或拒绝呼叫发送"清除请求"分组。如果被叫 DTE 没有及时响应,被叫 DCE 的记时器在记时结束后由于超时向被叫 DTE 和主叫 DTE 发送"清除指示"分组。

(3) 呼叫清除

DTE 或 DCE 都可以清除呼叫。主叫 DTE 可以主动清除呼叫,通过发送"清除请求"分组表示清除呼叫,主叫 DCE 将"清除请求"分组进行网络规程格式转换,并通过网络路由到被叫 DCE,被叫 DCE 将收到的网络规程格式的"清除请求"分组通过网络规程格式转换为"清除指示"分组,并发送给被叫 DTE,被叫 DTE 收到该分组后,发送"清除证实"分组到被叫 DCE,DCE 将该分组进行网络规程格式转换,并通过网络路由到主叫 DCE,主叫 DCE 将收到的网络规程格式的"清除证实"分组通过网络规程格式转换为"清除证实"分组,并发送给主叫 DTE,主叫 DTE 接收到该分组,呼叫清除过程完成,清除所有与该呼叫相关的所有网络信息,从而释放网络资源。

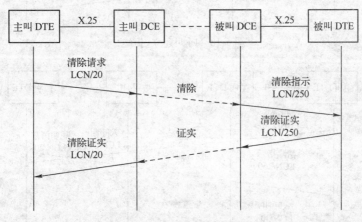

图 5-17 呼叫清除

(4) 呼叫建立、拒绝

在主叫呼叫请求像要建立呼叫的过程中,被叫 DTE 可以通过清除呼叫来拒绝接受呼叫,如果被叫 DTE 不准备接受呼叫,在接受到被叫 DCE 发送的"入呼叫"分组后,则可通过发送"清除请求"分组表示拒绝该呼叫,"清除请求"分组中包含了拒绝接受呼叫的原因字段,说明虚呼叫的清除是由被叫 DTE 发起的。被叫 DCE 将"清除请求"分组进行网络规程格式转换,并通过网络路由到主叫 DCE,主叫 DCE 将收到的网络规程格式的"清除请求"分组通过网络规程格式转换为"清除指示"分组,并发送给主叫 DTE,主叫 DTE 收到该分组后,发送"清除证实"分组到本地 DCE,DCE 将该分组进行网络规程格式转换,并通过网络路由到被叫 DCE,被叫 DCE 将收到的网络规程格式的"清除证实"分组通过网络规程格式转换为"清除证实"分组,并发送给被叫 DTE,被叫 DTE 接收到该分组,表明完整的呼叫拒绝过程已经完成。

(5) 呼叫冲突

呼叫冲突发生通常是由于网络原因造成的,当 DTE 和 DCE 选择了相同的逻辑信道 LCN 时,将会产生呼叫冲突,在这种情况下,由 DCE 继续处理呼叫请求,如图 5 – 18 中,被叫 DCE 发送给被叫 DTE 的"入呼叫"分组包含的 LCN 号与被叫 DTE"呼叫请求"分组中的 LCN 号相同导致呼叫冲突,被叫 DTE 丢弃"入呼叫"分组,被叫 DCE 进行呼叫清除,主叫 DCE 向主叫 DTE 发送"清除指示"分组,表示取消"入呼叫"分组的后续呼叫建立过程。被叫 DCE 继续处理被叫 DTE 的呼叫请求,开始后续的呼叫建立过程。

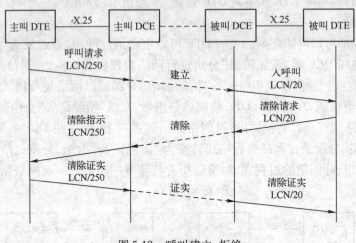

图 5-18　呼叫建立、拒绝

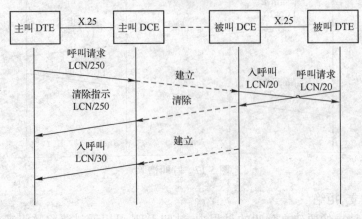

图 5-19　呼叫冲突

（6）分组层功能

分组层主要承担以下几种功能:

1）传送与交换分组数据。分组层的基本功能是在数据链路层的可靠传送保障下,通过建立虚电路,实现分组数据传输,并通过入端/出端的逻辑信道群号/逻辑信道号的映射转换,实现分组的空间和时间交换。

2）复位虚电路。与数据链路层类似,分组层也具有复位功能,但其复位的是虚电路,而非链路。当出现协议错误、终端不相容等无法重发校正的差错时,利用该功能使虚电路恢复到初始状态。

3）校正差错。同样,与数据链路层类似,分组层也具有差错校正功能,只不过其针对的是分组,而非数据帧。如前所述,在数据分组中,含有 P(S),P(R)和 M 字段。分组层利用监控帧类型中的拒绝帧以及这里的 P(S),P(R)和 M 来实现差错校正,如果出现非法分组或出错分组,则加以丢弃,如果出现分组号不连续,则利用拒绝帧通知发送方重新发送。

4)流量控制。也与数据链路层类似,分组层具有流量控制功能,但其控制对象是某一条虚电路上的流量,而非一条链路上的总流量。分组层可以采用与数据链路层同样的流量控制机制。

5.2 帧中继

基于 X. 25 协议的分组交换技术不能较好地提供高速服务,这是由于 X. 25 网络的体系结构并不适合于高速交换。为此,需要研究支持高速交换的网络体系结构。在这种背景下,帧中继(Frame Relay)技术应运而生。

5.2.1 帧中继概述

X. 25 分组交换技术提出时所面临的实际网络环境是,网络传输基本上是使用模拟线路,容易受到噪声干扰而产生误码,并且网络终端基本上缺乏智能性。因此,分组交换协议在每个节点都要从流量控制、差错校正等方面进行大量处理工作,这无疑增加了节点的处理负担,同时导致了传输时延的增大、链路利用率的下降。

随着数字光纤网的出现以及终端系统的日益智能化,上述处理工作量可望被显著降低。数字光纤网比早期模拟线路网具有低得多的误码率,为简化或取消差错校正和流量控制提供了良好的前提条件。而终端系统的日益智能化,也可望将一些复杂的控制功能通过端到端的方式来实现。

帧中继正是在这种新网络背景下得以出现的。帧中继采用面向连接的通信方式,将 X. 25 网络的三层协议进一步简化,只保留下面两层,并且第二层——数据链路层也只保留了核心功能,如帧的定界、同步、帧传输差错检测等,而将差错控制、流量控制推到网络边界,从而实现了信息的快速传输以及链路资源的高效利用。

总体来说,帧中继的核心功能是在数据链路控制中实现尽可能少的操作,这样做实际上就是减少服务供应商对用户业务进行的操作。关于帧中继核心功能,ITU-T Q. 921 和 ANSI TI. 602-1988 标准主要围绕以下 5 个基本过程进行组织。

(1)帧定界,对齐和标志透明

帧中继系统必须提供对信道上的帧进行定界和对齐的业务,因此帧的标志字段使用特定的 0 和 1 比特序列(01111110)表示传输的开始和结束。同时帧中继系统还必须具备透明性,以实现"在发送机上进行比特填充"和"在接收机上去除填充比特"两个功能。系统必须对两个标志中间的相同比特序列进行比特填充,以避免混淆;向控制、有效负载和 FCS 字段中填充比特,以防止这些字段中的比特序列被误解释为标志。当然这些额外的比特,必须在接收后由接收端去除。

(2)虚电路多路复用和多路分解

帧中继系统通用帧中的 DLCI 字段必须支持虚电路多路复用和多路分解,这是由于信道上的帧的有效负载字段可能包含多个用户的业务,每个有效负载字段由唯一的 DLCL 来标识。

（3）业务字节对齐

帧中继系统必须在"0 比特插入前"和"0 比特去除后"对帧进行检测，以确保其含有整数个字节。

（4）最大和最小帧长检测

帧中继系统必须对帧进行检查，以确保它在最小和最大帧长范围内，即标准组定义的帧长范围内。

（5）检测传输、格式和操作差错

帧中继系统必须能够通过数据帧中的 FCS 字段检测传输差错、格式化问题和其他操作差错。

5.2.2 帧中继协议

在帧中继技术领域，也只是对接口协议进行了标准化，而网内协议同样没有统一的标准，通常采用的是标准化帧中继接口协议的某种变形形式。帧中继接口协议的分层模型如图 5-20 所示。其中，LMI 管理协议和呼叫控制协议处于高层，LMI 管理协议用于验证数据链路是否正常工作，呼叫控制协议用于建立和释放虚电路；数据链路层采用数据链路核心协议，用于支持帧中继数据的传输及交换。

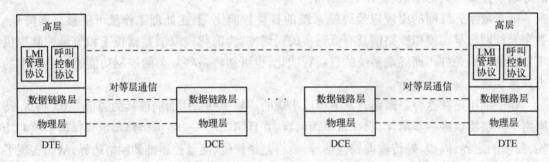

图 5-20　帧中继接口协议的分层模型

1. 帧结构

帧中继的帧结构如图 5-21 所示。

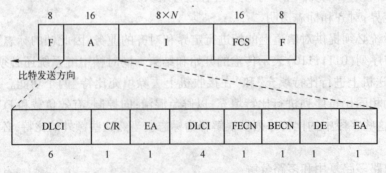

图 5-21　帧中继的帧结构

1）F 字段和 FCS 字段意义与 X. 25 协议相同。

2）I：是信息字段，用于在网络中透明传送用户数据，其最大默认长度为 262 B。

3）A：是地址字段，该字段中的具体含义如下：

① DLCI：是数据链路连接标识符，相当于 X.25 中的逻辑信道号，用于对应一个逻辑信道。

② C/R：是命令、响应指示位。帧中继中，该位不使用。

③ EA：是扩展地址位。如果 EA＝0，则表示该 EA 所在字节后面还有属于 A 字段的下一个字节；反之，则表示该 EA 所在字节是 A 字段的最后一个字节。

④ FECN：是前向显示拥塞通知位。若某节点将该位置为 1，则通知在该帧传输的方向发生拥塞。

⑤ BECN：是反向显示拥塞通知位。若某节点将该位置为 1，则通知在该帧传输的相反方向发生拥塞。

⑥ DE：是丢弃指示位。该位可由网络或用户置位，一旦置位后，网络不能将其复位。如果网络发生拥塞，首先丢弃 DE 置位的帧。

2. 数据链路核心协议功能

数据链路核心协议功能简单，具体来说，主要包括：

1）帧定界、定位和透明传送。

2）利用 HDLC 进行帧复用和分路。

3）检验帧不超长、不过短，且为 8 bit 的整数倍。

4）利用 FCS 检错，如检测有错，则丢弃。

5）利用 FECN 和 BECN 通知被叫用户和主叫用户网络发生拥塞。

6）利用 DE 位实现帧优先级控制。

3. LMI 管理协议及呼叫控制协议

LMI 管理协议和呼叫控制协议都属于高层信令协议，其协议消息在 DLCI＝0 的专用信令链路上传输。LMI 管理协议定义了两个消息，即，status enquiry（状态询问）和 status（状态），采用探询方式工作，目的是为了验证数据链路工作是否正常。在状态询问消息和状态消息中都带有一个"链路完整性验证"信息单元。此信息单元包含一个"发送序号"和一个"接受序号"。前者表示本端发出的消息的序号，后者表示最新接受到的对端发来消息的序号，通过这一机制，双方可判知数据链路是否正常工作。呼叫控制协议是用于建立和释放交换虚电路。在该协议中，针对呼叫建立，包含有三个信令，Setup（呼叫建立）、Call Proceeding（呼叫进展）和 Connect（呼叫连接），而针对呼叫释放，包含有三个信令，Disconnect（拆链），Release（释放）和 Release Complete（释放完成）。呼叫建立和释放信令过程如图 5-22 所示。

5.2.3　帧中继操作

帧中继在 OSI 第二层以简化方式传送数据，仅完成物理层和链路核心层的功能。帧中继系统中的智能化终端把数据发送到链路层，实施以帧为单位的信息传送。帧中继网络不进行纠错、重发和流量控制等，帧不需要确认就能够在每个交换机中直接通过。帧中继网络直接丢弃已检测到的错误帧，更深入的差错检测和流量控制均留给智能终端去完成，从而简化节点交换机间的处理过程。本小节主要就数据链路连接标识符，链路层差错控制，拥塞控制，业务管理，综合链路层管理和承载信息速率等 6 方面总结帧中继的基本操作。

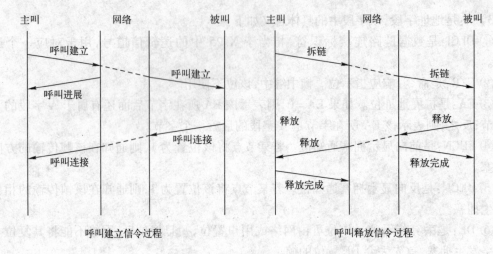

图 5-22 呼叫建立/释放信令过程

（1）数据链路连接标识符（DLCI）

帧中继支持取消网络层操作，但是实际上并未完全取消。帧中继使用数据链路标识符（DLCI）标识目的端用户。占用 10 bit 的 DLCI 与网络层协议中的虚电路号一致，具体说明如表 5-10 所示。

表 5-10　帧中继的 DLCI 说明

范　围	用　途
0	为呼叫控制信令保留
1 ~ 15	保留
16 ~ 1007	分配给永久虚电路（PVC）
1008 ~ 1022	保留
1023	本地管理接口

DLCI 预映射到目的节点，这就简化了路由器的处理，因为路由器只需参考它们的路由表，检查表中的 DLCI，并根据这个地址将业务送到正确的输出端口。

网络内部也可以进行类似操作，尽管帧中继交换机不需要在网络中拥有严格的 PVC 关系。可以在帧中继交换机之间实施无连接操作以实现动态的、稳定的路由选择，唯一要求的是确保帧能够到达 DLCI 指示的目的端口。

（2）链路层差错检测

帧中继可以在网络中每个交换机上，以及任何使用帧中继软件的路由器上，对数据帧进行差错检测，帧检验序列（FCS）采用常规的循环冗余检验（CRC）操作。如果检验结果表明该帧在通信信道上传输期间失真，则不但直接丢弃该帧，而且不给发送端返回 NAK。

这种操作可以以节点到节点的方式进行，每个节点都进行 FCS 检验，节点还通过使用帧中继拥塞告知位来选择拥塞管理。此外拥塞问题、FCS 检验出差错，或者任何有关的原因，都会使节点丢失业务。当然在丢弃用户帧的同时，网络面临着不能满足用户的 QoS 要求的风险。

有些供应商没有选择在网络内部进行节点到节点的差错检验,而是交由最后的帧中继交换机进行差错检验。如果发生差错,则丢弃用户帧,从而节约资源。

(3) 帧中继潜在拥塞问题

帧中继网络仍然必须处理通常由网络层处理的拥塞问题,现在大多数网络都为用户提供传输规则,包括就调节业务流量之前可以向网络发送多少业务的问题达成的协定。流量控制是防止网络拥塞的重要因素。网络管理员应不惜代价避免拥塞问题,否则它将导致网络吞吐量的严重下降和响应时间延长。鉴于无拥塞网络的重要性,通常的做法是采取显式流量控制机制。然而,帧中继采取了不同的方法,它使用隐式流量控制机制。

派对理论指出,网络承接的负载的线性增加将使吞吐量也上升,但只能达到一个点。当网络上的业务达到一定水平,就会发生轻微的拥塞而导致吞吐量下降。如果这种情况以线性方式进行,问题并不复杂。然而网络的利用达到一定水平时,服务器缓冲存储区将会发生严重拥塞和排队堆积,从而导致网络吞吐量陡然下降。因此即使像帧中继网络这样的简单网络,也必须提供一些机制,在网络发生拥塞时通知用户,以及对用户设备进行流量控制。

任何需求驱动网络都存在拥塞问题,帧中继处理这个问题的方式是丢弃业务以避免潜在拥塞问题,只是在有些时候需要搞清楚用户业务的哪些帧应该丢弃。帧中继使用的方法是丢弃适合(DE)位。如何操作 DE 位,需要根据特定的实现来决定。但在大多数情况下,当用户通过将 DE 置为 1 来通知网络发生问题的时候,该帧(DE 为 1)比 DE 为 0 的其他帧"更适合"被丢弃。

当然发生拥塞时也不一定使用 DE 位,网络节点也可以简单地随机扔掉一些业务。这样做不仅不公平,而且可能丢掉一些重要的数据。用户应该检查一下自己的网络是如何实现这一功能的,应为供应商和网络建立不同的实施方案。

(4) 帧中继业务管理

帧中继网络用隐式流量控制技术管理用户业务。隐式流量控制机机制不要求节点完全停止传输,而是将问题通知节点,同时暗含一个假设,如果节点不采取一些形式的补救措施,若停止传输,它将面临业务被丢弃的风险。

帧中继拥塞和流量控制仅仅是可选项,有些供应商并没有提供这些功能。然而这一选项相当重要,除非网络中采取了其他的流量控制措施。有两种机制被用来将拥塞通知用户和帧中继交换机并采取矫正措施,分别是 BECN 位和 FECN 位。

不同供应商对于帧中继 BECN 位和 FECN 位的处理方式不同,可以不对其进行任何操作;也可以不仅读取这些位,而且还对其累积统计;还可以在接受方对这些位进行设置和操作,或者什么都不做。

有些设备没有流量控制位,原因之一是它们依靠传输层对最终用户进行流量控制,传输层通常驻留在最终用户设备,它自然是处理这种操作的合理工具。与此同时,既然传输层中的许多应用程序的设计都是为了采用无流量控制(如 IP)或初步的流量控制操作(如 ICMP)的协议,在用户设备上运行 TCP 而在路由器上运行帧中继自然是一种有效的组合。

大多数 TCP 版本使用适合各种网络状况的计时器,这样如果帧中继网络发生拥塞,发给 TCP 模块的传输的响应(来自接收端 ACK)很可能用更长的时间才能达到。另一方面,TCP 会注意到这个延迟(根据许多返回的响应建立配置文件后)并相应地调整计时器。最终的结果是,由于这种计时操作,发送 TCP 模块将自动延迟对未收到确认的业务的重发。

ACK 还含有一个称为信用窗口的控制字段,这个字段的值限定了发送端通过网络向接收端发送的数据量。它可以赋予发送端"打开它的发送端口"并发送大量业务的权利,也可以将传输次数限制到很少或者没有。如果新的信用没有返回发送模块,那么该模块不能更新它的发送窗口。最终,它将耗尽其信用,导致必须停止发送数据。此时,它的发送窗口将被关闭,直到它收到远端 TCP 模块发来的信用窗口更新。

因此在接收来自远端设备的 ACK 的过程中,由于网络拥塞带来的延迟将导致发送设备不能用信用窗口字段打开发送窗口并继续发送业务,而且发送设备还需要将重发时间设置更大,最终的结果是降低帧中继网络的业务流量。

(5) 帧中继综合链路层管理

帧中继标准提供了有限的网络管理和诊断功能,这些功能按照综合链路层管理(CLLM)规程进行分组。CLLM 将各种业务操作通知下游节点,保留 DLCI 用于通信控制,主要考虑网络向用户设备或路由器发送的业务,而不考虑从上游节点接收的业务。包括帧中的一个诊断代码,用以描述网络遇到的问题的类型。CLLM 这种诊断能识别过度拥塞,还可以识别其他问题,例如处理器或链路故障。

CLLM 以源于 ISO 8885 标准的 HDLC XID 帧的使用为基础,其用 XID 帧报告网络遇到的问题。XID 帧原因代码可以报告的问题仅限于少数几个事件,分别是"网络拥塞、业务过量、短/长期","功能或设备故障、短/长期",以及"未知、短/长期"。

(6) 承载信息速率

帧中继网络可以通过使用丢弃适合(DE)位来帮助决定如何处理网络业务。一种方法是采用与 DE 位共同作用的承载信息速率(CIR)。终端用户对自己在一个正常时间段内要发送到网络的平均业务量进行估计,测出的平均业务速率称为承载信息速率。承载信息速率必须由用户和网络达成共识,并作为双方服务合同的一部分。

帧中继网络在一个时间间隔内对业务量进行测量,如果业务量小于 CIR 值,则不改变 DE 位。如果在某段时间里业务量超过了 CIR 值,除非网络发生拥塞,否则仍将允许业务通过网络。发生拥塞时,网络就将这项目业务的 DE 位置 1,这项业务很可能被丢弃。

承载突发率(B_c)和超越突发速率(B_e)是组成 CIR 的元素,B_c 是某个时间间隔(T_c)内允许用户提交给网络最大的数据量,而 B_e 则是某个时间间隔 T_c 内用户可以发送的超过 B_c 的最大数据量。B_c 在呼叫建立期间确定,或者与 PVC 一起预先提供。B_e 则是在 SVC 的呼叫建立期间加以协商的,输送概率可能低于 B_c。

如果用户保持了在约定的 CIR 速率内,其业务的 DE 被置为 0,意味着该业务不适合被丢弃。如果用户保持在约定的 CIR 速率内,且网络短时间内还能够接受超过 CIR 的突发 B_c,则该业务的 DE 位可能被置 1,表示该业务适合在网络拥塞时被丢弃。大多数帧中继网络服务提供商并不标记 B_c 业务,毕竟如果在业务尚未突发时,业务量还处于 CIR 之下。

5.3 小结

本章介绍了分组交换的基本概念、工作原理、核心技术,并介绍了 X. 25 与帧中继的知识。

数据通信是为了实现远程通信需求而发展起来的。数据通信是实现计算机和计算机之间以及人和计算机之间的通信,而电话通信是实现人和人之间的通信。数据通信的"用户"是各种各样的计算机和终端设备,它们在通信速率、编码格式、同步方式和通信规程等方面都会有很大差异,数据通信网中通信资源共享技术的研究和开发就显得非常重要,而分组交换能非常公平合理地共享通信资源。

分组交换技术是继电路交换之后出现的新型交换技术,能充分利用通信网络资源并适应各种类型的要求,分组交换最基本的思想是实现通信资源的共享,其特点是可以实现对网络资源的统计复用,其基本的思想是存储转发并实现通信资源共享,即先将报文拆分成若干个分组并对各个分组分别进行存储转发。分组交换技术采用统计时分复用的传输方式,可以提供两种服务方式:数据报方式和虚电路方式。在分组交换方式中,分组是交换和传送处理的基本单元,每个分组可在网内独立传输。在虚电路交换方式中,通信交换过程包括三个阶段:交换虚电路的建立、数据通信与交换虚电路的释放。在通信网中,路由选择方法分为静态法、动态法两种方法。动态法需要路由表,静态法不需要路由表。

分组交换的三大关键技术为协议处理、路由选择和流量控制,分组交换常用的协议就是 X.25 协议。X.25 协议用于用户与分组交换网络接口处,是数据终端设备(DTE)和数据电路终接设备(DCE)之间的接口规程,在 X.25 建议中定义了帧(Frame)和分组(Packet)结构、循环码校验(CRC)和确认证实过程、逻辑信道号(LCN)/逻辑信道群号(LCGN)、虚电路(VC)、顺序控制和窗口(Windows)机制、基本业务和可选业务等。X.25 的物理层定义了 DTE 和 DCE 之间的电气接口和建立物理的信息传输通路的过程。X.25 的链路层规程是要在物理层提供的双向的信息传输管道上实施信息传输的控制,不关心物理层采用何种接口方式,X.25 链路层定义了在 DTE 和 DCE 之间的线路上交换分组的过程。X.25 在数据链路层采用的协议属于面向比特的数据链路总协议——HDLC 协议的一个子集,并在不同 X.25 版本中还有所不同,较为普遍使用的是平衡型链路接入协议(Link Access Protocol Balanced,LAPB)。

帧中继采用面向连接的通信方式,进一步简化了 X.25 网络的三层协议,只保留下面两层,并且对第二层也作了调整,其作用是实现了信息的快速传输以及链路资源的高效利用。帧中继支持高速交换,而 X.25 网络的体系结构不适合于高速交换。

5.4 习题

1. 分析分组头格式的组成,以及分组头各部分的意义。
2. 说明虚电路和逻辑信道的区别。
3. 通过交换虚电路的建立、数据传输和虚电路释放的过程,说明虚电路交换方式的特点。
4. 路由选择有哪些方法? 有什么区别?
5. 分组交换流量控制大致可以划分成几级控制?
6. 数据交换中采用分组交换的优点是什么?
7. 试将 X.25 协议与 OSI 中下三层进行分析比较。
8. 分组交换网也称 X.25 网,其原因是什么?

9. 逻辑信道号有什么含义？其作用是什么？

10. 试分析轻负载条件下如何选择分组长度。

11. 网络中流量控制的作用是什么？

12. 简述帧中继与分组交换的本质区别，为什么说帧中继是快速分组交换方式？

13. 分析帧中继的实现方式，探讨 DLCI 所起的作用。

第6章 ATM 交换

宽带综合业务数字网(B-ISDN)是一种可以承载各种业务类型、满足各种通信业务需求的网络,其概念是在 20 世纪 80 年代末由国际电联提出的,主要是为了实现宽带通信的目标。对于这种网络,异步传输模式(ATM)作为一种先进的宽带分组通信技术,被普遍认为是其最好的传输模式,从而成为构建 B-ISDN 的核心技术之一。20 世纪 90 年代,世界各国曾一度认为 B-ISDN 代表了未来信息通信网络的发展方向,并投入了大量的经费研究、开发 ATM 技术和相关设备,但由于 B-ISDN 缺乏应用业务,且由于技术复杂、设备成本高等因素而导致 B-ISDN 发展缓慢。与之鲜明对比的是,互联网的迅速发展,最终导致包括国际电联在内的 IT 业界达成共识,一致认为应该以 IP 技术为核心发展未来融合的信息网络,B-ISDN 的概念便自然不再引起业界的重视。当然,尽管 B-ISDN 不再被认为是未来全球信息基础设施,但 ATM 技术由于其技术优势对于未来信息网络发展有着重要的意义,仍然受到业界的重视。事实上,ATM 与 IP 具有互补性,它们是不同层次的技术,IP 交换就是 ATM 技术和 IP 技术融合的产物。本章中,将对 ATM 技术进行详细介绍,包括 ATM 交换所涉及的一些基本概念、ATM 交换原理、ATM 交换系统以及 ATM 网络信令等内容。

6.1 ATM 交换概述

ATM(Asynchronous Transfer Mode,异步传送模式)是 B-ISDN(宽带综合业务数字网)的核心技术,B-ISDN 的网络节点即 ATM 交换机。

从传送模式(Transfer Mode,又称转移模式)的角度来看,ATM 交换可以看作是基本电路交换和分组交换两个极端相向发展所产生的一种交换技术。如前述章节所述,基本电路交换具有采取同步时分复用、占用专用通信链路、链路带宽利用率较低、适合速率单一且恒定的业务通信、信息传输时延小、无信息传送差错控制等特点,分组交换具有采取统计时分复用、链路带宽利用率较高、信息传输时延较大、有信息传送差错控制机制等特点。由此可见,这两种交换各有优点及局限性,分别适用于不同的专用网络。

随着通信技术的发展,在一个高速网络上承载诸多业务类型且可以满足诸多业务 QoS 要求的需求日益增长。在这种背景下,B-ISDN 的概念得以出现。对于 B-ISDN,显然,基本电路交换和分组交换都不能满足其要求。为了针对诸多具有不同业务 QoS 要求的业务类型,实现高速可靠的传输和交换处理,ATM 传输模式及相应的 ATM 交换被国际电联电信标准部(ITU-T)定义为 B-ISDN 的核心技术。虽然 B-ISDN 最终没有占有预期的市场份额,但是 ATM 技术却得到了广泛使用,尤其用于骨干网络。可以说,ATM 技术仍然是宽带通信领域中的一种重要技术手段。

ATM 结合了基本电路交换和分组交换两者的优点,采用对定长信息单元(ATM 的基本信息单元 Cell,称为信元)进行异步时分复用的方式可靠传输各种类型的业务信息,并能对业务信息进行高速交换处理。在思路上,ATM 交换既可以看作是从基本电路交换演变而来,也可以看作是从分组交换演变而来。对于前一种情况,可以理解为:将基本电路交换中同步时分复用所使用的帧参考去掉,亦即令一个具有固定时间间隔的时隙和某一业务不再具有固定的对应关系,从而产生异步时分复用效果,每个时隙用于传输一个 ATM 信元,当然,此时由于已经没有面向同步时分复用的帧参考,因此信元中要有包含相应路由信息的头部信息。对于后一种情况,如果将采用异步时分复用方式的分组交换中的基本信息单元——分组,用定长的 ATM 信元来替换,那么,分组交换经过改进也可以实现向 ATM 交换的演进。

然而,上述说明只是演进的思路,事实上,ATM 交换技术的形成远二如此简单。在整个 ATM 交换技术框架下,诸多技术环节都与基本电路交换和分组交换有着本质的区别。例如,分组交换使用 LCGN/LCN 在分组层(即 OSI 七层数据通信分层中的网络层)实现交换,而为了提高处理速度,ATM 使用虚通道标识符 VPI/虚信道标识符 VCI 在 ATM 层(即 OSI 七层数据通信分层中的数据链路层)实现交换;又如,ATM 也没有使用分组交换所采用的逐段差错与重传机制,且 ATM 使用自己独有的信令系统等。

总体来说,ATM 交换机制是面向可以提高链路带宽利用率的异步时分复用方式,能够支持具有不同业务 QoS 需求的各种业务类型。ATM 交换机制下引入了虚通道(VP)和虚信道(VC)的概念,并使用 ATM 信元作为信息传输及交换的基本单元,ATM 交换系统在 ATM 层通过对一信元中所包含的 VPI/VCI 值在入线和出线之间进行互换,实现 ATM 信元的快速交换接续。同时,ATM 交换机制也采用了接入允许控制(CAC)、流量控制等手段来保证通信的可靠有效进行。此外,为了适应各种业务类型,ATM 交换机制下,还引进了 ATM 适配层的概念,以便使各种类型业务能够在同一个网络下实现综合业务通信的目的。

下面各节中,将对 ATM 交换机制下所涉及的一些概念进行介绍,并在此基础上阐述 ATM 交换原理、交换系统等有关知识。

6.2 ATM 信元结构和协议分层结构

6.2.1 ATM 信元结构

ATM 信元是 ATM 交换机制下信息传输和交换的基本组成单元,其大小为 53 B,由 5 B 的信元头部(信头 header)和与用户数据有关的 48 B 的信息体(净荷 payload)组成。ATM 信元大小选择为 53 B 的原因在于:ATM 工作组的各派系人员从传输差错、设备处理差错、传输延迟、设备处理延迟等多方面对选择确定 ATM 信元的大小进行了大量研究,并在协商后一致认为,信元信息体字段大小在 32 ~ 64 B 之间将会产生较好的性能(包括:与现有的设备相配合,而不需要回波抵消器;可以提供可接受的传输效率;不至于过于复杂而难以实施)。在这一背景下,美国和日本派系人员青睐于 64 B 的信息体大小,而欧洲派系人员却青睐于 32 B 的信息体大小。考虑到标准的规范一致性,上述各派系之间针对这一问题进行了折衷,最终将折衷结果 48 B 作为信息体大小。同时考虑到所必需的 5 B 的信元头部。因此,目前的信元大小为 53 B。

对于用户-网络接口(User Network Interface,UNI)和网络-网络接口(Network Node Interface,NNI),ATM 信元具体格式有所不同,如图 6-1 所示。

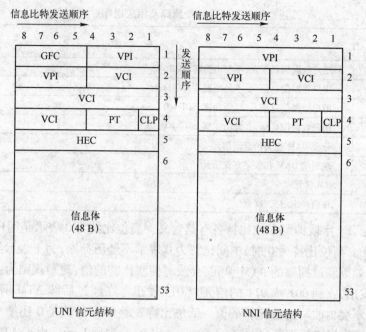

图 6-1　ATM 信元结构

1）通用流量控制（Generic Flow Control，GFC）。占用 4 bit，只在 UNI 信元中含有该字段，NNI 信元中不包含该字段。其功能是用于控制 ATM 接续的业务流量，减轻用户边出现的短期过载现象。该功能实现单向控制业务，即只控制用户终端流向网络方向的信息流量，而不控制网络流向用户终端方向的信息流量。UNI 接口处，ITU-T 定义了两种接续：受控接续和非受控接续。受控接续情形下，业务量需要 GFC 才能进入网络，非受控接续情形下，业务量不需要 GFC 就可以进入网络。GFC 字段的编码及说明如表 6-1 所述。

表 6-1　GFC 字段的编码及说明

编　　码	说　　明
0000	终端是非受控的，信元是空闲信元，或者信元处于 ATM 非受控接续方式
0001	终端是受控的，信元是空闲信元，或者信元处于 ATM 非受控接续方式
0101	终端是受控的，信元处于 ATM 受控排队 A 接续方式
0011	终端是受控的，信元处于 ATM 受控排队 B 接续方式

2）虚通道标识符/虚信道标识符（Virtual Path Identifier/Virtual Channel Identifier，VPI/VCI）。VCI 字段在信元头部占有 16 bit。VPI 在 UNI 信元结构中占有 8 bit，在 NNI 信元结构中占用 12 bit。VPI/VCI 用于路由选择和交换节点接续。相关内容将在本章后续部分加以介绍。

3）净荷类型（Payload Type，PT）。占用 3 bit，用于区分信元信息体中是用户数据信息，操作/管理/维护（OAM）信息，还是网络资源管理（RM）信息。PT 可以定义 8 种净荷类型，其中，4 种用于用户数据信息，2 种用于 OAM 信息，1 种用于 RM 信息，1 种目前尚未使用。PT 字段的编码及说明如表 6-2 所述。

表 6-2　PT 字段编码及相应说明

PT 字段编码 （从高位到低位）	说　　　明
000	用户数据信息信元,不经历拥塞,SDU = 0
001	用户数据信息信元,不经历拥塞,SDU = 1
010	用户数据信息信元,经历拥塞,SDU = 0
011	用户数据信息信元,经历拥塞,SDU = 1
100	分段 OAM 相关信息流信元
101	端到端 OAM 相关信息流信元
110	RM 信元
111	目前尚未定义,保留位

由上表可见,PT 字段编码 3 位比特各有其含义。高位比特为 0 表示是用户数据信元,为 1 表示是其他信元。高位比特为 0 时,中间比特为 0 表示不经历拥塞,为 1 表示经历拥塞。信元在传送过程中,如果经过拥塞的 ATM 单元,会改写拥塞比特的值,改写规则为:收到 000 或 010 的信元以 010 发出,收到 001 或 011 的信元以 011 发出。在经过后续 ATM 网元时,无论网元节点是否拥塞,不会再改写拥塞比特的值。低位比特表示 SDU 的值是 0 还是 1。

4）信元丢失优先级标识符（Cell Loss Priority,CLP）。占用 1 bit。由于 ATM 采用异步时分复用方式,所以在信息传输阶段,信元丢失是不可避免的。为此,作为信元丢失优先级控制的一种方式,在 ATM 信元头中,定义了 CLP 字段。CLP = 0,表示该信元具有高优先级,反之,CLP = 1,表示该信元具有低优先级。当发生拥塞需要丢弃信元时,低优先级别的信元将首先被丢弃。该字段的数值可由用户或者业务提供者加以设置。

5）信头差错控制（Header Error Control,HEC）。占用 8 bit,用于检测信元头部的差错并进行改正,并用于进行信元定界。HEC 字段由后续将介绍的 ATM 协议分层结构中的物理层产生。

6.2.2　ATM 分层结构

1. 分层结构
ITU-T 为 ATM 传输与交换机制定义了图 6-2 所示的协议参考模型。

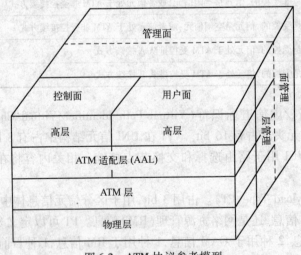

图 6-2　ATM 协议参考模型

在该参考模型中,水平方向包括 3 个面,即:控制面、用户面和管理面。控制面主要负责连接的建立和释放。用户面主要负责在 ATM 网络中传输端到端的用户信息。管理面分为层管理和面管理两方面功能,前者在纵向上分层,分别负责对相应的各层进行管理,也负责处理相应各层的 OAM 功能,后者不分层,负责对所有平面进行管理协调。

在纵向上,该参考模型包含 4 个层次,高层、AAL 层、ATM 层和物理层。其中,高层相当于 OSI 七层协议结构中的应用层,直接面向各种应用业务和信令高层处理。AAL 层是高层和 ATM 层之间的接口,主要用于进行各种高层应用信息和 ATM 层之间适配,实现在一个 ATM 网络上能够以一种统一的形式承载各种不同的业务。ATM 层主要负责路由选择、交换、多路复用、信元头产生/提取等功能。物理层相当于 OSI 七层协议结构中的物理层,主要负责提供与传输线路媒体有关的机械和电气接口、通过物理链路媒体正确传输信元等任务。下面,对 AAL 层、ATM 层和物理层加以详细介绍。

2. AAL 层

AAL 层(ATM 适配层)主要负责高层与 ATM 层之间的适配。由于 ATM 网络上承载的业务种类众多,所以为每一种业务都提供单一的适配机制显然是不实际的。有鉴于此,在 AAL 层将业务根据 3 种参数,即:源与目的地之间的是否需要定时关系、比特率是固定的还是可变的以及连接方式是否是面向连接的,划分为 4 类,如图 6-3 所示。

业务属性 ＼ 业务类型	A 类	B 类	C 类	D 类
源与目的地之间是否需要定时关系	需要		不需要	
比特率是否固定	固定	可变		
连接方式是否是面向连接的	面向连接			面向无连接

图 6-3 适配层业务类型

针对上述业务类型,AAL 层定义了四种适配层协议,AAL1、AAL2、AAL3/AAL4 和 AAL5。AAL1 协议支持 A 类业务;AAL2 协议支持 B 类业务;AAL3 协议和 AAL4 协议早期是分别定义的,后期二者融合为一种协议 AAL3/AAL4,用于支持 C/D 类业务;AAL5 协议的提出要晚于 AAL3/AAL4,但是比 AAL3/AAL4 更简单且更适合大数据分组的通信,为此目前使用相对更多,用于支持 C 类业务,此外,AAL5 协议也支持 ATM 网络信令。

在对上述各类业务利用上述协议进行适配的具体实施上,AAL 层通过两个子层来完成:汇聚子层(CS)和拆装子层(SAR)。CS 是与具体业务相关的,主要负责执行对高层具体业务的适配服务。对于一些业务类型和适配类型(如 AAL2、AAL3/AAL4 和 AAL5),CS 还可以进一步划分为:与具体业务有关的业务特定汇聚子层(SSCS)和与具体业务无关的公共部分汇聚子层(CPCS),对于一些不需要业务特定功能的应用,SSCS 可以不出现。AAL1 协议中 CS 子层不再进一步进行子层划分。SAR 负责在发送方向将 CS 送来的信息数据进行拆分等处理,以便形成一个个大小为 48 B 的数据单元,并将其分别作为不同信元中的信息本体内容送到信元的信息体字段,当然,这些信元要属于同一个虚连接;在接收方向负责将同一个虚连接中各信元的信息体内容提取出来,并组成一个完整的信息数据送给 CS 子层。图 6-4 给出了各子层的位置关系。

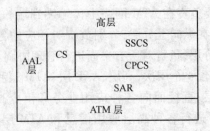

图 6-4　AAL 层中各子层的位置关系

需要说明的是,ATM 协议分层结构也类似于其他分层协议结构,对高层应用信息数据在发送方向逐层进行封装,在接收方向逐层进行解包装。在每层进行封装时,都有可能以上述信息数据作为净荷内容,在其前面或(和)后面额外添加用于本层控制的头部或(和)尾部信息。相应地,在每层进行解封装时,如果封装时额外添加了控制信息,那么在送给上层前需要去掉它们。对于这种处理,不同的 AAL 协议有不同的规定。图 6-5 给出了 AAL1 协议下的示例。

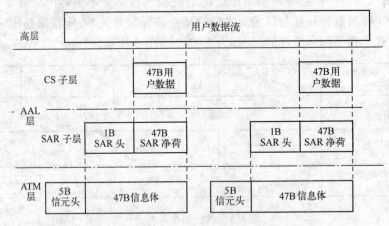

图 6-5　AAL1 协议下数据的封装

3. ATM 层

ATM 层独立于用于传输信元的物理媒体,是 ATM 适配层和物理层的接口。通过 ATM 层的操作,各种业务信息都会以统一的信元形式进行复用/解复用以及交换。具体来说,ATM 层主要具有 4 大功能,即一般流量控制、信元头的产生和提取、信元 VPI/VCI 翻译以及信元多路复用/解复用。

1) 流量控制。即通过信元头中的 GFC 字段控制用户终端流向网络方向的信息流量。该功能在前述部分已作过介绍,故在此不再赘述。

2) 信元头的产生和提取。AAL 层汇聚拆装的对象是属于信息本体,尚不是信元。信元的生成和提取由 ATM 层完成。在 ATM 网络发送终点,ATM 层为 AAL 层送来信息本体内容添加信元头部,形成信元。而在 ATM 网络接收终点,ATM 层会将信元去除信元头部,将信元信息体部分的内容送给 AAL 层。

3) 信元 VPI/VCI 翻译。ATM 网络中的转接节点在 ATM 层具有该功能,用于完成路由选择和交换。ATM 网络以面向连接的方式工作,但是由于其采用异步时分复用机制传输信息,因此其连接是虚连接。为了操作方便,ITU-T 为 ATM 网络定义了虚通道(VP)和虚信道(VC)两个概念,分别用虚通道标识符(VPI)和虚信道标识符(VCI)来表示。在一个物理通道中可以包含多个 VP,而每一个 VP 中又可以包含若干个 VC,如图 6-6 所示。在此基础上,ITU-T 定义了两个虚连接概念:虚通道连接(VPC)和虚信道连接(VCC)。一个 VCC 由若干条 VC 链路组成,其起止于执行 ATM 层与上层交换信元中信息体内容的节点——VC 端节点。一个 VPC 由若干条 VP 链路组成,其起止于 VCI 值发生变换的节点——VP 端节点。两者的关系如图 6-7 所示。与此相对应,ITU-T 定义了两种交换类型:VP 交换和 VC 交换。在 VC 交换方式下,交换节点对信元头中的 VPI 和 VCI 值都要进行翻译,在交换节点输出端,该二值都发生了改变。在 VP 交换方式下,交换节点只对信元头中的 VPI 进行翻译,在交换节点输出端,VPI 值发生改变,而 VCI 值不变。

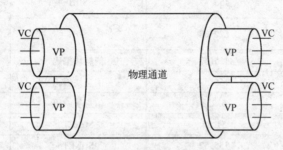

图 6-6   VP 与 VC 的关系

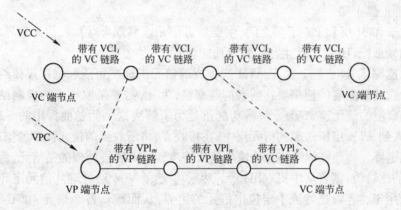

图 6-7   VCC 与 VPC

4)信元多路复用/解复用。在发送方向,该功能将各个 VP/VC 上的 ATM 信元异步时分复用到一个信元流中。在接收方向,其从一个信元流中根据不同的 VPI/VCI 值,将各信元送到不同的 VP/VC 上。

4. 物理层

物理层又可划分为物理媒体子层(PM)和传输汇聚子层(TC)。

(1)物理媒体子层

PM 直接面向物理媒体线路,其与具体的物理媒体有关,主要负责提供与传输线路媒体有关的机械和电气接口、面向比特定时的定时信息的插入和提取、线路编码和解码、光/电和电/光转换等功能。

PM 所面向的物理媒体线路接口理论上是多种多样的。表 6-3 给出了一些典型的物理层接口。实际上,经常使用的是具有 155.52 Mbit/s 和 622.08 Mbit/s 高速率的 SDH 和纯信元两类接口。

表 6-3   一些典型的 ATM 物理层接口

接 口	传输速率/(Mbit/s)	传 输 系 统	传输线路媒体
T1	1.544	PDH	同轴电缆
T3	44.736	PDH	同轴电缆
E-1	2.048	PDH	同轴电缆
E-3	34.368	PDH	同轴电缆
E-4	139.264	PDH	同轴电缆
SDH STM-1 SONET STS-3c	155.52	SDH	单模光纤
SDH STM-4c SONET STS-12c	622.08	SDH	单模光纤
光纤通道	155.52	信息块编码	多模光纤
信元	155.52	信息块编码	单模光纤
信元	622.8	信息块编码	单模光纤
信元	51.84	SONET	UTP-3
STS 3C	155.52	SONET	UTP-3

(2) 传输汇聚子层

TC 层位于 ATM 层和 PM 子层之间,主要负责信元速率耦合/解耦、信元定界、传输帧产生与提取、传输帧适配、HEC 的产生与校验等功能。

1) 信元速率耦合/解耦。由于 ATM 层生成的信元流速率可能和物理媒体线路传输系统的速率不一致,通常后者的速率要比前者的速率高,为此,需要采取相应的机制使二者的速率达到匹配。TC 层的信元速率耦合/解耦功能正是为了解决这一问题而提出的。在发送方,将空闲信元插入到 ATM 层所送来的信元流中,在接收方,将所收到的信元流中的空闲信元去除。

2) 信元定界。物理媒体线路上传输的是比特流,而 ATM 层处理的是信元。为此,对于物理层接收到的比特流,需要从中提取出信元,然后再交给 ATM 层处理。信元定界功能正是为了这一目的,用于在连续比特流中定位出信元的边界,从而确认各个信元。ITU-T 协议 I.432 中给出了基本的信元定界方法,其通过检查 HEC 字段是否正确以及定义搜索状态、预同步状态、同步状态三个状态及其间的状态转移来完成,具体处理过程如图 6-8 所示。初始时,系统处于搜索状态,对接收到的比特流逐比特检查 HEC。一旦检查到一个正确的 HEC,系统进入预同步状态。在预同步状态中,系统假设已经检查到了正确的信元边界,但是这只是初步假设,还需要进一步证实,为此,系统依据此假设所找到的信元边界确定出后续的信元头中的 HEC 并加以检验,若后续的连续 N 个 HEC 值检验都正确,表明已经实现了同步,则系统进入同步状态,反之,系统返回搜索状态。当系统进入同步状态后,系统仍然逐个检验各信元的 HEC 值,若发现有连续 M 个 HEC 值不正确,则系统退出同步状态,返回搜索状态重新进行搜索。

3) 传输帧产生与提取及适配。对于信元的传输问题,ATM 使用了两种方式,帧结构方式和纯信元流方式。在纯信元流方式下,在线路上传输的是连续的信元序列。在帧结构方式下,若干个信元被封装在帧中,并在线路上以帧结构形式进行传输。对于后者,就涉及到传输帧的产生、提取及适配问题。传输帧的产生和提取,是指在 TC 层由发送器产生传输帧,并由接收器从接收到的比特流中提取传输帧。传输帧的适配,是指将 ATM 层发来的信元填入到传输帧中,并对接收到的传输帧,从其中提取信元送给 ATM 层。

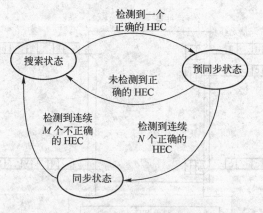

图 6-8   信元定界的基本方法

4) HEC 的产生与校验。在发送方向,ATM 信元头中的 HEC 字段值由 TC 层产生。在接收方向,该值由 TC 层提取并加以校验,以检验所收到的信元头部的完整性。对于信元头部检测出错误并无法纠错的信元,系统会将其丢弃,否则,系统会将其送给 ATM 层。HEC 字段不但可以检测并纠正单比特错误,而且也可以检测双比特差错及其组合比特差错。

6.3   ATM 交换原理

ATM 交换系统具有多条入线和多条出线,且每一个线路上采取统计时分复用方式通过信元传输多路通信信息,每路信息占用一个逻辑信道,逻辑信道利用 ATM 信元头中的 VPI/VCI 来标识。

ATM 交换原理就是利用交换系统中所有的路由翻译表,将任一入线上任一逻辑信道上的信元映射交换到任一出线上的任一逻辑信道中去,完成信元在入线和出线间的时间和空间交换。其中,空间交换是明显的,用于实现将任一入线上的信元交换到任一出线上去,也就是进行路由选择,而时间交换是通过信元头中的 VPI/VCI 值的翻译来完成。图 6-9 给出了 ATM 基本交换原理示意图。在该图中,以入线 I_M 上带有 VPI/VCI = c 的信元的交换为例,其通过查找路由翻译表,被交换到出线 O_1 上,且 VPI/VCI 值被翻译变换为 VPI/VCI = k。

图 6-9 表明了路由选择和信头 VPI/VCI 值翻译是 ATM 交换网络的两大基本功能。此外,从图中,还可以发现缓冲器器件。由于 ATM 采用异步时分复用方式,所以各逻辑信道上的信元同时竞争交换网络内部链路及输出线路资源的问题是不可避免的。为了减轻由于竞争现象可能导致的信元丢失问题,在交换网络适当位置设置缓冲器器件是很有必要的。缓冲器器件的设置位置可以在交换网络的输入端,交换网络内部交换节点的入端和出端,交换网络的输出端,也可以采用上述几种设置方式的结合使用方式。由于采用缓冲机制,那么还需要解决缓冲信元的调度问题,即对于一个缓冲器中的一个信元,如何有效调度它通过交换网络从目的输出

端送出。这一问题的有效解决方案需要从提高交换系统吞吐率、降低信元丢失率、保证业务的QoS等方面加以考虑。典型的缓冲信元调度方法有队首调度、开窗调度等方法,有关这方面的知识,读者可以参看 ATM 交换技术方面的相关参考文献。缓冲排队与调度是 ATM 交换网络所具有的另一大基本功能。

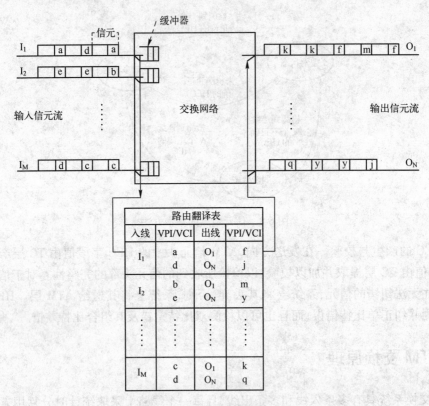

图 6-9   ATM 交换基本原理示意

另外,ATM 交换网络还具有组播(Multicast)、优先级控制等功能。优先级控制功能是保障发生竞争时,高优先级的信元首先被通过交换网络接续出去,而低优先级的信元需要在缓冲器中暂时缓存,当竞争现象解除后再通过交换网络接续出去。组播功能是指点到多点通信,交换网络利用此功能,可以将一个信元复制为所需的多个信元,并令其从不同的逻辑信道上发送给不同的目的端。

6.4　ATM 交换系统

6.4.1　ATM 交换系统的硬件组成

从硬件组成角度来看,ATM 交换系统硬件组成如图 6-10 所示,由 ATM 交换网络、接口及处理机控制部件组成。

1. ATM 交换网络

ATM 交换网络是交换系统入线和出线间信息传输的接续部分。其根据具体需求,可以支持点到点连接接续,也可以支持点到多点连接接续(即支持组播),并还可望支持多点到点以及多点到多点连接接续。这些连接接续理论上可以借助于第 2 章所述的点到点连接交换网络及其变形(例如:下面提到的多平面 Banyan 网是基本 Banyan 网的一种变形)或者多点连接交换网络来实现,但是,在实际已研发出的 ATM 交换系统中,仍然使用的是前一类交换网络,对于这种实际情况,为了实现非点到点的连接接续功能,图 6-11 中的路由翻译表中可以设置入/出线逻辑信道的非点到点翻译映射关系,并且在必要时需要进行信元复制。一些典型的 ATM 交换网络有共享存储器、共享总线等基于时分结构的交换网络和 Crossbar 网、Banyan 网、缓冲 Banyan 网等单通路的基于空分结构的交换网络以及排序-banyan 网、多链路 Banyan 网、多平面 Banyan 网、Benes 网、Clos 网等多通路的基于空分结构的交换网络。由于本书第 2 章已经对相关交换网络的知识作了较详细的介绍,故在此不再赘述。

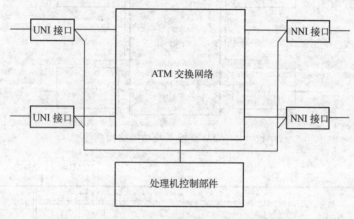

图 6-10　ATM 交换系统组成

2. 接口

ATM 交换系统的接口种类众多,用于适应各种不同的接口速率以及各种不同的传输线路媒体。从面向的对象来看,这些接口可以划分为两大类。一类是用户线和交换系统之间用户线的接口,称为 UNI;一类是面向相邻交换机之间中继线的接口,称为 NNI。ATM 交换系统的一些典型的接口如表 6-3 所述。

3. 处理机控制部件

其用于控制整个 ATM 交换系统的运行,包括呼叫接续控制、业务流管理等。ATM 交换系统的控制部件中一般也采取多处理机架构,各处理机之间既可以采用功能分担方式,也可以采用负荷分担方式。通常,在一个实际的 ATM 交换系统中,上述两种分工方式被结合使用。这一点与数字程控交换系统很类似。

6.4.2　ATM 交换系统的功能结构组成

ATM 交换系统的功能结构包括:输入模块(IM)、输出模块(OM)、信元交换结构(CSF)模块、接入允许控制(CAC)模块、系统管理(SM)模块等功能模块。其组成关系如图 6-11 所示。

1. IM 模块

IM 模块主要负责接收输入信号,抽取信元流,并在此基础上为信元流准备通过 CSF 的路由选择。对于前者,IM 模块需要处理光电信号转换、数字比特流恢复、信元描述、丢弃发送方插入的空闲信元等诸多功能;对于后者,IM 模块需要处理信元头部差错检查、VPI/VCI 值的有效性确定及翻译、交换系统输出端口确定、信令信元与接入允许路由选择的排序、管理信元和系统管理路由选择的排序、内部标识符的加入、一般流量控制、各 VPC/VCC 的 UPC/NPC 控制、话务量配置等诸多功能。这些功能可以通过图 6-12 所示的功能结构得以实现。

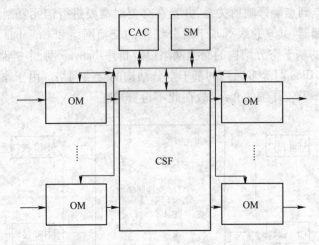

图 6-11   ATM 交换系统功能结构框图

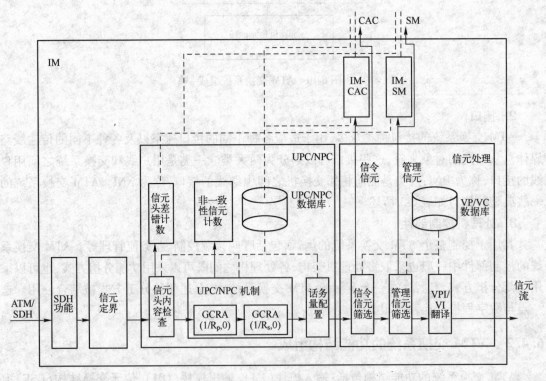

图 6-12   IM 模块功能结构

2. OM 模块

相对于 IM 模块而言,OM 模块功能要简单一些。OM 模块主要负责执行许多与 IM 模块相反的功能,为信元在物理链路上的输出作好准备。此外,为了减轻 CAC 及 SM 集中处理的负担,有时也可以将 CAC 和 SM 模块所涉及的一些功能置于该模块中,这可由系统设计者自行决定。总的来说,OM 模块所涉及的功能包括内部标识符的提取与处理、VPI/VCI 翻译、HEC 字段的产生及将其封装进信元头部、信令信元/管理信元/用户数据信元的混合、填充空闲信元、光电信号转换等功能。这些功能可以通过图 6-13 所示的功能结构得以实现。

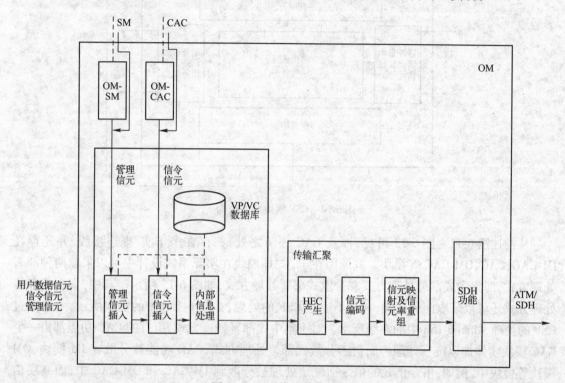

图 6-13　OM 模块的功能结构

3. CSF 模块

CSF 模块的功能是在交换系统各功能模块之间传递信元,并主要负责在 IM 和 OM 之间传递信元,即进行入线和出线间的信元交换接续。从硬件角度来看,其功能即是交换网络。有关交换网络的相关知识,在前述章节已经介绍过,故在此不再加以赘述。但从功能结构上看,由于 ATM 通信的独特特点,ATM 的交换网络功能要比一般交换网络功能复杂,除了一般交换网络所通常具有的路由选择功能外,还具有话务集中/多路复用、话务扩展/话务组合、用于多点接续的信元复制、故障容错冗余、信元缓冲与存取、包括信元延迟和丢失选择/信元调度处理/拥塞监测和指示等在内的缓冲器管理功能等。这些功能可以通过图 6-14 所示的功能结构得以实现。

4. CAC 模块

CAC 模块主要负责信令信元的信令 ATM 适配层的适配并在高层处理信令信息,且在此基础上实现对于一个新到来的呼叫,在不影响当前各接续性能的前提下,判决其是否允许被接入。总体来说,CAC 模块除了执行最主要的 VPC/VCC 接续请求的允许或拒绝功能外,还执行高层信令协议、信令信元的产生及翻译、信令网络接口、VPC/VCC 交换资源的分配、UPC/NPC 相关参数的产生等诸多相关辅助功能。有关 CAC 的控制机制将在本章后续部分加以介绍。

在此,仅介绍 CAC 功能模块的部署方式。

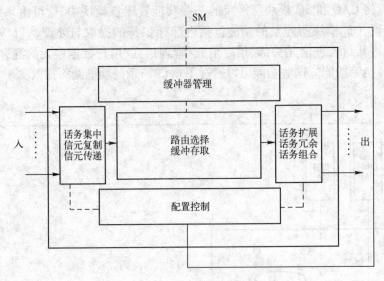

图 6-14 CSF 模块功能结构

从前述图 6-11 ~ 图 6-13 可见,涉及 CAC 环节之处,都存在多条实/虚连接线,并还存在 IM-CAC、CAC、OM-CAC 等模块。其原因在于,CAC 模块在实际系统设计中可以采取两种部署处理方式,即集中式部署处理方式和分散式部署处理方式,如图 6-15 所示。其中,集中式部署处理方式还可以采取两种形式,一是不通过 CSF 的处理,如图 6-15a 中的虚线所示,一是通过 CSF 的处理,如图 6-15a 中的实线所示。对于集中式部署处理方式,所有的 CAC 功能都由一个 CAC 模块实体加以统一处理。而对于分散式部署处理方式,CAC 功能被分散在 IM 模块、OM 模块等模块中,例如:信令信元的信令适配层处理被分散到 IM-CAC 和 OM-CAC 中,而高层信令信息的处理及接入允许的判决由 CAC 功能模块完成。一个 ATM 交换系统中采取哪种 CAC 功能模块部署处理方式,可由系统设计者自行决定。但总的来说,分散式部署处理方式更受青睐,因为其可以在一定程度上减轻集中处理方式所可能引起的性能瓶颈。补充说明的是,在前述图 6-11 ~ 图 6-13 中,虽然同时画出了两种部署处理方式,但其仅是示意说明,正如上面所述,在设计实际系统时,通常指采用一种部署处理方式即可,该说明对于后续所述的 SM 模块也同样适用。

5. SM 模块

SM 模块所负责的功能重点是针对 ATM 交换系统的管理,此外,也支持相关的通信网操作和管理,以保障交换系统操作的有效性和正确性。总体来说,SM 模块具有物理层操作和管理、ATM 层操作和管理、交换网络管理、交换数据库安全控制、交换资源的利用测量、通信管理、管理信息库管理、用户网管理、操作系统接口、网络管理支持等诸多功能。这些管理功能基本上都可以归类到 OSI 参考模型的管理功能所定义的 6 大管理功能类:结构管理、性能管理、故障管理、安全管理、业务管理和计费管理。SM 模块的功能结构如图 6-16 所示。

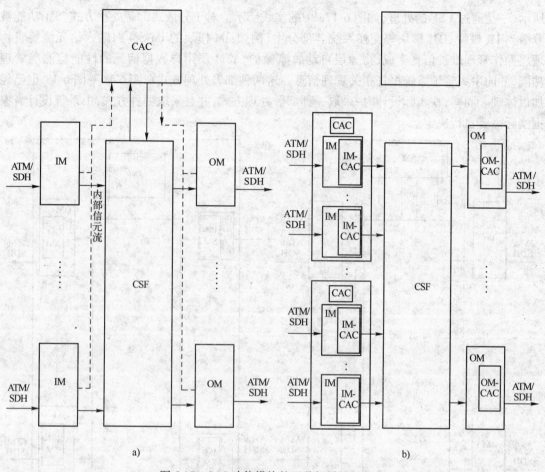

图 6-15 CAC 功能模块的两种部署处理方式

a) 集中式部署处理方式) b) 分散式部署处理方式

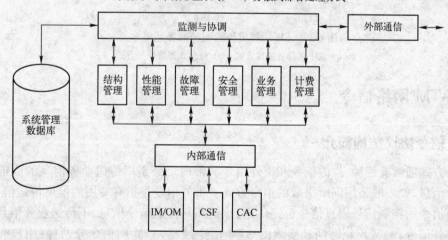

图 6-16 SM 模块一般功能结构示意

　　在实际设计时,类似于 CAC 模块,SM 模块也可以采取集中式部署处理和分散式部署处理两种方式,如图 6-16 所示。对于集中式部署处理方式,所有的 SM 功能都由一个 SM 模块实体加以统一处理,其还可以进一步采取两种形式,一是不通过 CSF 的处理,如图 6-17a 中的虚线所示,一是通过 CSF 的处理,如图 6-17a 中的实线所示。对于分散式部署处理方式,SM 功能被分散到 IM 模块、OM 模块等交换系统各部分中,例如:IM 模块的 IM-SM 对输入信元流负责物理层操作管理维护信息生成、物理层自动故障保护、ATM 层用户数据信元的性能检测等管理功能,并向中央管理系统报告相关管理信息。这两种部署处理方式在图 6-11 ~ 图 6-13 也已经加以体现。同样,在实际设计时,采取一种部署处理方式,并且采取哪种方式,由系统设计者根据实际需要自行决定。

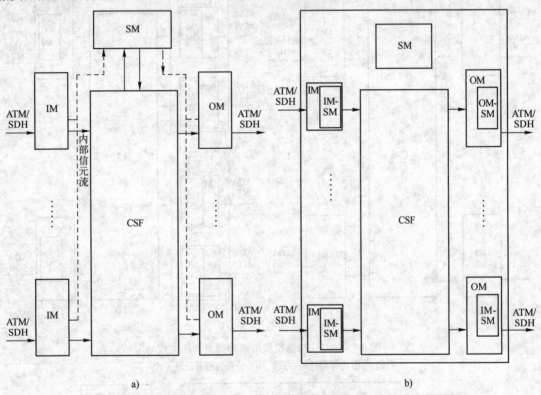

图 6-17　SM 功能模块的两种部署处理方式
a) 集中式部署处理方式　b) 分散式部署处理方式

6.5　ATM 网络信令

6.5.1　信令协议结构简介

　　信令方式通常有两种:带内信令和带外信令。带内信令是指传送业务信息的信道同时也传送信令信息,如一般公用网所采取的信令方式。带外信令是指有专用的信道传送信令信息,公共信道信令的控制信号通过信令链路传送,该链路只传送信令信息,不传送业务信息。ATM 信令是带外信令,ATM 网络呼叫和接续由 ATM 信令控制,ATM 网信令分两种:用户和网络间接入信令、交换机间局间信令。其协议结构分别如图 6-18、图 6-19、图 6-20 所示。
　　在用户-网络接口(UNI)处为接入信令,图中 SAAL(Signaling ATM Adaptation Layer)为信令 ATM 适配层,位于 ATM 层之上,支持 ATM 层以上的可变长度信令信息交换,将 Q.2931 高层信令信息适配到 ATM 信令单元,适配信令传送的功能由该层完成。Q.2931 前身是 Q.93B,

是一种确立、维护和清除 BISDN 网络连接的 ITU-T 信令规范,其为国家电联定义的标准高层信令协议。

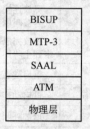

Q.2931
SAAL
ATM
物理层

图 6-18　用户-网络接口间接入信令

BISUP
MTP-3
SAAL
ATM
物理层

图 6-19　局间信令

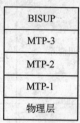

BISUP
MTP-3
MTP-2
MTP-1
物理层

图 6-20　7 号信令转接局间信令

在网络节点接口(NNI)处为局间信令,图中 BISUP(Broadband ISDN User Part)含义为 ITU-T 标准宽带综合业务数字网用户部分,是高层的局间信令协议,来源于七号信令的 ISDN 用户部分 ISUP。MTP-3(Message Transfer Part)是七号信令网的信息转移部分第三层. 对 BISUP 的支持有两种方式,图 6-19 是通过 ATM 层,经过 SAAL 和 MTP-3 支持 BISUP,图 6-20 是通过七号信令网支持 BISUP。

BISUP 信息元素组成如下:

1) 路由选择标识:4 B 或 7 B,用于表示发送起始点和结束点,指示路由信息。

2) 信息类型码:1 B,用于指示信息的功能和格式。

3) 信息长度:1 B 或 2 B,用于表示信息字节长度。

4) 信息兼容信息:1 B,用于区别协议版本信息。

5) 信息内容:用于表示可变长度的信息特定参数。

ATM PVC(Permanent Virtual Connection, 永久虚连接)中不是由信令而是由管理试题控制呼叫接续,PVC 通过预定或预分配的方式建立起连接,用户可以通过该信道随时传送信息。ATM SVC(Switched Virtual Connection,交换虚连接)中需要信令,SVC 通过动态分配方式建立起连接,ATM 信令的传送过程就是 SVC 的建立、管理与释放过程,ATM 信令是封装在信元中传送的。

6.5.2　接入信令

ATM 接入信令就是用户-网络接口信令,它是在 ATM 网络中用户终端和通信网界面进行的动态建立、维护和中止的协议,可用于建立点到点 VC、点到多点 VC。

接入信令规定了信令信息的类型、格式与编码,以及 ATM 接续的控制过程。

(1) 信令信息类型

信令信息类型	信息定义	信息含义
呼叫建立	Setup	建立呼叫,发生在主叫用户到网络、网络到被叫用户
	Alerting	提示,发生在被叫用户到网络,网络到主叫用户
	Call Proceeding	呼叫进行中,发生在被叫用户到网络,网络到主叫用户
	Connect	建立连接,发生在被叫用户到网络,网络到主叫用户
	Connect Acknowledge	连接证实,发生在网络到被叫用户,主叫用户到网络

信令信息类型	信息定义	信息含义
呼叫清除	Release	释放连接,虚连接中止,发生在主叫用户到网络、网络到被叫用户或者被叫用户到网络,网络到主叫用户
	Release Complete	释放完成,虚通道用户和网络已释放,发生在被叫用户到网络,网络到主叫用户或者主叫用户到网络、网络到被叫用户
	Restart	重启动连接,释放虚信道用户和网络相关所有网络资源
	Restart Acknowledge	重启动连接证实
点到多点	Add Party	增加呼叫方,发生在主叫用户到网络、网络到多点被叫用户
	Add Party Acknowledge	增加呼叫方证实,发生在多点被叫用户到网络、网络到主叫用户
	Add Party Reject	增加呼叫方拒绝,发生在多点被叫用户到网络、网络到主叫用户
	Drop Party	撤销呼叫方,发生在主叫用户到网络、网络到多点被叫用户
	Drop Party Acknowledge	撤销呼叫方证实,发生在多点被叫用户到网络、网络到主叫用户
其它	Status Enquiry	请求 status,发生在用户和网络间
	Status	响应 Status Enquiry,或指示发送差错状态,发生在用户和网络间

(2) 信息格式

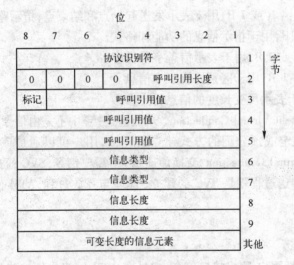

图 6-21　信令信息格式

对信令格式说明如下:

1) 协议识别符:1 B,用于识别用户-网络信令信息,Q. 2931 的协议识别语的编码为 00001001。

2) 呼叫引用:4 B,第 2~5 个字节为呼叫引用,用于识别本地用户-网络接口的呼叫。其中第 2 个字节的 1~4 比特为呼叫引用长度,5~8 比特固定为 0000,第 3~5 字节为呼叫引用值。

3) 信息类型:2 B,第 6~7 字节,用于表示信息的类型,其识别发送信息的功能。

4) 信息长度:2 B,用于表示信息中信息内容的字节数。

5) 可变长度的信息元素:表示可变长度的特定信息元素,可包含一个或多个信息元素。需要说明的是,前 4 个字段是每个信令信息都包含的固定部分,而最后一个字段可根据其功能,含有不等数量、可变长度的信息元素。

（3）点到点处理呼叫处理

点到点 ATM 接续的信令信息交换和处理过程图如图 6-22 所示,主叫用户和被叫用户与网络节点相连到 ATM 网络。

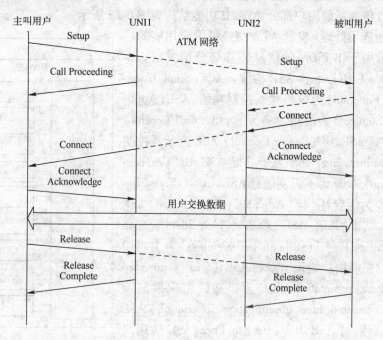

图 6-22　点到点呼叫接续

信令信息处理过程详细说明如下:

1）主叫用户在动态分配的信令虚信道中,通过用户网络接口 UNI1 向 ATM 网络发出 Setup 信令信息,希望与被叫用户建立接续,表明主叫用户的呼叫进入呼叫启动状态。Setup 信息中包含了呼叫引用值,含有 ATM 业务流描述、宽带承载能力、用于连接的被叫用户信息等。

2）ATM 网络识别被叫用户地址和请求接续特征,选择虚通路识别符和虚信道识别符,识别用户接口的接续 UNI2,UNI2 收到 UNI1 通过 ATM 网络转发的 Setup 信息,发送给被叫用户。UNI1 向主叫用户发回 Call Proceeding 信息,表明已收到 Setup 信息、正在处理呼叫。

3）被叫用户通过 UNI2 发回 Call Proceeding 信息,表明已收到 Setup 信息,正在处理。

4）被叫用户接受该 Setup 请求,即其接受该呼叫,通过 UNI2 向 ATM 网络发送 Connect 信息,UNI2 向被叫用户返回 Connect Acknowledge 信息。UNI1 收到 Connect 信息后发送给主叫用户。Connect 信息包含 ATM 适配层参数、接续识别符等,Connect Acknowledge 则不包含任何信息元素。

5）主叫用户收到 Connect 信息后,回送 Connect Acknowledge 信息,至此呼叫已经建立。

6）呼叫建立后,用户可以通过双方用户网络接口双向传送数据。

7）如图中所示,主叫用户首先希望中止连接,则主叫用户通过 UNI1 发送 Release 信息。

8）UNI1 回送 Release Complete 信息给主叫用户,表明已收到 Release 信息。此时,主叫用户与 UNI1 之间的呼叫接续中止。UNI1 通过 ATM 网络向 UNI2 发送 Release 信息。

9）UNI2 向被叫用户发送 Release 信息,被叫用户回送 Release Complete 信息,被叫用户与

UNI2 之间的呼叫接续中止。

6.5.3　局间信令

ATM 网络局间信令主要是指 B-ISUP,即宽带综合业务数字网用户部分,B-ISUP 信令功能的集合,是七号信令系统用户部分协议,其功能结构如图 6-23 所示。

图中"交换应用处理"表示 ATM 交换机中应用层的功能,MTP-3 表示用于 B-ISDN 的信息转移部分第三层。B-ISUP 由一个 SACF 和若干各 ASE 构成,SACF(Single Association Control Function)为单路联系控制功能,ASE(Application Service Element)为应用业务元素,CC(Call Control)ASE 为呼叫控制 ASE,BC(Bearer Control)ASE 为承载控制 ASE,SUB(Subaddressing)ASE 为子寻址 ASE,UI(Unrecognized Information)ASE 为不识别信息 ASE,CUG(Closed User Group)ASE 为闭合用户群 ASE,MC(Maintenance)ASE 为维护 ASE,CLIP/CLIR ASE(Calling Line Identification Presentation/Calling Line Identification Restriction)为主叫用户线识别显示/主叫用户线识别限制 ASE,COLP(Connected Line Identification Presentation)ASE 为接通线路识别显示 ASE,COLR(Connected Line Identification Restriction)ASE 为接通线路识别限制 ASE,U-U(User to User)ASE 为用户到用户 ASE。

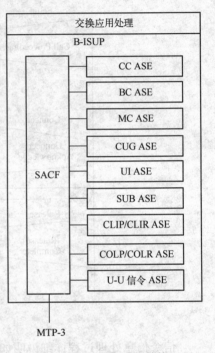

图 6-23　B-ISUP 功能结构

(1) B-ISUP 信令信息

B-ISUP 信息格式如图 6-24 所示。

B-ISUP 的业务指示语为 1001。信息格式中,路由选择标记包含源点、终点编码和信令链路选择域,为保持同一呼叫信令信息是有序的,同一呼叫虚连接的信息的路由标记是一样的。信息类型,1 个字节,定义了 B-ISUP 信息的功能和格式,用来区分不同的信息。信息长度用来指示 B-ISUP 兼容性信息和信息内容的字节数。信息兼容性信息用来兼容不同版本的信令协议。信息内容由许多参数组成,参数格式如图 6-25 所示,每个参数内容包含特定子域,如被叫用户号码、被叫用户子地址、AAL 参数等。

图 6-24　B-ISUP 信息格式　　　　图 6-25　B-ISUP 参数格式

(2) 呼叫建立过程

1) 呼叫建立过程。图 6-26 中 SID(Signaling Identifier)为信令识别符,A 局分配 SID A,B

局分配 SIDB,在起始地址 IAM 信息中,A 局将 OSID(源 SID)告诉 B 局,B 局回送 IAA 信息,IAA 信息包括 OSID B 和 DSID,DSID 是 B 局将收到的 SID A 作为其目的 SID,A 局和 B 局的 SID 通过 IAA 成为 SID 关联,可方便用于后续呼叫的查询,在后续的信息中,只需要包括对方的 SID 即可。

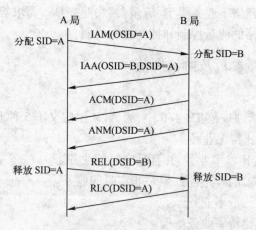

图 6-26　呼叫成功建立过程

2)端到端呼叫建立过程。图 6-27 为端到端呼叫建立过程,可参照点到点呼叫接续图,就不作详细说明了。

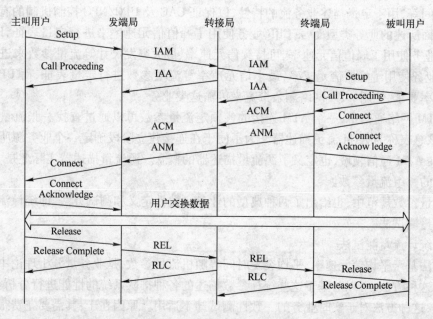

图 6-27　端到端呼叫建立过程

6.6　流量控制与拥塞控制

流量控制和拥塞控制是保证 ATM 网络高效通信的重要功能。由于 ATM 网络可以支持种类众多的业务,难以预测业务流量,而信息传输速率又非常高,因此,网络拥塞可能会严重影响对业务的服务质量,甚至可能会导致网络瘫痪。有鉴于此,在 ATM 网络中实施有效的流量控制和拥塞控制机制是非常必要的,是确保 ATM 网络高效可靠运作的重要机制之一。流量控制和拥塞控制机制与业务类型(其特性用流量参数来定量表征)以及业务 QoS 需求有着密切关系。本节首先介绍 ATM 网络下业务类型、流量参数、业务 QoS 需求等方面的相关知识,然后在此基础上再介绍 ATM 网络的流量控制和拥塞控制机制。

6.6.1 业务类别、流量参数及协议规范

1. 业务类别

ATM 论坛在业务流管理规范 TM 4.0 中,为 ATM 层定义了 5 种业务类别:

1) CBR 业务是恒定比特率业务。

2) Rt-VBR 业务是变比特率业务,并且是实时的业务。

3) Nrt-VBR 业务是变比特率业务,但是非实时的业务。

4) ABR 业务是可用比特率业务。

5) UBR 业务是未定比特率业务。

2. 流量参数

ATM 论坛及 ITU-T 给出了流量参数规范。该规范提出了标准化的流量参数,如:峰值信元速率、平均信元速率、可持续信元速率、最小信元速率、平均突发时间、最大突发尺寸、连接平均保持时间等,用于定量描述业务流的特性,以保证 CAC 及 UPC/NPC 控制机制的有效执行。

就上面所述的业务类型而言,CBR 业务使用了峰值信元速率来进行定量表征,Rt-VBR 和 Nrt-VBR 业务使用了峰值信元速率、可持续信元速率、最大突发尺寸等流量参数来进行定量表征,ABR 业务使用了峰值信元速率、最小信元速率等流量参数进行定量表征,而 UBR 业务不用规定速率要求,使用 ATM 网络剩余带宽来传输这类业务。

在 ATM 网络通信中,一个 ATM 连接的各预定流量参数可以通过查找一张流量参数总表来得到,该总表称为 ATM 流量描述器。为了便于在连接建立阶段确定一个业务源所要求的流量特性,在 ATM 通信领域,也定义了源流量描述器的概念。源流量描述器实际上是 ATM 流量描述器中的一组流量参数。

在流量参数规范中,也给出了两种典型的业务一致性定义和测试方法,即统计流量测试法和计算流量测试法。

(1) 统计流量测试法

该方法基于平均信元速率、平均突发时间等随机流量参数,是业务量分析理论中的传统方法。利用这种方法,可以对基于这些统计参数描述的各种排队系统的性能进行分析。

但是,这种方法对于实时业务的一致性测试却不适用。原因在于:其需要花费很长的测试时间才能较有把握地估计出一个连接的目前业务量是否超过了预先约定好的平均信元速率,而长时间测试却会在很大程度上降低检测到不一致后的响应速度,从而很可能会导致流量滥用。如果测试时间较短,估计出的实际参数值很可能会存在较大偏差,从而很可能会使一个具有一致性的连接被误判为是不一致的。

(2) 计算流量测试法

计算流量测试法是一种能够对一致性和不一致性做出更有效区分的方法。针对这种方

法,CCITT I. 371 中定义了两个通用信元速率算法(GCRA),虚调度算法(VS)和连续状态漏桶算法(LB)。这两个算法是等价的,对于任何信元实际到达的时间序列$\{t_{cell}\}$,它们都能决定同样的信元是否是一致的。在实际应用中,LB算法得到了更多使用,甚至采用双漏桶算法。

为了说明这两个算法,首先给出一些相关符号说明:TAT——理论到达时间,t_{tell}——信元达到时间,I——增量值,M——网络所规定的极限值,LCT——最后一致时间,Y——漏桶计数器值,Z——辅助变量。VS算法的思想是:当一个信元达到时,VS计算TAT。如果信元t_{tell}的不滞后于TAT-M,则认为该信元过早到达,是非一致的,反之,则认为信元是一致的。LB算法的思想是:利用一个有限容量的漏桶,令该漏桶以一个单位容量/单位时间的连续速率向外漏出,令当每个一致性信元到达时漏桶容量增加I,并令漏桶的最大容量为$M+I$。若漏桶里的信元数目不大于M,那么认为该达到的信元是一致的,反之,是不一致的。VS和LB算法的流程如图6-28所示。

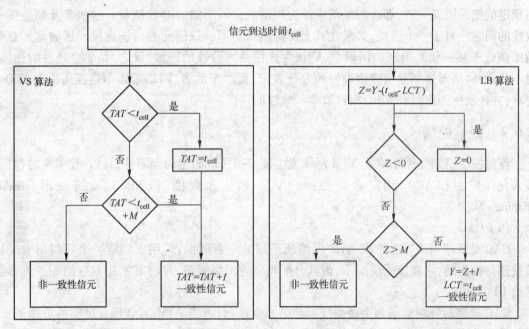

图 6-28　VS 与 LB 算法流程图

3. 流量协议说明

ATM 论坛及 ITU-T 也给出了流量参数规范。在该规范中,指明连接建立期间所需要协商的流量协议包括:连接流量描述器、QoS 要求以及一致性连接定义。

(1) 连接流量描述器

连接流量描述器是在呼叫请求连接建立阶段,由用户通过信令等方式进行传送的。对于一个 ATM 连接请求,连接流量描述器使用源流量描述器以及其应用于 UNI/NNI 的容限加以定义,包括峰值信元速率(必选参数)、维持信元速率及突发容限(任选参数)等参数。

(2) QoS 要求

为了满足业务通信质量, ATM 论坛定义了 6 种 QoS 参数:

1) 信元丢失率(CLR)是丢失的信元数与发送的总信元数的比值。

2) 信元传输时延(CTD)是信元传输的最大时延容限。

3）信元时延变化（CDV）是由于ATM交换系统的一些操作（例如：多个ATM连接在ATM层的复用、插入物理层开销或者OAM信元，等）所引入的信元时延变化的最大容限，用于在一定程度上保证ATM连接的原有流量特性。

4）信元差错率（CER）是发生差错的信元数与发送的总信元数的比值。

5）信元误插率（CMR）是一定时间内发生误插的信元数与发送的总信元数的比值。

6）严重差错信元块比率（SECBR）。严重差错是指针信元块（即，对某一特定连接的前后连续传送的若干个信元）中出现差错、丢失、误插的信元数超过了一定门限值。SECBR是指发生严重差错的信元块数与发送的总信元块数的比值。

（3）一致性连接定义

为了确保网络的有效性能，ATM网络中所采取的CAC和UPC/NPC机制应当同时考虑连接流量描述器和业务QoS要求等两方面因素。当CAC判决接受一个新的连接请求时，只要其与预定的流量协议一致，那么网络就应该为该请求提供所需的QoS质量。这就涉及到连接一致性的问题。对于一个连接，如果在其上所检测到的不一致信元数与该连接发送的信元总数的比例低于某一预先给定的门限值，则认为连接是一致性的连接，反之，是非一致性的连接。对于前者，网络要遵循并支持协商好的QoS要求，而对于后者，网络可以不遵循所协商的QoS要求，并在发生拥塞时，网络有权释放非一致性的连接。

6.6.2 流量控制

流量控制机制是用于防止ATM网络发生拥塞所采取的主动预防性措施。代表性的包括：接入允许控制（CAC）、用法参数控制（UPC）/网络参数控制（NPC）、业务成形（Traffic Shaping）等。

（1）CAC

CAC是呼叫请求建立阶段ATM网络所采取的一系列操作，用于确定一个呼叫请求是被接受还是被拒绝，并在接受情况下，为其分配相应的网络资源，且将有关协商好的业务流参数送给UPC。

CAC机制对呼叫请求判决接受或拒绝的原则是：只有当ATM网络具有足够的可用资源，在能够支持该新呼叫连接的业务类型、业务特性以及所需的QoS要求的同时，还能够保障网络中已经建立的连接的通信质量不受影响时，才接受该新呼叫请求；反之，拒绝该呼叫请求。针对这一原则，在实现上，CAC机制需要在用户和网络之间对含在流量协议中的业务流描述参数、所需要的QoS参数等信息进行协商，然后通过合适的算法和策略加以判决是否接受新呼叫连接请求。需要说明的是，上述所协商的信息在整个通信期间可能会根据用户的需求，重新进行协商，而究竟能协商多少次可由网络本身给出门限值。

如果CAC机制接受了一个新的连接请求，则网络系统将通过合适的算法和策略为该请求分配相应的网络资源，例如，可保障新呼叫连接性能的有效链路传输带宽[⊖]等，并同时将上述

⊖ 有效带宽，是指一个介于峰值速率带宽和均值速率带宽之间的一个恰当的带宽值，其既可以避免采用峰值速率带宽传输信息所导致的带宽浪费现象，也可以保证业务的传输质量。有效带宽的计算可以通过排队论等理论加以估计，感兴趣的读者可参考相关的文献资料。

协商好的相关参数送给 UPC,作为 UPC 机制运行的参数依据,使 UPC 对已接受的连接在通信期间进一步进行网络资源滥用监视。

（2）UPC/NPC

UPC/NPC 机制分别位于用户-网络接口和网络节点接口处,负责执行一系列操作,主要用于在通信过程中,对各个 VPC 和 VCC 上的业务流进行信元流量大小、信元选路有效性等方面的监视和控制,以保障每个 VPC 或者 VCC 上的业务流与连接建立阶段所协商好的流量协议之间的一致性,避免某个 VPC 或 VCC 连接违约滥用网络资源。

UPC/NPC 机制中通常采用 LB 算法,甚至是采用双漏桶算法,来对一致性进行检测,其中,一个漏桶用于控制峰值信元速率 R_p,另一个用于控制可维持信元速率 R_s。

根据监视结果,UPC/NPC 机制可以通过采取下述几种措施,对一 VPC 或 VCC 上的业务流及其中的信元进行控制:

1）如果信元符合合约,则对其进行放行。

2）如果信元违反合约,对其进行标签修改,将信元的 CLP = 0 改为 CLP = 1,或者直接将该信元丢弃。

3）对于违反合约的业务流,还可以使用下面所述的业务成形措施,对其进行适当的调整。

（3）业务成形（Traffic Shaping）

业务成形是一种用于降低业务突发性、峰值信元速率及 CDV,以平滑发送出去的信元流并减轻信元丢失程度的方法。其可以基于流量描述器及网络预先约定的相关参数值,并通过在时间轴上适当的位置重新放置信元来实现。通过业务成形,根据信元峰值信元速率或者适当的业务形式,一个 ATM 连接上的所有信元会被重新隔开。但是需要说明的是,业务成形机制并不破坏一个 ATM 连接上的原有信元顺序。

业务成形机制是 ATM 网络通信中的一种可选功能,并可用在网络上的不同位置。在 ATM 网络源端点处若使用业务成形机制,其能够将送到 VCC 或者 VPC 上的信元流转换成具有一定特性要求的新信元流。在 ATM 交换系统中若使用业务成形机制,其会将 VCC 或者 VPC 上的信元流转换成所需要的业务特性形式。

6.6.3 拥塞控制

拥塞控制机制是网络发生拥塞时,为了减小拥塞程度甚至解除拥塞,所采取的被动应对性措施。代表性的包括:优先级选择性信元丢弃、前向显示拥塞指示、明显前向拥塞指示、ABR流量控制等。

（1）优先级选择性信元丢弃

优先级选择性信元丢弃机制利用了 ATM 信元头中的 CLP 字段。如前所述,该字段占1 bit,当 CLP = 0 时,表示该信元具有高优先级,而当 CLP = 1 时,表示该信元具有低优先级。信元中 CLP 优先级别的设置,来自于两个方面:一是由用户需求确定,二是由上述 UPC/NPC 对带有 CLP = 0 的违约信元通过将其 CLP 值改为 1 来获得。当发生拥塞时,系统为了尽可能确保对高优先级信元的网络性能,会将一些 CLP = 1 的低优先级信元丢弃。

（2）前向显示拥塞指示（EFCI）

该种机制利用了信元头中的 PT 拥塞指示位。当发生拥塞时,发生拥塞的交换系统可以对信元头中的 PT 进行拥塞指示置位,然后将信元向前传送,直至使接收端获悉拥塞情况,并采取一定的措施以降低发送端的信元发送速率。

（3）明显前向拥塞指示

该种机制利用了 OAM 信元。当发生拥塞时,发生拥塞的交换系统向接收端发送明显前向拥塞指示 OAM 信元,接收终端收到该信元后,将会借助高层功能通知发送终端,让其降低信元发送速率,以便缓解消除拥塞。

（4）ABR 流量控制

ABR 适合用于丢失率低且不可预测带宽的业务。对于这类业务,可以利用 RM 信元实现拥塞控制,其原因在于:针对这类业务,为了检测网络状况,发送终点可以周期性地发送 RM 信元。这些 RM 信元是通过插入在该连接的信元流中进行传输的,即二类信元具有相同的 VPI/VCI 值,它们的区分需要使用信元头中的 PT 字段。ATM 论坛在业务流管理规范 TM 4.0 中,为 ABR 业务定义了两种流量控制机制:二进制式和显示速率式。对于前者,其同时使用了EFCI 机制和 RM 信元,即,当交换系统发生拥塞时,置位用户信元头中的 PT 的拥塞指示位并向接收终点方向传送该信元,接收终点收到该信元信息后,会对接收到的前向 RM 信元中的拥塞指示位加以置位并将其返回给发送终点,发送终点收到后,会根据所接收到的指示降低发送速率。对于后者,交换系统会根据当前的资源使用情况以及拥塞发生情况和程度来计算可被允许的发送速率值,并通过 RM 信元将该速率通知给发送终点,以便使发送终点依据此值调整发送速率。

6.7　小结

本章介绍了 ATM 交换所涉及的一些基本概念、ATM 交换原理以及 ATM 交换系统等。

基于宽带通信的目标,国际电联提出了宽带综合业务数字网（B-ISDN）的概念,尽管 B-IS-DN 不能适应随后的市场发展,但其核心 ATM 技术由于其技术优势仍然是宽带通信领域种的一种重要技术手段。

传送模式与通信网的特性密切相关,传送模式可以用来描述通信网中传输、复用与交换三个部分,通信网络采用什么样的传送模式即意味着网络传输、复用与交换采用什么样的技术。ATM 结合了基本电路交换和分组交换两者的优点,采用对定长信息单元进行异步时分复用的方式可靠传输各种类型业务信息,采用时隙按需分配、统计复用的高速分组交换方式。ATM基本信息单元称为信元（Cell）,信元大小选择为固定长度 53 B,传输、复用和交换都是以信元为统一的信息单位。

ATM 信元结构对于用户-网络接口 UNI 和网络-网络接口 NNI 格式有部分不同,一般包括GFC（NNI 中不包括该域）、VPI、VCI、PT、CLPHEC。

ATM 分层结构中分水平方向、垂直方向（纵向）。水平方向包括控制面、用户面和管理面三个平面。垂直方向包含高层、AAL 层、ATM 层及物理层四个层次。

ATM 交换原理就是利用交换系统中所有的路由翻译表,将任一入线上任一逻辑信道上的信元映射交换到任一出线上的任一逻辑信道中去,完成信元在入线和出线间的时间和空间交换。

ATM 交换系统硬件组成由 ATM 交换网络、接口及处理机控制部件组成。ATM 功能结构组成为:输入模块、输出模块、信元交换结构模块、接入允许控制模块、系统管理模块等。

ATM 信令分为用户-网络接口接入信令和网络间局间信令两种。

ATM 网络可以支持种类众多的业务,为保证高效通信,需要实施有效的流量控制和拥塞控制。

6.8 习题

1. 为什么说 ATM 交换技术融合了电路交换和分组交换两者的特点?

2. 画出 ATM 信元的组成结构,并说明 UNI 和 NNI 信元结构有何异同。

3. 简要描述 ATM 信令的结构。

4. ATM 层的作用是什么?

5. ATM 交换网络包含有哪几种主要基本功能? 并说明之。

6. 简要说明 AAL 层的业务类型。

7. 简述 ATM 分层协议参考模型及 ATM 交换原理。

8. 简述 VPC 和 VCC 的含义,并说明 VP 交换和 VC 交换的区别。

9. 对于 ATM 交换,为何在信元传输阶段仍然会发生阻塞现象? 针对这种阻塞现象,如何加以缓解或消除?

10. 请参考相关文献,说明队首调度和开窗调度的含义及二者的优点及不足,并分别给出一种相应的调度解决方案。

11. 简述 ATM 交换系统的输入模块(IM)和输出模块(OM)的功能结构组成,并说明二者各自的主要作用。

12. 简述 CAC、UPC/NPC 的作用,并说明二者之间的联系。

13. ATM 交换中,虚通道与虚信道之间的关系如何?

14. 试比较 ATM 信令中的接入信令与居间信令。

15. 什么是流量控制和拥塞控制? 其各自的代表性控制措施有哪些?

第7章　第三层交换

因特网是当前应用最为广泛的网络之一,其以 TCP/IP 协议栈作为网络的协议支撑。从该协议栈角度来看,近年来出现了多层交换概念及相应技术,如二层交换、三层交换、四层交换、七层交换等,其中,三层交换的应用最多。本章中,将首先简单介绍一下 TCP/IP 的基本原理和传统路由器工作原理,并在此基础上重点介绍第三层交换技术。此外,本章最后也将对第二层、四层、七层等其他层次的交换涵义加以简单说明。

7.1　互连网络概述

7.1.1　互连网络的产生和发展

采用 TCP/IP 协议栈的因特网(Internet)是一个建立在网络互连基础上的最大的、开放的全球性网络。其拥有数千万台计算机和上亿个用户,是全球信息资源的超大型集合体。所有采用 TCP/IP 的计算机都可以加入因特网,实现信息共享和互相通信。与传统的书籍、报刊、广播、电视等传播媒体相比,因特网使用更方便,查阅更快捷,内容更丰富。今天,因特网已在世界范围内得到了广泛的普及与应用,并正在迅速地改变着人们的工作方式和生活方式。

因特网起源于 20 世纪 60 年代中期由美国国防部高级研究计划局(ARPA)资助的 ARPA-NET,此后提出的 TCP/IP 为因特网的发展奠定了基础。1986 年美国国家科学基金会(NSF)的 NSFNET 加入了因特网主干网,由此推动了因特网的发展。但是,因特网的真正飞跃发展应该归功于 20 世纪 90 年代的商业化应用。此后,世界各地无数的企业和个人纷纷加入,终于发展演变成今天成熟的因特网。

我国正式接入因特网是在 1994 年 4 月,当时为了发展国际科研合作的需要,中国科学院高能物理研究所和北京化工大学开通了到美国的因特网专线,并有千余科技界人士使用了因特网。此后,科学院网络中心的中国科学技术网(CSTNET)、教育部的中国教育科研网(CER-NET)和邮电部的中国公用信息网(CHINANET)也都分别开通了到美国的因特网专线,并与原电子工业部的中国金桥信息网(CHINAGBN)并称为四大骨干网。其中,邮电部建设的 CHI-NANET 能提供全部的因特网服务,并面向全社会提供因特网的接入服务。由此,因特网的应用终于在我国蓬勃发展起来。

7.1.2　TCP/IP 的基本原理

TCP/IP 协议栈不仅被所有广域计算机网络的鼻祖 ARPANET 所使用,也被 ARPANET 的继承者——全球范围内的 Internet 所使用。ARPANET 是由 DoD(美国国防部)资助的一个研究性网络。它通过租用的电话线,将几百所大学和政府部门的计算机设备连接起来,后来卫星和无线网络也加入进来,原来的协议在彼此互连的时候遇到了问题,所以需要一种新的参考体系结构。因此,能够以无缝的方式将多个网络连接起来,这是从一开始就面临的设计目标之一。由于不同应用的需求差别很大(从文件传输到实时的语音传输),所以迫切需要一种灵活的网络体系结构,即 TCP/IP 网络,该网络所采用的 TCP/IP 协议栈是基于层次概念加以构造的,如图 7-1 所示。

（1）网络层

上述需求导致最终选择了分组交换网络,它以无连接的互联网络层为基础。这一层称为互联网络层(Internet Layer),它是将整个网络体系结构贯穿在一起的关键层。该层的任务是,允许主机将分组发送到任何网络上,并且让这些分组独立地到达目标端(目标端有可能位于不同的网络上)。这些分组到达的顺序可能与它们被发送时候的顺序不同。在这种情况下,如果有必要保证顺序递交的话,则重新排列这些分组的任务由高层来负责。网络层定义了正式的分组格式和协议,该协议称为 IP(Internet Protocol)。网络层的任务是将 IP 分组投递到它们该去的地方。IP 的两大基本功能就是分段和路由。

（2）传输层

在 TCP/IP 模型中,位于网络层之上的那一层现在通常称为传输层(Transport Layer)。其设计目标是,允许源和目标主机上的对等体之间可以进行对话,就如同 OSI 的传输层中的情形一样。在该层目前已经定义了两个端到端的传输协议。第一个是 TCP(Transport Control Protocol,传输控制协议)。它是一个可靠的、面向连接的协议,允许从一台机器发出的字节流正确无误地递交到互联网上的另一台机器上。它先把输入的字节流分割成单独的小报文,并把这些报文传递给互联网层。在目标方,负责接收数据的 TCP 进程把收到的报文重新装配到输出流中。TCP 还负责处理流控制,以便保证一个快速的发送方不会因为发送太多的报文,超出了一个慢速接收方的处理能力,而把它淹没掉。第二个协议是 UDP(User Datagram Protocol,用户数据报协议),它是一个不可靠的、无连接协议,主要用于那些"不想要 TCP 的序列化或者流控制功能,而希望自己提供这些功能"的应用程序。UDP 广泛应用于"只需一次的客户 – 服务器类型的请求 – 应答查询",以及那些"快速递交比较精确递交更加重要的应用",比如传输语音或者视频。使用 UDP 的实时应用程序通常要求最小的发送速率,不想过分地延迟报文段的传送,且能容忍一些数据丢失。

（3）应用层:TCP/IP 模型并没有会话层和表示层。由于当时感觉到并不需要它们,所以没有将它们包括进来。来自 OSI 模型的经验已经证明这种观点是正确的:对于大多数应用来说,这两层并没有用处。在传输层之上的应用层(Application Layer),包含了所有的高层协议。最早的高层协议包括了虚拟终端协议(TELNET),文件传输协议(FTP)和电子邮件协议(SMTP)等。

（4）网络接口层:在 TCP/IP 参考模型中并没有规定这里应该有哪些内容。它只是指出,主机必须通过某个协议连接到网络上,以便将分组发送到网络上。协议模型没有定义这样的协议,而且不同的主机、不同的网络使用的协议也不尽相同。

TCP/IP 也没有规定物理层的具体内容。

在 TCP/IP 分层的参考模型中有两大重要边界:一个是协议地址边界,将高级地址和低级地址分开;一个是操作系统边界,将系统和应用程序分开。

在 TCP/IP 的协议层次模型中,存在一个概念上的边界,将低级(物理)地址和高级(IP)地址分开。该边界出现在网间网层与网络接口层之间。网间网层及其以上各层软件均用 IP 地址,网络接口层则使用物理地址。划分地址边界的思想与协议分层的思想是一致的,既屏蔽物理细节,使得各种物理帧的差异性对上层协议不复存在,使整个网络软件在地址问题上显得简单而清晰,易于实现异种网络的互联。

对于不同的 TCP/IP 实现,操作系统边界位置可能不同,最广泛使用的如图 7-1 所示。影响操作系统边界划分的最重要因素是效率问题,在操作系统边界内部底层软件之间的数据传递效率明显要高很多。而且,TCP/IP 在传输层提供了进程的通信能力。在进程通信的意义上,网络通信的最终地址就不仅仅是主机地址了,还包括可以描述进程的某种标识符,即协议端口。端口相当于 OSI 的传输层服务访问点,是一种抽象的软件结构(包括一些数据结构和 I/O 缓冲区)。应用程序(即进程)通过系统调用与某些端口建立联编后,传输层传给该端口的数据就可以被相应的进程所接收。

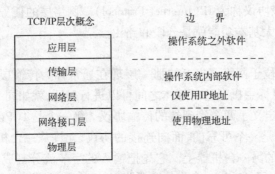

图 7-1 TCP/IP 的层次概念

7.1.3 传统路由器的工作原理

传统路由器是因特网上典型的信息转接设备,其工作在 OSI 模型中的第三层,即网络层,在该层实现数据包的转发。路由器利用网络层定义的"逻辑"上的网络地址(即 IP 地址)来区别不同的网络,实现网络的互连和隔离,保持各个网络的独立性。

IP 路由器只转发 IP 分组,把其余的部分挡在网内(包括广播),从而保持各个网络具有相对的独立性,这样可以组成具有许多网络(子网)互连的大型的网络。由于是在网络层的互连,路由器可方便地连接不同类型的网络,只要网络层运行的是 IP,通过路由器就可互连起来。

网络设备用它们的网络地址(TCP/IP 网络中为 IP 地址)互相通信。IP 地址是与硬件地址无关的"逻辑"地址。路由器只根据 IP 地址来转发数据。IP 地址的结构有两部分:一部分定义网络号;另一部分定义网络内的主机号。目前,在因特网络中采用子网掩码来确定 IP 地址中网络地址和主机地址。子网掩码与 IP 地址都是 32 bit,并且两者是一一对应的,子网掩码中数字为"1"所对应的 IP 地址中的部分为网络号,为"0"所对应的则为主机号。网络号和主机号合起来,才构成一个完整的 IP 地址。同一个网络中的主机 IP 地址,其网络号必须是相同的,这个网络称为 IP 子网。

路由器有多个端口,用于连接多个 IP 子网。每个端口的 IP 地址的网络号要求与所连接的 IP 子网的网络号相同。不同的端口为不同的网络号,对应不同的 IP 子网,这样才能使各子网中的主机通过自己子网的 IP 地址把要求出去的 IP 分组送到路由器上。

目前的 TCP/IP 网络全部是通过路由器互连起来的,而因特网就是成千上万个 IP 子网通过路由器互连起来的国际性网络。在连接 IP 网络的路由器中,路由动作包括两项基本内容:寻径和转发。寻径即判定到达目的地的最佳路径,由路由选择算法来实现。由于涉及到不同的路由选择协议和路由选择算法,所以其要相对复杂一些。为了判定最佳路径,路由选择算法必须启动并维护包含路由信息的路由表,其中路由信息需要依赖于所用的路由选择算法,从而不尽相同。路由选择算法将收集到的不同信息填入路由表中,根据路由表可将目的网络与下一站(Nexthop)的关系告诉路由器。路由器间互通信息进行路由更新,更新维护路由表使之正确反映网络的拓扑变化,并由路由器根据量度来决定最佳路径。这就是路由选择协议(Routing Protocol),例如路由信息协议(RIP)、开放式最短路径优先协议(OSPF)和边界网关协议(BGP)等。

分组转发即是沿已选择好的最佳路径传送信息分组。路由器首先在寻径表中查找,判明是否知道如何将分组发送到下一个站点(路由器或主机),如果路由器不知道如何发送分组,通常将该分组丢弃;否则就根据路由表的相应表项将分组发送到下一个站点,如果目的网络直接与路由器相连,路由器就把分组直接送到相应的端口上。

IP 寻径实际上是在不同的路由器之间做出选择,选择数据报传输过程中的下一个网关。IP 寻径采用表驱动方式,在互联网的各主机和路由器上包含一个路由表,指明去往某目的机应该采用哪条路径。寻径根据路由表的表项进行。一条路由表的表项由两部分构成,如图 7-2 所示。

目的地址	去往目的机的路径

图 7-2 路由表表项的组成

其中,"去往目的机的路径"是一个需要特别加以讨论的概念。

首先,什么是一条路径? 互联网可以被抽象成一组网关/路由器经点到点连线互连而成的存储转发系统。因此,一条完整的 IP 数据报传输路径是由一连串的网关/路由器构成的。其次,由于路径由一串路由器所组成,那么寻径表中是否就每一个特定路径都要给出一串路由器? 回答是否定的。事实上,寻径表中"去往目的机的路径"仅指路径中的下一路由器,该路由器与本寻径表所在的主机或网关在同一物理网络上。

路由器无疑需要寻径表,主机为什么也需要路由呢? 主机把数据报交给一个最近的路由器,完全由路由器去寻径不是很好吗? 这是因为同一物理网络上可能连接多个路由器,这些路由器叫作相邻网关。为了实现最短路径原则,去往不同目的可能采用不同的相邻网关作为路径上的初始网关。主机路由表的目的就是为了在不同初始网关中做出选择。

从一个 IP 地址中,很容易提取相应的网络号,于是路由表中的目的地址就很简单地用目的网络的网络号来表示。总的寻径算法如图 7-3 所示。

```
从数据报中取出目的机IP地址I_D
计算目的网络IP地址I_N
if I_N匹配配直连网络的网络地址
then 向目的机直接发送数据报
else if I_D是特定主机寻径
    then 按路由表发送数据报
else if I_N出现在路由表中
    then 按路由表发送数据报
else if 路由表中指定了默认路径
    then 将数据报发往默认网关
else 宣布寻径出错
```

图 7-3 寻径算法

基于上述介绍,下面我们具体看一下分组传输的基本过程:当 IP 子网中的一台主机发送 IP 分组给同一 IP 子网的另一台主机时,它将直接把 IP 分组送到网络上,对方就能收到。而要送给不同 IP 子网上的主机时,它要选择一个能到达目的子网上的路由器,把 IP 分组送给该路由器,由路由器负责把 IP 分组送到目的地。如果没有找到这样的路由器,主机就把 IP 分组送给一个称为"缺省网关"(Default Gateway）的路由器上。"缺省网关"是每台主机上的一个配置参数，它是接在同一个网络上的某个路由器端口的 IP 地址。中间路由器根据寻径算法转发 IP 分组时，只根据 IP 分组目的 IP 地址的网络号部分，选择合适的端口，把 IP 分组送出去。同主机一样，路由器也要判定端口所接的是否是目的子网，如果是，就直接把分组通过端口送到网络上，否则，也要选择下一个路由器来传送分组。路由器也有它的缺省网关，用来传送不知道往哪儿送的 IP 分组。这样，通过路由器把知道如何传送的 IP 分组正确转发出去，不知道的 IP 分组送给"缺省网关"路由器，如此一级级地传送下去，IP 分组最终将送到目的地，送不到目的地的 IP 分组则被网络丢弃了。

从上述的寻径算法可以看出，路由表是一个有序表。如果路由表的表项比较大，则查表是一个非常耗时的操作，大大增加了分组在网络上的传输延时。

7.2　第三层交换技术

随着当今网络业务流量呈几何级数爆炸式增长，更多的业务流跨越子网边界，并且穿越路由器的业务流也大大增加，传统路由器低速、复杂所造成的网络瓶颈日益凸现出来。第三层交换技术的出现，很好地解决了上述业务流跨网段引起的低转发速率、高延时等网络瓶颈问题，作为新一代局域网路由和交换技术，其产品在体系结构、所实现的功能和性能上都有别于二层以太网交换机和传统路由器。第三层交换设备的应用领域也从最初的骨干层、汇聚层一直渗透到边缘的接入层。

7.2.1　定义

第三层交换技术也称为 IP 交换技术。它将第二层交换机和第三层路由器两者的优势结合成为一个有机的整体，是一种利用第三层协议中的信息来加强第二层交换功能的机制，是新一代局域网的路由和交换技术。第三层交换设备包含数据报文转发和路由处理两大子功能模块。数据报文转发功能是路由器和第三层交换机最基本的功能，其工作包括检查 IP 报文头、IP 数据包的分片和重组、修改存活时间（TTL）参数、重新计算 IP 头校验和、MAC 地址解析、IP 包的数据链路封装以及 IP 包的差错与控制处理（ICMP）等，用来在子网间传送数据报文。路由处理功能包括创建和维护路由表，完成这一功能需要启用路由协议，如 RIP 或 OSPF，来发现和建立网络拓扑结构视图，形成路由表。路由处理一旦完成，将数据报文发送至目的地就是报文转发子功能的任务了。第三层交换也包括一系列特别服务功能，如数据包的格式转换、信息流优先级别划分、用户身份验证及报文过滤等安全服务、IP 地址管理、局域网协议和广域网协议之间的转换等。当第三层交换设备仅用于局域网中子网间或 VLAN 间转发业务流时，可以不执行路由处理，只作第三层业务流转发，这种情况下设备可以不需要路由功能。

由于传统路由器是一种软件驱动型设备，所有的数据包交换、路由和特殊服务功能，包括处理多种底层技术以及多种第三层协议，几乎都由软件来实现，并可通过软件升级增强设备功能，因而具有良好的扩展性和灵活性。但它也具有配置复杂、价格高、相对较低的吞吐量和相对较高的吞吐量变化等缺点。第三层交换技术在很大程度上弥补了传统路由器这些缺点。在设计第三层交换产品时通常使用下面一些方法：

1）削减处理的协议数，常常只对 IP。

2）只完成交换和路由功能，限制特殊服务。

3）使用专用集成电路（ASIC）构造更多功能，而不是采用 RSIC 处理器之上的软件运行这些功能。

第三层交换产品采用结构化、模块化的设计方法，体系结构具有很好的层次感。软件模块和硬件模块分工明确、配合协调。信息可为整个设备集中保存、完全分布或高速缓存。例如，IP 报文的第三层目的地址在帧中的位置是确定的，地址位就可被硬件提取，并由硬件完成路由计算或地址查找；另一方面，路由表构造和维护则可继续由 RSIC 芯片中的软件完成。总之，第三层交换技术及产品的实现归功于现代芯片技术特别是 ASIC 技术的迅速发展。

第三层交换机根据其处理数据的不同，可以分为纯硬件和纯软件两大类。

（1）纯硬件的第三层交换技术

这种技术相对来说技术复杂，成本高，但是速度快，性能好，带负载能力强，其原理如图 7-4 所示。采用 ASIC 芯片，通过硬件的方式进行路由表的查找和刷新。当数据由端口接口芯片接收进来以后，首先在二层交换芯片中查找相应的目的 MAC 地址，如果查到，就进行二层转发，否则将数据送至三层引擎。在三层引擎中，ASIC 芯片查找相应的路由表信息，与数据的目的 IP 地址相比对，然后发送 ARP 数据包到目的主机，得到该主机的 MAC 地址，将 MAC 地址发到二层芯片，由二层芯片转发该数据包。

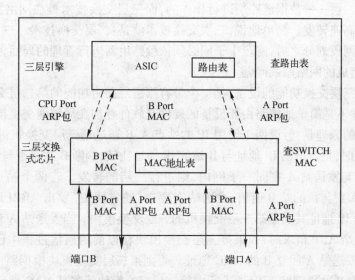

图 7-4　纯硬件第三层交换机原理

（2）基于软件的第三层交换机技术

这种技术较简单，但速度较慢，不适合作为主干网交换技术。其原理如图 7-5 所示。采用 CPU，通过软件的方式查找路由表。当数据由端口接口芯片接收进来以后，首先在二层交换芯片中查找相应的目的 MAC 地址，如果查到，就进行二层转发，否则将数据送至 CPU。CPU 查找相应的路由表信息，与数据的目的 IP 地址相比对，然后发送 ARP 数据包到目的主机得到该主机的 MAC 地址，将 MAC 地址发到二层芯片，由二层芯片转发该数据包。因为低价 CPU 处理速度较慢，因此这种三层交换机处理速度较慢。

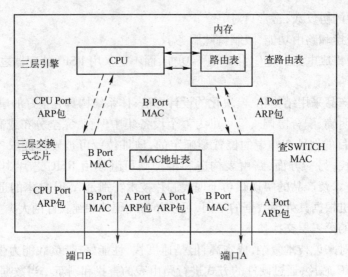

图 7-5　软件第三层交换机原理

7.2.2　工作原理

第三层交换是相对于传统交换概念而提出的。众所周知,传统的交换技术是在 OSI 网络标准模型中的第二层——数据链路层进行操作的,而三层交换技术是在网络模型中的第三层实现了数据包的高速转发。简单地说,三层交换技术就是:二层交换技术 + 三层转发技术。它解决了局域网中网段划分之后,网段中子网必须依赖路由器进行管理的局面,解决了传统路由器低速、复杂所造成的网络瓶颈问题。

一个具有第三层交换功能的设备,是一个带有第三层路由功能的第二层交换机,但它是二者的有机结合,并不是简单地把路由器设备的硬件及软件叠加在局域网交换机上。

第三层交换的原理是:假设两个使用 IP 的站点 A、B 通过第三层交换机进行通信,发送站点 A 在开始发送时,把自己的 IP 地址与 B 站的 IP 地址比较,判断 B 站是否与自己在同一子网内。若目的站 B 与发送站 A 在同一子网内,则进行二层的转发。若两个站点不在同一子网内,如果发送站 A 要与目的站 B 通信,发送站 A 要向“缺省网关”发出 ARP(地址解析)封包,而“缺省网关”的 IP 地址其实是第三层交换机的三层交换模块。当发送站 A 对“缺省网关”的 IP 地址广播出一个 ARP 请求时,如果第三层交换模块在以前的通信过程中已经知道 B 站的 MAC 地址,则向发送站 A 回复 B 的 MAC 地址。否则第三层交换模块根据路由信息向 B 站广播一个 ARP 请求,B 站得到此 ARP 请求后向第三层交换模块回复其 MAC 地址,第三层交换模块保存此地址并回复给发送站 A,同时将 B 站的 MAC 地址发送到二层交换引擎的 MAC 地址表中。从这以后,当 A 向 B 发送的数据包时,便全部交给二层交换处理,从而信息得以高速交换。由于仅仅在路由过程中才需要三层处理,绝大部分数据都通过二层交换转发,因此第三层交换机的速度很快,接近二层交换机的速度,同时比相同路由器的价格低很多。

目前主要存在两类第三层交换技术:第一类是报文到报文交换,每一个报文都要经历第三层处理(即至少是路由处理),并且数据流转发是基于第三层地址的;第二类是流交换,它不在第三层处理所有报文,而只分析流中的第一个报文,完成路由处理,并基于第三层地址转发该报文,同一流中的后续报文使用一种或多种捷径技术进行处理,此类技术的设计目的是方便线速路由。理解第三层交换技术的关键首先需要区分这两类报文的不同转发方式。

（1）报文到报文交换技术原理及实现方法

报文到报文交换遵循这样一个数据流过程：报文进入系统 OSI 参考模型的第一层，即物理接口，然后在第二层接受目的 MAC 检查，若在第二层能交换则进行二层交换，否则进入到第三层，即网络层。在第三层，报文要经过路径确定、地址解析及某些特殊服务。处理完毕后报文已更新，确定合适的输出端口后，报文通过第一层传送到物理介质上。传统路由器是一种典型的符合第三层报文到报文交换技术的设备，其完全基于软件的工作机制所产生的固有缺陷已被现代基于硬件的第三层交换设备所克服。

目前各个厂商所提供的第三层交换设备在体系结构上几乎具有相同的硬件结构。中央硅交换阵列通过 CPU 接口总线连接 CPU 模块，通过 I/O 接口总线连接 I/O 接口模块，是设备各端口流量汇聚和交换的集中点，由它提供设备各进出端口的并行交换路径，所有跨 I/O 接口模块的数据流都要通过硅交换阵列进行转发。每个 I/O 接口模块包含一个或多个转发引擎，其上的 ASIC 完成所有的报文操作，包括路由查找、报文分类、第三层转发和业务流决策，这一将报文转发分布于每一个 I/O 端口的 ASIC 的方法是第三层交换设备能够线速路由的关键部分。CPU 模块主要完成设备的背景操作，如运行与路由处理相关的各种路由协议、创建和维护路由表、系统配置等，并把路由表信息导入每一个 I/O 接口模块分布式转发引擎的 ASIC 中。这样，各接口模块的分布式转发引擎 ASIC 直接根据路由表做出报文的转发策略，无需像传统路由器那样，所有报文必须经过 CPU 的处理。

（2）流交换技术原理及实现方法

在流交换中，第一个报文被分析，以确定其是否标识一个"流"或者一组具有相同源地址或目的地址的报文。流交换节省了检查每一个报文要花费的处理时间。同一流中的后续报文被交换到基于第二层的目的地址。流交换需要两个技巧，第一个技巧是要识别第一个报文的哪一个特征标识一个流，这个特征标识可以使同一流中的后续其余报文走捷径，即第二层路径。第二个技巧是，一旦建立穿过网络的路径，就让流足够长时间利用捷径的优点。如何检测流、识别属于特定流的报文以及建立通过网络的流通路，随实现机制的变化而不同。

目前出现了多种流交换技术，如 3Com 公司的快速 IP 交换技术、由 Cisco 提交给 IETF 的多协议标记交换（MPLS）、ATM 论坛的多协议（MPOA）以及 Ipsilon 公司的 IP 交换技术等。

7.2.3　特点

第三层交换机为网络设计提供了许多灵活性及优越性，例如，其可用于汇聚建筑物内网段的业务流，将局部业务流局限于子网内，而同时以线速度转发跨子网的业务流；可用于前端共享资源（如服务器群），提供高速交换连接，同时保护这些服务器免受消耗其处理时间的外部广播业务流的影响；也可减轻传统路由器的 IP 网络业务流处理负担。

对于报文到报文第三层交换机，在网络设计中可以随意放置路由。但是，对于多协议路由，则并非完全如此。如果网络需要多协议路由，则第三层交换机不能取代现有路由器。在这种情况下，就要将它们放置在新的位置。报文到报文的第三层交换机与现有路由器一起工作，并通过减轻路由器的 IP 处理量和提供真正的快速处理来改善整个网络性能。这也让路由器具有更多容量用于改善其他协议路由的性能。事实上，报文到报文三层交换性能是由与传统路由器相同的特征所确定的：芯片速度、结构带宽、表大小和缓冲能力。因此，其性能也用同样的方式度量和表现,即吞吐量、延迟和延迟变化。报文到报文的第三层交换机不需要新的学习或职业技能,它可用和路由器同样的方式进行配置、部署和管理。

对于流交换,则难以预测性能改善。如果需要将新软件安装在每一个端系统,则一个大组织也许会逐步进行,花很长时间实现整个网络的性能改善。不论新的第三层交换机安装在何处,网络性能仍然取决于业务流的特征细节。例如,需要多少业务流来组成流才能足以获取捷径通路的好处。另外,还不清楚通路的建立时间,并且也没有取得多少信息用于测试数据。

根据哈佛设备测试实验室(HDTL)和 Strategic 网络公司的斯柯特分析,因特网上平均流长度只有 8 个报文。如果 L A N 的属性也是如此,则流交换机对传统路由的改善就不大。在动态网络环境下,成功地标识、建立、管理和撤销大量的流需要哪些措施,或者需要多大地址的高速缓冲区保存当时很可能活动的流数信息,仍然是一个未解决的问题。

总体而言,第三层交换具有以下突出特点:

1)有机的硬件结合使得数据交换加速。

2)优化的路由软件使得路由过程效率提高。

3)除了必要的路由决定过程外,大部分数据转发过程由第二层交换处理。

4)多个子网互连时,只是与第三层交换模块的逻辑连接,不像传统的外接路由器那样需增加端口,从而保护了用户的投资。

7.3 Ipsilon 三层交换技术

1996 年 Ipsilon 引入了新一类称为 IP 交换机的互连设备并创造了 IP 交换这一词,同时开拓了以 ATM 技术来提高 IP 选路性能的创新方法。Ipsilon 定义的 IP 交换技术是一种利用了由 ATM 交换机所构成的转发机制,动态转发独立的数据流的技术。本质上,IP 交换机是连接到 ATM 交换机上的路由器。Ipsilon 开发并颁布了两个 RFC 协议,即 IFMP 和 GSMP。RFC1953 所定义的 Ipsilon 流管理协议(Ipsilon Flow Management Protocol,IFMP)使得两个相邻的 IP 交换机能够对同一个数据流的信元进行分类并重新标记 VPI/VCI 值,而 RFC1987 所定义的通用交换机管理协议(General Switch Management Protocol,GSMP)使得 IP 交换机的路由器实体能够控制 ATM 交换机内部的资源和连接表。在统一运行标准 IP 选路协议的相邻 IP 交换机网络上,IFMP 和 GSMP 提供了一种附加的功能,对数据流进行分类以判断是否可以交换而不是选路,进而对可交换的数据利用由 ATM 信元交换机所构成的第二层交换式通路进行转发。

7.3.1 体系结构及工作原理

Ipsilon IP 交换模型的体系结构是基于若干假设,包括选路与交换的价格和性能的比较、因特网业务流的特点、所期望的 IP 转发设备的行为以及它们所维护的网络状态等。

首先,因特网和 IP 业务量的容量的数量级在不断增长,为了适应这一增长,需要更多的带宽与容量。其次,传统路由器以及共享式总线结构和基于软件的选路机制相配合速度太慢,无法满足 IP 业务量的增长。尽管引入基于硬件的千兆位路由器有所帮助,但由于其价格昂贵和在核心网络中的局限性,可能无法彻底解决问题。而且,传统路由器能够用于保障 QoS 的高性能转发机制的能力不足。另一方面,ATM 交换机可以用硬件所允许的最小代价,设计成以千兆位速率转发信元。作为转发机制,ATM 交换机与能提供同等功能的路由器相比具有更低的价格和更高的性能。

其次,通常所有的 IP 业务量可以用一系列的数据流来描述。数据流是从某个源端主机/应用到某个目的端主机/应用的分组的序列,可以用 IP 分组的五元组(源 IP 地址、目的 IP 地址、源端口地址、目的端口地址、协议)描述。这些数据流当中,有些是长持续期的,也就是说通信的双方在一定的时间间隔内交换了多个分组。另一些数据流是短持续期的,通信的主机交换了一两个分组以后就转而进行其他操作。对于长持续期的数据流,在给定的持续时间、分组数量,也许还包括带宽和时延的约束条件下,如果网络能够提供快速通道,自然将在性能和传输能力上得到改善。在同样的约束条件下,短持续期的数据流将用已有的逐级跳的缺省路径转发,因为对短持续期的数据流提供快速通道不会改善性能。实际上,为一两个分组建立快速通道将比利用缺省路径转发开销更大。表 7-1 列举了一些典型的长持续期和短持续期的 IP 数据流。

表 7-1　典型的 IP 数据流

长 持 续 期	短 持 续 期
文件传送	DNS
NFS	NTP
HTTP 1.1 持续连接	电子邮件
远程登录	ICMP
多媒体下载	SNMP

最基本并且是最重要的假设是 IP 交换应该保持 IP 网络无连接和无状态的工作方式。标准的路由器不保留通过它的每个业务流的状态,并且不依赖于上游和下游邻机的工作方式。路由器根据本地的信息,对应向何处转发分组做出独立的判断,这种方式同样适用于 IP 交换。每个 IP 交换机根据本地的信息,对于哪些数据流应该被交换做出判断。每个 IP 交换机各自在本地管理关于每个数据流的连接状态,而不是用传统 ATM 中的端到端的工作方式。IP 转发设备中保存着每个数据流的状态,虽然这与 IP 无状态、无连接的原理不一致,但这是一种"软状态",即这些状态如果不更新将超时。每个 IP 交换机中对于数据流的软状态进行本地的管理,这使得 IP 交换在动态性和健壮性方面与纯 IP 选路非常接近,同时能够在带宽和性能方面利用面向连接的信元交换的优点。实际上,IP 交换机可以看作是改造为路由器的 ATM 交换机。

Ipsilon IP 交换模型的基本体系结构可以用图 7-6 所示的两个相邻的 IP 交换机的功能进行最好的说明。可以看到数据流 1 的信元按照逐级跳的方式在两个 IP 交换机,即交换机 1 和 2 中进行选路。在 IP 交换机之间为该数据流建立的缺省通道是 VPI/VCI = 0/15,在这个通道上进行逐级跳的转发。在每一跳中进行第三层的处理,涉及标准的路由表查询、TTL 值的递减和分组头校验和的计算,这与在标准路由器中所进行的第三层的处理没有任何差异。每个 IP 交换机的路由器机构中都包含了数据流分类器,以判断后续的分组是否应该用快速的 ATM 交换机而不是低速的路由器机构进行转发。每个 IP 交换机完全是根据本地配置的规则进行该判断。当决定把数据流中剩余分组进行交换时,IP 交换机将向上游邻机发送消息,指示邻机为该数据流的信元重新标记新的 VPI/VCI 值。可以假定,数据流 1 经过的沿途的每个 IP 交换机都做出了类似的判断,并且指示上游的邻机重新标记该数据流的信元。一旦数据流在 IP 交换机的输入和输出端口重新标记了非默认的 VPI/VCI 值,IP 交换机的路由器机构能够很容易地把输入和输出的 VC"拼接"在一起,在设备内构成直通路径。从另一个角度来说,每个 IP 交换机进行本地的数据流分类和重新标记的过程,结果是建立了输入到输出的直通路径,旁路了中间的路由器。

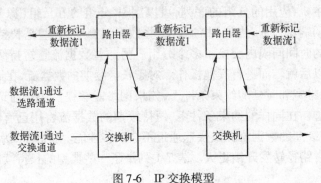

图 7-6　IP 交换模型

7.3.2　组成成分

Ipsilon 的 IP 交换解决方案包含以下基本功能和协议组件:

1) 数据流。数据流是分组的序列,这些分组从某个源端到达某个目的端(单播或者组播),并与一定的路径以及该路径上每个转发设备给分组所提供的服务(缺省或者非缺省)相关。数据流中的分组通常具有相同的源端地址、相同的目的端地址,也可能有相同的 TCP/UDP 端口号。

2) 数据流的类型。Ipsilon 的 IP 交换是在主机之间或者应用之间处理数据流。类型 1 的数据流定义为两个进程或者应用之间靠 IP 分组中的字段来区别的分组,这些必要字段包括源和目的端的 IP 地址以及各自的源和目的端的端口号。类型 2 的数据流定义为在两个主机间以源和目的端的 IP 地址字段来区分的分组。值得注意的是,一对主机能够支持一个类型 2 和多个类型 1 的数据流。

3) 数据流标识符。一组 IP 和传输层的字段,这些字段能够区别某个数据流的类型。图 7-7 所示为用于类型 1 和类型 2 的数据流的标识符。

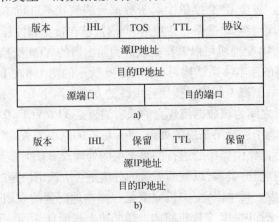

图 7-7　数据流标识符
a) 类型 1　b) 类型 2

4）数据流分类器。驻留在每一个 IP 交换机的选路实体中的组件,用以判断对某个数据流进行选路还是交换。网络性能优化的目标要求网络有统一的规则,但数据流分类是按照每个 IP 交换机自己的规则进行的。数据流分类器检查每个分组头中的特定字段,然后查询自己的规则库。例如,数据流分类器提取某一对源/目的端的 IP 地址,根据自己的规则库判断该流分组是否应该被交换。依据一定时间间隔内到达的分组的数目,数据流分类器触发重定向过程。

5）IP 交换机。IP 交换机是由连接到 ATM 交换机上的 IP 交换控制器构成。IP 交换控制器运行标准的 IP 选路协议并执行标准的 IP 转发,同时它还包括数据流分类器并与上游和下游的邻机交换 IFMP 的信息。IP 交换机控制器包含 GSMP 主控制点,该点与 ATM 交换机中的 GSMP 辅控制点通信。

6）IP 交换机的入口/出口。Ipsilon 的 IP 交换机的入口和出口是数据流的端点,该数据流映射到第二层 ATM VC。入口和出口的功能可以由路由器、边缘设备或 IP 交换机完成,入口和出口能发送和接收 IFMP 消息。

7）IFMP（Ipsilon Flow Management Protocol）。IFMP 用于相邻的 IP 交换机对某个数据流的信元进行重新标记。IFMP 消息从 IP 交换机传递到其上游邻机。IFMP 功能包括关联协议和重定向协议,前者发现链路上的对等 IP 交换机,后者管理指派给某个数据流的标志(VPI/VCI)。

8）GSMP（General Switch Management Protocol）。GSMP 被 IP 交换机控制器用于管理 ATM 交换机的资源,它能使 IP 交换机控制器建立和释放跨越 ATM 交换机的连接。

7.3.3　协议

Ipsilon 数据流管理协议(IFMP)作为 IP 交换机网络中分发数据流标记的协议,它在跨越外部数据链路的相邻的 ATM 交换机控制器(或者 IP 交换机入口和出口)之间工作。具体来说,下游 IP 交换机(接收端)利用它通知上游交换机(发送端)在某一段时间段内为某个数据流赋予某个 VPI/VCI 值。数据流用流标识符来标记。下游 IP 交换机必须在一定时间段内更新数据流的状态,否则数据流的状态将被删除。

IFMP 仅在相邻的 IP 交换机之间操作,与其他 IP 交换机的工作方式和功能无关。换句话说,IP 交换机从下游 IP 交换机接收到 IFMP 重定向消息后不会向其上游邻机发送类似的消息。IFMP 的基本目的是分发与某个数据流相关的新的 VPI/VCI 值,以便加速转发功能并有可能基于每个数据流进行交换,从而提高总吞吐量。

1. IFMP 重定向协议

IFMP 定义了两个协议子集,在相邻 IP 交换机之间交换消息。当两个 IP 交换机利用外部 ATM 数据链路初次通信时,第一个协议子集,即 IFMP 关联协议被触发。它使具有 IFMP 功能的设备(IP 交换机、主机、路由器等)发现在链路另一端的对等设备的标识,用于同步链路两端的状态、检测对端标识的变化、交换指派给链路的 IP 地址表。接收节点处理后续的 IFMP 消息之前,关联协议必须完成链路两端的同步状态(ESTAB 状态)。

IFMP 重定向协议处理数据流/标签的关联信息的分发和管理。下游(接收端)IP 交换机负责发起重定向过程,此过程包括给接收端口分配新的标记(VPI/VCI),并在 IFMP 消息中把新的标记和数据流标识符以及高速缓存值的生存期一起发送到发端 IP 交换机。IFMP 不要求明确的确认,带有缺省(VPI/VCI=0/15)或者非缺省标记的后续数据的到达将通知接收节点是否成功处理了以上的消息。

IFMP 重定向协议是接收端发起的。原因之一是,可靠的网络协议中发送端不能使用非缺省方式发送信息,除非发送端能够确认(即使不是百分之百)接收端接受并处理了这些信息,否则接收端的 IP 交换机可能恰巧在输入端口已经分配了此非缺省的标记(VPI/VCI),而发送端的 IP 交换机却使用这些端口作为输出端口(尽管概率很低),这将导致信元丢弃,而后需要一定的错误恢复并进行标记同步的时间。发送端的 IP 交换机接收到包含所用标签的明确的消息,确知某个标记已经被接收端的 IP 交换机分配。因此正是接收端的 IP 交换机发出的这个 IFMP 消息,向发送端的 IP 交换机通知已经被分配了非缺省的标记。原因之二是,只有已经在接收端口分配标记,基于信元的标记替换的非缺省通信方式才能成功。当发起重定向过程时,IFMP 首先分配该资源。

IFMP 消息的发送端用 IPv4 的分组头封装 IFMP 信息,目的端 IP 地址是外部链路另一端的对等 IP 交换机。对等 IP 交换机的 IP 地址通过关联协议获得。IFMP 重定向协议支持 5 种类型的消息:

(1) 重定向消息

重定向消息通知相邻的上游 IP 交换机在某时间段内把某个标记赋予某个数据流。图 7-8 所示为重定向消息元素(封装在 IP 和 IFMP 分组头内)的格式,解释如下:

数据流类型	数据流标识符长度	生存期
标记		
数据流标识符		

图 7-8　IFMP 重定向消息

1) 数据流类型字段:指明包含在数据流标识符字段内的数据流标识符的数据流类型(类型 1 或 2)。

2) 数据流标识符长度字段:以 32 bit 为单位的数据流标识符字段的长度。

3) 生存期字段:以秒为单位的时间长度,指明在接收到重定向消息的 IP 交换机内部数据流标识符和标记的关联关系所维持的时间。

4) 标记字段:包含一个 32 bit 的标记值。对于 ATM 数据链路,这个值包含图 7-9 所示的 VPI 和 VCI 的值。

保留(4)	VPI(12)	VPI(16)

图 7-9　IFMP 标记

5) 数据流标识符字段:指明将与标记关联在一起的数据流。

(2) 重声明消息

重声明消息通知相邻的上游 IP 交换机解除一个或多个流与标记的关联关系,并释放这些标记以便数据流标识符字段能够分配给其他数据流。当网络拓扑变化或者下游 IP 交换机的标记不够时,有必要进行这种操作。解除关联关系的数据流重新采用缺省的转发工作方式释放标记以便将来使用。每个重声明消息的元素包含数据流类型字段、数据流标识符长度字段、标记字段和数据流标识符字段。

（3）重声明确认消息

在每个上述的重声明消息成功地释放了一个或多个标记后，相邻的 IP 交换机利用重声明确认消息给出确认。

（4）标记范围消息

上游 IP 交换机向下游 IP 交换机发出标记范围消息，响应包含标记的重定向消息，指明上游 IP 交换机（发送端）不能分配该标记。标记范围消息包含了最小和最大的标记值，上游 IP 交换机只能支持此范围内的标记值。

（5）出错消息

出错消息是对 IFMP 的重定向消息的响应，用来通知下游的 IP 交换机，发送端由于处于异常状态而无法成功处理重定向消息。异常状态的一个例子是数据流类型未知。

2. 数据流标记封装

IP 交换支持在 ATM 数据链路上传输 IP 分组的几种不同类型的封装格式，在 RFC1954 进行了定义。封装格式依赖于下游 IP 交换机在 IFMP 重定向消息中传递的数据流类型信息。图 7-10 所示为在缺省通道上 IP 分组的缺省封装格式。RFC1483 定义了 LLC/SNAP 封装的技术。

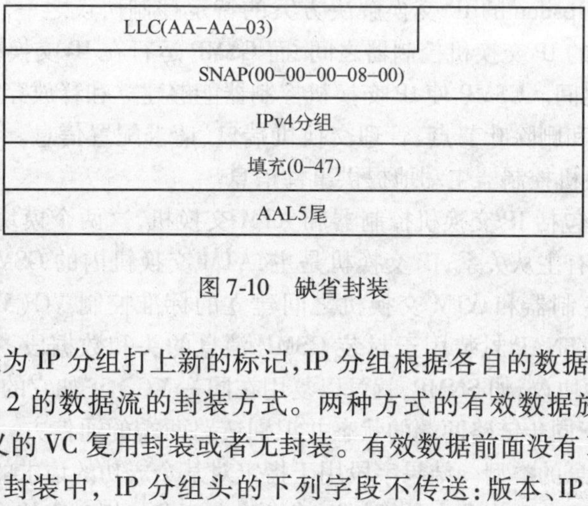

```
┌─────────────────────────────────┬──────┐
│           LLC(AA-AA-03)          │      │
├─────────────────────────────────┴──────┤
│         SNAP(00-00-00-08-00)            │
├─────────────────────────────────────────┤
│              IPv4分组                    │
├─────────────────────────────────────────┤
│              填充(0-47)                  │
├─────────────────────────────────────────┤
│              AAL5尾                      │
└─────────────────────────────────────────┘
```

图 7-10　缺省封装

IFMP 重定向过程为 IP 分组打上新的标记，IP 分组根据各自的数据流类型进行封装。图 7-10 所示为类型 1 和 2 的数据流的封装方式。两种方式的有效数据放在标准的 AAL5PDU 中，使用 RFC1483 定义的 VC 复用封装或者无封装。有效数据前面没有 LLC/SNAP 的分组头。在类型 1 的数据流的封装中，IP 分组头的下列字段不传送：版本、IP 分组头长度（Internet Header Length，IHL）、服务类型（Type Of Service，TOS）、存活期（TimeTo Live，TTL）、协议、源和目的端的 IP 地址。另外，IP 分组头后面的 4 个对应于源和目的端的 TCP 或者 UDP 的端口值的字节也不传送。在类型 2 的数据流的封装中，IP 分组头的下列字段不传送：版本、IHL、TTL、协议、源和目的端的 IP 地址。两种方式中，不被传送的 IP 字段保存在下游发出重定向消息的 IP 交换机中，这些 IP 字段与非缺省的标记联系在一起。这使得发起重定向过程的 IP 交换机能够在必要的时候重新装配出完整的分组。它同时可提供安全机制，因为对于潜在的入侵者而言很难使用一个数据流与标记的映射关系建立交换的数据流连接，即使建立了连接，也很难交换到具有相同标记关联的另一个数据流上（不同的源/目的端的 IP 地址对），入侵者的目的是用 IP 交换过程逃过第三层的检查，并未经许可而访问计算资源或数据。但是下游或者终端的 IP 交换机能够由一些字段重建原来的分组，当最初的 IFMP 消息向上游发送时，这些字段被缓存起来。

总长度		标识符	
标志	分段	校验和	
数据			
填充			
AAL5尾			

a)

保留	TOS	总长度	
标识符		标志	偏移量
保留	协议	校验和	
数据			
填充			
尾			

b)

图 7-11　数据流封装

a) 数据流类型 1 的封装　b) 数据流类型 2 的封装

3. GSMP 通用交换机管理协议

GSMP 是一个简单、通用的交换机管理和控制协议,用于对 IP 交换机内部交换机资源的管理。该控制协议是 Ipsilon 的 IP 交换解决方案的特定控制协议之一。IFMP 通过外部 ATM 数据链路运行在相邻的 IP 交换机控制器之间,而 GSMP 运行在 IP 交换机内部的 IP 交换机控制器和 ATM 交换机之间。GSMP 使 IP 交换机控制器能够建立和释放穿越该交换机的连接、在点到多点连接中加入和删除叶节点、管理交换机端口、请求配置信息。ATM 交换机也可以给使用 GSMP 的 IP 交换机控制器主动地提供事件信息。

IP 交换机的模块包括 IP 交换机控制器和 ATM 交换机,这两个模块交互 GSMP 消息以管理交换机资源。二者有主从关系,IP 交换机是主,ATM 交换机内的 GSMP 代理是从,GSMP 消息通过在 IP 交换机控制器和 ATM 交换机之间建立的标准控制 VC(VPI/VCI = 0/15)传递。RFC1483 定义的 LLC/SNAP 封装用于封装 GSMP 消息的头和数据段,如图 7-12 所示。选用 LLC/SNAP 封装,其他协议,如 SNMP,就可以复用在同一 VC。正如它的姊妹协议 IFMP,GSMP 定义了关联协议,用于同步链路两端的状态并识别链路两端的通信方。消息类型区域表明在有效数据中 GSMP 消息的类型。结果字段用于指定对某个成功的请求的响应。由于 GSMP 是请求/响应协议,因而 GSMP 头含有处理标识符将特定请求与相对应的响应关联。

LLC(AA-AA-03)			
SNAP(00-00-00-08-00)			
版本	消息类型	结果	代码
交互标识符			
GSMP消息			
填充(0-47)			
AAL5尾			

图 7-12　GSMP 消息格式

GSMP 支持 5 类消息:连接管理、端口管理、统计、配置和事件,每一类消息类型的作用和功能说明如下:

(1) 连接管理

IP 交换机控制器用连接管理建立、删除、修改和证明穿越 ATM 交换机模块的连接,表 7-2 描述了 6 种连接管理消息类型。这些是 GSMP 消息最常用的形式,因为在交换机中需要根据 IP 流和后续激发的 IFMP 消息的到达更新连接状态。

表 7-2　6 种连接管理消息类型

连接管理消息类型	描　述
增加分支	建立一个连接或者在点到多点连接中加入新的分支
删除分支	在一个点到多点连接中删除分支或者当该分支是唯一的分支/最后一个分支时,删除该连接
删除树	删除整个连接
检查树	在连接中检查分支的数量
全部删除	删除交换机输入端口的所有连接
转移分支	把单一分支从当前的输出端口 VPI/VCI 的关联关系转移到新的输出端口 VPI/VCI

图 7-13 可以更好地说明 GSMP 为特定 IP 流建立连接所起的作用。在给上游发送 IFMP 重定向消息并接收到被分配的非缺省 VC(VCI = 27)值的流的信元后,IP 交换机控制器检查流在下游是否被重新标记。在这个例子中,输出端或下游方向的流已被赋予非缺省 VC(VCI = 42)值。随后 IP 交换机控制器向 ATM 交换机发送 GSMP 加入分支命令,建立一个“内交换”连接,将输入端 4 和输入 VCI = 27 与输出端 2 和输出 VCI = 42 关联起来,结果属于流的信元将通过 ATM 交换模块被信元交换而旁路了 IP 交换机控制器。

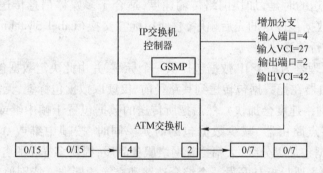

图 7-13　GSMP 增加分支的例子

GSMP 连接管理有意思的一点是管理单播和组播连接没有分别。同样的加入分支命令也可用于建立一个单播连接或在已有的点到多点连接中加入新的分支。另外,大多数连接管理消息(除移动分支命令外)仅占一个 ATM 信元,所以开销是最小的而处理是快速的。

(2) 端口管理

端口管理消息用于激发(引起)交换机端口、放下、运行后向循环测试并重新配置。当交换机端口被激发,所有到达特定输入端的连接被删除,只有 IP 交换式连接能获得由 GSMP 控制的在端口的 VPI/ VCI 标记空间。新的端口段号是在每一次端口被激发后由交换机产生的任意 32 位长的号。端口产生的所有 GSMP 请求都必须包含一个相匹配的端口段号,否则请求将被忽略。端口段号能使 IP 交换机控制器与当前端口的激活状态相同步,以保护端口免于处理过时的命令。交换机端口被激发后,端口状态被激活。

（3）统计

统计消息能使 IP 交换机控制器要求和接收与端口和连接有关的多种统计计数。IP 交换机控制器能获得的信息有：输入和输出信元数，输入和输出帧数，输入和输出信元丢弃数，输入和输出帧丢弃数，输入 HEC 数，输入无效的 VPI/VCI 数。

（4）配置

配置消息使 IP 交换机控制器发现 ATM 交换机模块的容量和功能。除交换机名字、交换机类型和微程序语言的版次号外，配置信息可以使 IP 交换机控制器发现端口的特定信息，如支持的 VPI/VCI 标记范围、最大信元率、状态、界面类型及端口优先级。

（5）事件消息

事件消息能使 ATM 交换机通知 IP 交换机控制器一些事件，如端口打开，端口关闭。

7.4　Cisco 三层交换技术

多协议标签交换（Multi-Protocol Label Switching，MPLS）属于第三代网络架构，是新一代 IP 高速骨干网络交换的标准，由因特网工程任务组（IETF）提出，由思科、ASCEND、3Com 等网络设备厂商主导。

MPLS 是集成式的 IP over ATM 技术（即在帧中继或 ATM 交换上结合路由功能），数据包通过虚拟电路传送，只需在 OSI 第二层（数据链结层）执行硬件式交换（取代第三层（网络层）软件式选路）。它把 IP 选路与第二层标签交换整合为单一的系统，因此可解决因特网的路由问题，缩短数据包传送的时延，加快网络传输速度，适合于多媒体信息传送。MPLS 最大的技术特色是可以指定数据包传送的先后顺序，它使用标签交换（Label Switching），网络路由器只需判别标签，即可进行传送。

MPLS 的运作原理是为每个 IP 数据包提供一个标签，并由此决定数据包的路径及优先级。与 MPLS 兼容的路由器在把数据包转送到其路径前，仅读取数据包标签，无需读取每个数据包的 IP 地址及标头（网络速度会加快），然后把所传送的数据包置于帧中继或 ATM 的虚拟电路上，并迅速传送到终点路由器，减少数据包的时延。同时，按帧中继或 ATM 交换机提供的 QoS，对所传送的数据包加以分级，大幅提升网络服务品质，提供多样化服务。

MPLS 工作组的主要目标是开发一个综合选路和交换的标准。特别地，MPLS 将合并网络层选路和标签交换而形成一个单一的解决方案，其有如下的优点：

1）改善选路的性能和成本。

2）提高传统叠加模型选路的扩展性。

3）引进和实施新业务时更具灵活性。

7.4.1　体系结构及工作原理

MPLS 将面向非连接的 IP 业务移植到面向连接的标记交换业务之上，在实现上将路由选择层面与数据转发层面分离。MPLS 网络中，在入口 LSR 处分组按照不同转发要求划分成不同转发等价类（FEC），并将每个特定 FEC 映射到下一跳，即进入网络的每一特定分组都被指定到某个特定的 FEC 中。每一特定 FEC 都被编码为一个短而定长的值，称为标记，标记加在分组前成为标记分组，再转发到下一跳。在后续的每一跳上，不再需要分析分组头，而是用标记作为指针,指向下一跳的输出端口和一个新的标记,标记分组用新标记替代旧标记后经指定的输出端口转发。在出口 LSR 上,去除标记使用 IP 路由机制将分组向目的地转发。

在此,选择下一跳的工作可分为两部分:将分组分成 FEC 和将 FEC 映射到下一跳。在面向非连接的网络中,每个路由器通过分析分组头来独立地选择下一跳,而分组头中包含有比用来判断下一跳丰富得多的信息。传统 IP 转发中,每个路由器对相同 FEC 的每个分组都要进行分类和选择下一跳;而在 MPLS 中,分组只在进入网络时进行 FEC 分类,并分配一个相应的标记,网络中后续 LSR 则不再分析分组头,所有转发直接根据定长的标记转发。与传统 IP 转发相比,MPLS 简化的转发机制示例于图 7-14。

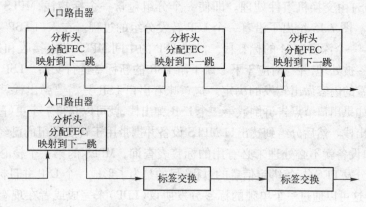

图 7-14　MPLS 和传统 IP 转发

图中 MPLS 部分显示入口路由器可能将分组映射到不同 FEC 的任何编号上。例如,一个 FEC 可能基于目的端网络地址、一组目的端地址、一个源端/目的端地址对、一个源端地址甚至是网络入口的物理点。一个 FEC 也可以表示所有经过一个显式非缺省路径的分组。无论为分组分配 FEC 的机制多么复杂,通过网络转发的分组仍然基于标签交换。于是,与应用传统 IP 转发机制相比,MPLS 可使基于策略的选路以一种更简单和更直接的方式进行工作。

在开发 MPLS 规范的过程中,产生了一批特殊的功能性要求。不过,这些要求使得 MPLS 将以一种可扩展的方式解决综合选路和交换的问题。MPLS 必须完成的基本功能要求为:

1) 简化分组转发以降低成本并提高性能。

2) 独立运行在特殊数据链路上,也就是说,它必须工作在帧和信元介质上。

3) 兼容但也独立于现有和将来的网络层选路协议。

4) 支持环路避免和检测。前者防止形成环路,后者发现已出现的环路。

5) 允许汇聚多个业务流在一个标签交换路径 LSP 上转发。

6) 兼容现有的 IP 网络管理工具。

7) 支持分级操作。

8) 支持单播和组播业务量。

9) 支持 O(N) 个交换式路径,其中 N 是网络中 MPLS 节点的数目。

10) 支持与非 MPLS 交换机互操作。

11) 用非 MPLS 交换技术支持 SIN 操作。

12) 同时支持拓扑驱动和流驱动的 IP 交换模型。

在 MPLS 方案中有一些核心技术和组件。第一,MPLS 是一个标签交换路由器(LSR)。

类似一个通用 IP 交换机,它具有第三层转发分组和第二层交换分组的功能。它也能运行传统 IP 选路协议并可能执行一个特殊控制协议以与邻接 LSR 协调 FEC/标签的绑定信息。第二个核心技术或组件是标签。一个标签是一个包含在每个分组中的短固定长度的数值,用于通过网络转发分组。一对 LSR 必须在标签的数值和意义上达成一致。MPLS 可以支持添加到现有帧或分组结构(如以太网,PPP)的标签或者它也可以利用包含在数据链路层(如帧中继,ATM)中的标签结构。MPLS 采用的第三个核心技术是转发机制,即标签交换。从典型的帧中继和 ATM 的性能和容量来看,实现标签交换是一个快速和简单的转发过程。没有必要像传统 IP 选路那样分析分组头中的变长部分。标签作为一个整体(也可能是标签区域中附加的字段,如 TTL 和 COS)由交换机组件处理。即使一个分组包含一个标签栈,MPLS 设备也是处理栈中的顶部标签。图 7-15 给出了沿着一个 LSP 转发分组的过程。在入口 LSP 上,在分组上贴上一个标签,产生一个深度为 M 的标签栈。沿着 LSP 的中间 MPLS 节点接收和处理这个分组。只有栈中顶部标签被处理,并与对应于下一跳下游 LSR 的新标签进行交换。LSP 出口的 LSR 根据栈中下一个标签的内容做出转发的决定。这意味着出口 LSR 只需要弹出栈就可以得到栈中的下一个标签。如果出口节点告诉倒数第二个 LSR 弹出栈,就可以获得一个更好的优化方案,称作倒数第二跳弹出栈。然后分组到达出口 MPLS 设备并携带用于转发分组的已经在栈中顶部的标签。这样,出口设备就不必处理未必有用的标签表查询。MPLS 的第 4 个核心技术是标签分发。标签分发是分发 FEC/标签绑定信息的过程,目的是为了形成一个 LSP 并且标签交换属于特定 FEC 的分组。这可以通过一个单独的标签分发协议(LDP)来完成或者在现有控制协议中传输 FEC/标签绑定信息。对下行 LSR 而言,基本的操作包括分配标签和分发 FEC 及标签绑定信息到相邻的上行 LSR。在这种情况下,其中 FEC 对应一个由一个动态选路协议分发的地址前缀,它能够以一种独立或有序的方式完成一个 LSP 的形成(采用 LDP 或另一个控制协议)。

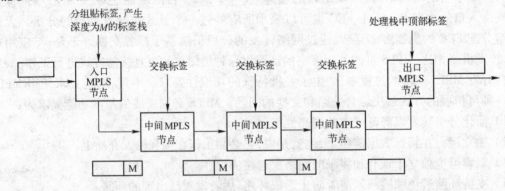

图 7-15　沿着 LSP 的 MPLS 转发

　　要建立 MPLS 的 LPS,可以基于 3 种方式:特定数据流的到达(流驱动)、保留建立消息(如 RSVP)或者选路表更新消息(拓扑驱动)。考虑到这样的事实,即可扩展性是最主要的要求之一以及 MPLS 是为特大型 IP 网络而设计,拓扑驱动的方案是最有可能被普遍采用的。图 7-16 概念性地表示出了在一对 LSR 之间路由表更新信息如何启动 FEC/标签绑定信息的交换过程。当 LSR #2 收到选路表更新信息时,触发计算新路径的过程,由此在路由表(FIB)中进行添加或修改。LSR #2 识别这个过程,并且对于每个 FEC(这种情况下为地址前缀)在入口端口上分配一个标签并放置在标签信息库(LIB)中。这个标签和相关联的 FEC 就与上行的 LSR #1 通过 LDP 进行通信,而后 LSR #1 将这一标签放置在它的 LIB 中相应的出口端口上。

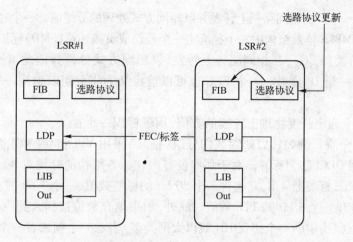

图 7-16　拓扑驱动的标签分配

7.4.2　组成成分

针对于 MPLS 的组件和功能,有下列一些专业术语:

1) 多协议标签交换(MPLS):IETF 为综合选路和交换提出的标准。

2) 标签交换路由器(LSR):支持 MPLS 并负责第三层转发分组和第二层标签交换分组的设备。更具体地说,一个 LSR 可以是一个传统的交换机(如 ATM)扩充 IP 选路,或者升级为支持 MPLS 的一个传统路由器。在后者的情况下,路由器根据包含在每个分组中一个显式标签的内容转发分组。

3) 标签边缘路由器(LER):到并且从一个 MPLS 域转发分组的传统路由器。它也可以与内部 MPLS LSR 通信,以交换 FEC/标签关联信息。

4) 标签分发协议(LDP):它是 MPLS 的控制协议,用于在 LSR 之间交换 FEC/标签关联信息。

5) 标签交换式路径:一个从入口到出口的交换式路径。它由 MPLS 节点建立,目的是采用一个标签交换转发机制转发一个特定 FEC 的分组。

6) 标签信息库(LIB):保存在一个 LSR(LER)中的连接表,在 LSR 中包含有 FEC/标签关联信息和关联端口以及媒质的封装信息。表 7-3 给出一个 LIB 的例子。LIB 中的项目包含以下内容:

表 7-3　标签信息库的实例

输入端口	输入标签	下一跳	标识符	标签操作	出口标签	出口端口	链路层封装
1	1	LSRA	NetA	Replace	2	2	ATM
1	4	LSRD	NetD	Replace	5	3	ATM
2	7	LSRA	NetA	Replace	2	2	ATM
3	3	LSRC	NetC	Push	3	2	ATM
4	2	LSRA	LSRA	Pop			ATM

7）径流(Stream)：在相同路径上转发并以相同方式处理的分组流。一个径流包含一个或多个流(Flow)。在 MPLS 体系结构中一个径流由一个径流成员描述符(SMD)标识。

8）转发等价类(FEC)：在相同路径上转发，以相同方式处理并因此被一个 LSR 映射到一个单一标签的一组 IP 分组。一个 FEC 也可以被定义为将分组映射到一个特定径流的一个操作符。

9）标签：一个固定长度物理上连续的数值，用于标识一个径流。一个标签的格式依赖于分组封装所在的介质。例如，ATM 封装的分组(信元)采用 VPI 和/或 VCI 数值作为标签，而帧中继 PDU 采用 DLCI 作为标签。对于那些没有内在标签结构的介质封装，则采用一个特殊的数值填充。MPLS 标签是 4 B，它包含一个 20 bit 的标签数值、一个 3 bit 的 COS 数值、一个 1 bit 的堆栈指示符和一个 8 bit 的 TTL 数值。此外，如果填充数值被插入到一个 PPP 或以太网帧中，包含在各自帧头中的一个协议 ID(或以太网类型)表示一个帧或者一个 MPLS 单播或组播帧。

10）标签栈：一个排序的标签集。在一个分组中添加，可以隐含地承载多于一个 FEC 的信息，即分组的归属以及分组可能经过的 LSP。一个标签栈使得 MPLS 支持分级选路(一个标签用于 EGP 而另一个标签用于 IGP)并且汇聚多个 LSP 到一个单一的中继(Trunk)LSP 上。

11）径流合并：一些小径流合并进一个单一的大径流，例如 ATM 的 VP 合并和 VC 合并。一个具有径流合并能力的 MPLS 网络可以支持 O(N) 个交换式路径用于传输所有尽力而为的业务量。

7.4.3　协议

MPLS LDP 是一个单独的控制协议，LSR 应用它交换和协调 FEC/标签绑定信息。具体地说，LDP 是消息交换和消息格式的序列，它们使得对等 LSR 就一个特定标签的数值达成一致，这个标签指示出分组所属的一个特定 FEC。在对等 LSR 之间需要建立一个 TCP 连接，以确保 LDP 消息能够按照正确的顺序可靠地传送。LDP 映射消息可以从任何本地 LSR(独立的 LSP 控制)发起，或者从出口 LSR(排序的 LSP 控制)发起，并从下行 LSR 流向上行 LSR。一个特定数据流的到达、一个保留建立消息(RSVP)或选路更新消息都可以触发交换 LDP 消息。一旦一对 LSR 交换用于一个特定 FEC 的 LDP 消息，每个 LSR 关联它们 LIB 中的入口标签与一个对应的出口标签，之后就形成了一个从入口到出口的 LSP。

LDP 消息被分成 3 类：发现(Discovery)、邻接(Adjacency)和映射(Mapping)。发现类消息发布并维护网络中的 LSR。它广播一个 LDP Link Hello 消息给所有路由器组地址，通知同一链路上其他 LSR 它的存在，或者引导一个 LDP Hello 消息给一个特定 IP 地址，这个地址被没有直接与其相连的 LSR 接收。邻接类消息用于建立、维护和终结 LSR 对等对之间的邻接关系。它包含了建立一个 TCP 连接然后交换对话协商消息的过程。协商参数包括 LDP 协议版本、时间值、VPI/VCI 范围等。通告类消息用于建立、修改和删除 LSR 对等对之间的径流/标签映射信息。一个典型的通告类消息是一个 LDP 映射消息，它被一个 LSR 用于与相临 LSR 交换一个径流/标签映射信息。这个消息将包含一个径流标识符和一个相关联的标签，可能还有一些补充对象，包括一个 COS 值、LSR ID 向量(用于环路预防)、跳计数(在 LSP 中 LSR 跳的次数)和 MTU 尺寸等。

图 7-17 给出了 3 个邻接 LSR 之间的一般 LDP 消息流。每个 LSR 通过发送和接收 Hello

消息发现在相同链路上一个相临 LSR 的存在。然后建立起一个 TCP 连接并交换初始化(Initialization)消息。之后,由下行 LSR 为径流 = A 产生径流/标签映射并传送给上行相临 LSR。

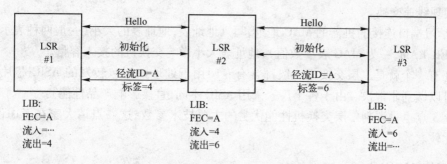

图 7-17 LDP 消息

MPLS LDP 指定了一些径流成员描述符 SMD,它们定义映射到一个 LSP 中的业务量类型和粒度。LDP 支持的 SMD 包括:

1)通配符。它指定任何与给定标签相关联的 SMD。

2)网络地址。变长的地址前缀。

3)BGP 下一跳。

4)OSPF 路由器 ID。

5)OSPF ABR 路由器 ID。

6)汇聚列表(Aggregation List)。包含汇聚到一个 LSP 上的地址前缀的列表。

7)不透明通道(Opaque Tunnel)。用于识别通过一个显式路由 LSP(ERLSP)的分组。

8)流。源端/目的端地址对。

7.5 其他多层交换

7.5.1 第二层交换

二层交换技术发展比较成熟,二层交换机属数据链路层设备,可以识别数据包中的 MAC 地址信息,根据 MAC 地址进行转发,并将这些 MAC 地址与对应的端口记录在自己内部的一个地址表中。具体的工作流程如下:

1)当交换机从某个端口收到一个数据包,它先读取包头中的源 MAC 地址,这样它就知道源 MAC 地址的机器是连在哪个端口上的。

2)再去读取包头中的目的 MAC 地址,并在地址表中查找相应的端口。

3)如果表中有与该目的 MAC 地址对应的端口,就把数据包直接复制到这端口上。

4)如果表中找不到相应的端口,则把数据包广播到所有端口上,当目的机器对源机器回应时,交换机又可以学习目的 MAC 地址与哪个端口对应,在下次传送数据时就不再需要对所有端口进行广播了。

不断的循环这个过程,对于全网的 MAC 地址信息都可以学习到,二层交换机就是这样建立和维护它自己的地址表的。

从二层交换机的工作原理可以推知以下 3 点:

1）由于交换机对多数端口的数据进行同时交换，为此要求具有很宽的交换总线带宽，如果二层交换机有 N 个端口，每个端口的带宽是 M，交换机总线带宽超过 N×M，那么该交换机就可以实现线速交换。

2）学习端口连接的机器的 MAC 地址，写入地址表，地址表的大小（一般两种表示方式：一为 BEFFER RAM，一为 MAC 表项数值），地址表大小影响交换机的接入容量。

3）还有一个就是二层交换机一般都含有专门用于处理数据包转发的 ASIC 芯片，因此转发速度可以做到非常快。由于各个厂家采用 ASIC 不同，直接影响产品性能。

以上 3 点也是评判二层交换机性能优劣的主要技术参数，这一点请大家在考虑设备选型时注意比较。

7.5.2　第四层交换

第二层交换机和第三层交换机都是基于端口地址的端到端的交换过程，虽然这种基于 MAC 地址和 IP 地址的交换机技术能够极大地提高各节点之间的数据传输速率，但却无法根据端口主机的应用需求来自主确定或动态限制端口的交换过程和数据流量，即缺乏第四层智能应用交换需求。第四层交换机不仅可以完成端到端交换，还能根据端口主机的应用特点，确定或限制它的交换流量。简单地说，第四层交换机是基于传输层数据包的交换过程的，是一类基于 TCP/IP 应用层的用户应用交换需求的新型局域网交换机。第四层交换机支持 TCP/UDP 第四层以下的所有协议，可识别至少 80 B 的数据包包头长度，可根据 TCP/UDP 端口号来区分数据包的应用类型，从而实现应用层的访问控制和服务质量保证。所以，与其说第四层交换机是硬件网络设备，还不如说它是软件网络管理系统。也就是说，第四层交换机是一类以软件技术为主，以硬件技术为辅的网络管理交换设备。

值得指出的是，一些人在不同程度上还存在一些模糊概念，认为所谓第四层交换机实际上就是在第三层交换机上增加了具有通过辨别第四层协议端口的能力，仅在第三层交换机上增加了一些增值软件罢了，因而并非工作在传输层，而是仍然在第三层上进行交换操作，只不过是对第三层交换更加敏感而已，从根本上否定第四层交换的关键技术与作用。我们知道，数据包的第二层 IEEE802.1P 字段或第三层 IP ToS 字段可以用于区分数据包本身的优先级，可以说第四层交换机基于第四层数据包交换，这就是说，它可以根据第四层 TCP/UDP 端口号来分析数据包应用类型，即第四层交换机不仅完全具备第三层交换机的所有交换功能和性能，还能支持第三层交换机不可能拥有的网络流量和服务质量控制的智能型功能。

第四层交换机的交换信息所描述的具体内容，实质上是一个包含在每个 IP 包中的所有协议或进程，如用于 Web 传输的 HTTP，用于文件传输的 FTP，用于终端通信的 Telnet，用于安全通信的 SSL 等协议。这样，在一个 IP 网络里，普遍使用的第四层交换协议，其实就是 TCP（用于基于连接的对话，例如 FTP）和 UDP（用基于无连接的通信，例如 SNMP 或 SMTP）这两个协议。

由于 TCP 和 UDP 数据包的包头不仅包括了"端口号"这个域，它还指明了正在传输的数据包是什么类型的网络数据，所以使用这种与特定应用有关的信息（端口号），就可以完成大量与网络数据及信息传输和交换相关的质量服务，其中最值得说明的是如下 5 项重要应用技术，因为它们是第四层交换机普遍采用的主要技术。

（1）包过滤/安全控制

在大多数路由器上，采用第四层信息去定义过滤规则已经成为默认标准，所以有许多路由器被用作包过滤防火墙，在这种防火墙上不仅能够配置允许或禁止 IP 子网间的连接，还可以控制指定 TCP/UDP 端口的通信。和传统的基于软件的路由器不一样，第四层交换就是在于这种过滤能力是在 ASIC 专用高速芯片中实现的，从而使这种安全过滤控制机制可以全线速地进行，极大地提高了包过滤速率。

（2）服务质量

在网络系统的层次结构中，TCP/UDP 第四层信息往往用于建立应用级通信优先权限。如果没有第四层交换概念，服务质量/服务级别就必然受制于第二层和第三层提供的信息，例如 MAC 地址、交换端口、IP 子网或 VLAN 等。显然，在信息通信中，因缺乏第四层信息而受到妨碍时，紧急应用的优先权就无从谈起，这将大大阻止紧急应用在网络上的迅速传输。第四层交换机允许用基于目的地址、目的端口号（应用服务）的组合来区分优先级，这样紧急应用就可以获得网络的高级别服务。

（3）服务器负载均衡

在相似服务内容的多台服务器间提供平衡流量负载支持时，第四层信息是至关重要的。因此，第四层交换机在核心网络系统中，担负服务器间负载均衡是一项非常重要的应用。第四层交换机所支持的服务器负载均衡方式，是将附加有负载均衡服务的 IP 地址，通过不同的物理服务器组成一个集，共同提供相同的服务，并将其定义为一个单独的虚拟服务器。这个虚拟服务器是一个有单独 IP 地址的逻辑服务器，用户数据流只需指向虚拟服务器的 IP 地址，而不直接和物理服务器的真实 IP 地址进行通信。只有通过交换机执行的网络地址转换（NAT）后，未被注册 IP 地址的服务器才能获得被访问的能力。这种定义虚拟服务器的另一好处是，在隐藏服务器的实际 IP 地址后，可以有效地防止非授权访问。

第四层交换机可以使用许多负载均衡方法，在虚拟服务器组里转换通信流量，其中 OSPF、RIP 和 VRRP 等协议与线速交换和负载均衡是一致的。第四层交换机还可以利用被称为 TRL（Transaction Rate Limiting）的功能所提供的复杂机制，针对流量特性来遏制或拒绝不同应用类型服务。可以借助 CRL（Connections Rate Limiting）功能，使网络管理员指定在给定的时间内所允许的连接数，以便保障 QoS，或者借助 SYN-Guard 功能，确保那些满足 TCP 的合法连接才可查询网络服务。

（4）主机备用连接

主机备用连接为端口设备提供了冗余连接，以便在交换机发生故障时有效保护系统。这种服务允许定义主机备用交换机，同虚拟服务器定义一样，它们有相同的配置参数。由于第四层交换机共享相同的 MAC 地址，备份交换机接收和主单元全部一样的数据。这使得备份交换机能够监视主交换机服务的通信内容。主交换机持续地通知备份交换机第四层的有关数据、MAC 数据以及它的电源状况。主交换机失败时，备份交换机就会自动接管，不会中断对话或连接。

（5）统计

通过查询第四层数据包，第四层交换机能够提供更详细的统计记录。因为管理员可以收集到更详细的哪一个 IP 地址在进行通信的信息，甚至可根据通信中涉及到哪一个应用层服务来收集通信信息。当服务器支持多个服务时，这些统计对于考察服务器上每个应用的负载尤其有效。增加的统计服务对于使用交换机的服务器负载平衡服务连接同样十分有用。

7.5.3 第七层交换

在第四层交换大大地提高了网络性能和 QoS 保证之后，在更高的层次上也引入了交换的概念，可以称之为第七层交换技术，或者高层智能交换。这时候的交换突破了一般意义上的交换的概念，开始进入以进程和内容级别为主的交换范围。高层由于和应用相关，因此可以说，这时候的交换就有了智能性。交换机具有了区别各种高层的应用和识别内容的能力。这时的交换机不仅能根据数据包的 IP 地址或者端口地址来传送数据，而且还能打开数据包，进入数据包内部并根据包中的信息做出负载均衡、内容识别等判断。对于某一个端口来说，在第四层交换时可以对端口进行分析来获得较好的 QoS，但是对于通过 TCP/IP 端口的传输流，我们却没有办法识别，只能对所有属于这个端口的传输流加以统一对待，而服务提供商或许需要其中的某些传输流具有高的 QoS 优先处理权或者将某些流引向性能高的处理机中。但是第七层的智能交换能够实现进一步的控制，即对所有传输流和内容的控制。这种交换机可以打开传输流的应用/表示层，分析其中的内容，因此可以根据应用的类型而非仅仅根据 IP 和端口号作出更智能的流向决策。其中的一个典型例子就是根据 URL 的具体内容的识别交换。

第七层交换技术可以定义为数据包的传送不仅依据 MAC 地址（第二层交换）或源/目标 IP 地址（第三层路由）以及 TCP/UDP 端口（第四层地址），而是可以根据内容（表示/应用层）进行。这样的处理更具有智能性，交换的不仅是端口，还包括了内容，因此，第七层交换机是真正的"应用交换机"。

这类具有第七层认知的交换机可以应用在很多方面，比如保证不同类型的传输流被赋予不同的优先级。它可以对传输流进行过滤并分配优先级，使你不必依赖于业务或网络设备来达到这些目的，譬如，网络电子商务提供商使用 80 端口提供用户服务，但是对于不同的 Web 请求，他们希望不同对待，比如，浏览一般商品的 Web 请求的级别比用户发出的定购 Web 请求要低一些，而且处理起来也不一样。这样需要通过识别 80 端口中的具体 URL 内容来进行判断，赋予不同的优先权交换到不同的处理器上去。更进一步，可能需要对不同级别的用户的 Web 请求给予不同的 QoS 优先权，这样就需要对数据请求的内容进行识别，这时候对交换的智能要求就非常高了。

第七层交换功能和目前很多类似的技术具有很大的互补性，它可以和其他的网络服务和谐地共存。但是第七层交换和类似的解决方案之间最大的优势，也就是交换技术具有的最大优势，就是高速而且不影响智能处理。采用第七层交换技术可以以交换的线速度作出更智能性的传输流内容的决策。用户将自由地根据得到的信息就各类传输流和其目的地作出决策，从而优化网络访问，为最终用户提供更好的服务。

第七层交换技术的一个典型应用就是 Web 交换机。在因特网的客户/服务器的环境中，将每个 Web 访问会话指向恰当的服务器是 Web 交换机的基本功能。也就是说，Web 交换机要把特定客户的访问请求导向拥有客户要求内容，并且性能最好、服务最稳定的服务器。为能够处理急剧增加的访问流量，Web 交换机的另一个重要功能是能够对用户的等级、应用类别、内容类型来分类流量，从而为每个请求提供相应等级的服务。此外，作为关键业务服务器的前端设备，Web 交换机应能保护服务器资源免受入侵和攻击。在一个具备高性能、可管理和可扩展性的网络平台上提供这些功能,Web 交换机正成为下一代新的 Web 数据中心基础设施的重要组成部分。传统的第二和第三层交换机设备是交换根据包的 MAC 地址和 IP 地址来优化数据包的传送,与此不同,Web 交换机是被设计成处理面向会话流量管理。其中,会话的定义是根据不同的应用来确定。为了提高应用会话等处理效率,Web 交换机必须检查数据包中第呈层至第七层的协议字段。

7.6 小结

本章首先介绍了 TCP/IP 基本原理和传统路由器工作原理,并重点介绍第三层交换技术,对于其他层的交换技术也作简单介绍。

TCP/IP 采用分层的体系结构,实现多个网络的无缝连接。TCP/IP 体系包括网络层、传输层、应用层和网络接口层 4 层。

传统路由器工作在 OSI 七层模型中第三层网络层,其作用是利用网络层定义的"逻辑"上的网络地址(即 IP 地址)来区别不同的网络,实现网络的互连和隔离,保持各个网络的独立性。路由器提供多个端口用于子网的互连,因特网是由许多路由器互连起来的网络。

第三层交换技术也称为 IP 交换技术。第三层交换设备包含数据报文转发和路由处理两大子功能模块。第三层交换还包括一系列特别服务功能,如数据包的格式转换、信息流优先级别划分、用户身份验证及报文过滤等安全服务、IP 地址管理、局域网协议和广域网协议之间的转换等。三层交换机根据其处理数据的不同,可以分为纯硬件和纯软件两大类。硬件技术复杂、成本高,但其优点是速度快、性能好、带负载能力强,适合作为主干网交换技术。软件技术时简单、可灵活配置,但其不如硬件技术速度快。三层交换技术就是:二层交换技术 + 三层转发技术。第三层交换技术具有数据交换速度快、路由选择效率高等突出特点。本章还介绍了 Ipsilon 三层交换技术、Cisco 三层交换技术,介绍了它们的体系结构、工作原理、组成成分等内容。

第二层交换机和第三层交换机都是基于端口地址的端到端的交换过程,第四层交换机是基于传输层数据包的交换过程的,是一类基于 TCP/IP 应用层的用户应用交换需求的新型局域网交换机。第七层交换技术是高层智能交换,处理更具有智能性,交换的不仅仅是端口,还包括了内容。

7.7 习题

1. 请简述传统路由器的工作原理。
2. 请简述三层交换的工作原理。
3. 简要描述传统路由器的工作原理。
4. Ipsilon 三层交换技术包含哪些主要组成成分?
5. 根据 Ipsilon 三层交换,阐述其工作原理。
6. 请简述 IFMP 重定向协议的工作机制。
7. 请简述 MPLS 的其工作原理。
8. MPLS 需要完成的基本功能主要有哪些?
9. MPLS 包含哪些主要组成成分?

10. 请解释第二层交换技术的工作步骤。
11. 第四层交换和第七层交换技术的主要特点分别是什么？
12. 试讨论 Cisco 三层交换体系结构及工作原理。
13. 三层交换与其他层交换的区别是什么？
14. 试比较 Ipsilon 与 Cisco 交换技术。

第8章 软 交 换

下一代网络(Next Generation Network,NGN)作为现有网络基础的演进融合产物,是一个可以承载话音、传真、文本、图像、视频、多媒体等多种业务的结构灵活开放的通用网络平台。对于该种网络,软交换是其核心功能。本章将在简要介绍 NGN 的基础上,着重介绍软交换技术。

8.1 下一代网络

20 世纪 90 年代末,以话音业务为主的 PSTN 传统电信业受到了强烈的市场冲击与技术冲击,电信市场在世界范围内出现了开放竞争现象,互联网的广泛应用使数据业务急剧增长,用户对多媒体业务产生了强烈的需求,对移动性的需求也日益增加。在这种情形下,下一代网络(NGN)开始出现,并成为通信领域探讨较多的一个话题。

2002 年后,世界范围内又发生了两个变化。一是全球移动用户数超过固定用户数,二是全世界网上传送的数据业务量超过话音业务量。实际上,这两个"超过"反映了人类对移动性和信息需求急剧上升的趋势,同时也预示着大量下一代服务与应用将会出现。然而,对于当前已有的网络,不管是电话网,还是互联网或移动网,均不能适应这个发展趋势,为此,网络必须向下一代演进发展,形成 NGN,以便提供一个开放灵活高效的通用通信平台。目前,NGN 已成为网络界描述未来电信网共同使用的一个新概念。实际上,它涵盖了固定网、互联网、移动网、核心网、城域网、接入网、用户驻地网等许多内容,能够承载话音、传真、文本、图像、视频、多媒体等信息,为现有业务及未来出现的新业务提供一个高效的通用服务平台。

8.1.1 NGN 的定义及重要特征

NGN 是相对于当前一代网络术语而提出的一个新术语。业界对其理解不一,广义上,NGN 泛指一个不同于当前一代网络的、采用大量先进技术的、可以承载语音/数据/多媒体等各种类型信息及业务的融合网络。狭义上,一般认为,NGN 是一个以软交换技术为核心,以光网络和分组传送技术为基础的,能够提供包括话音、数据和多媒体等各种业务的融合开放的网络构架。2004 年初,国际电联对其做出定义:NGN 是基于分组的网络,能够提供电信业务;利用多种宽带能力和 QoS 保证的传送技术;其业务相关功能与其传送技术相独立。NGN 使用户可以自由接入到不同的业务提供商;NGN 支持通用移动性。

NGN 具有下述重要特征:

1) NGN 采用开放的网络构架体系。其功能特点是:①将传统交换机的功能模块分离成为独立的网络部件,各个部件可以按相应的功能划分,各自独立发展。②部件间的协议接口基于相应的标准。部件化使得原有的电信网络逐步走向开放,运营商可以根据业务的需要自由组合各部分的功能产品来组建网络。部件间协议接口的标准化可以实现各种异构网的互通。

2) NGN 是业务驱动的网络,其功能特点是:①业务与呼叫控制分离。②呼叫与承载分离。分离的目标是使业务真正独立于网络,灵活有效地实现业务。用户可以自行配置和定义自己的业务特征,不必关心承载业务的网络形式以及终端类型。使得业务和应用的提供有较大的灵活性。

3）NGN 通过网关设备实现与现有的 PSTN、ISDN 和 GSM 等网络的互通,以便保留对现有网络基础的投资,同时 NGN 也支持现有终端和 IP 智能终端,包括模拟电话、传真机、ISDN 终端、移动电话、GPRS 终端、SIP 终端、H248 终端、MGCP 终端,通过 PC 的以太网电话,线缆调制解调器等。

4）NGN 是可方便地管理调度、高带宽、基于统一的 IP 来实现业务融合、可维护和可持续发展的网络,此外,还是具有 QoS 保证、安全性保证、可靠性保证的网络。

8.1.2 NGN 的体系结构

本小节将从网络结构横向和设备功能纵向分层两个角度介绍 NGN 的体系结构。

从网络结构横向分层角度来看,NGN 主要可分为边缘接入网络和核心网络两大部分。边缘接入网络由各种宽/窄带接入设备、各种类型的接入服务器、边缘交换机/路由器和各种网络互通设备构成。核心网络由基于高带宽光传送网连接骨干网交换机和/或路由器构成。

另一方面,NGN 将传统交换机的功能模块分离成为独立的网络部件,各个部件可以按相应的功能进行划分并能够各自独立发展,此外,各部件间的协议接口基于相应的标准。有鉴于此,从网络设备功能纵向分层的角度来看,根据不同的功能可将网络分解成 4 个功能层面,如图 8-1 所示。

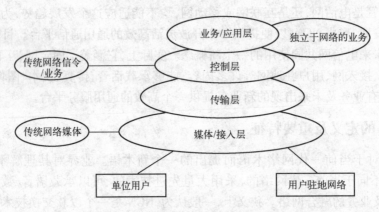

图 8-1 基于功能分层的 NGN 体系结构

1）业务和应用层:由各种业务应用服务器组成。主要负责业务生成、业务逻辑定义和业务编程接口等业务逻辑的相关处理,以及负责业务认证和业务计费等业务相关的管理功能。此外,还提供开放的第三方可编程接口,以便容易引进新业务。

2）处理业务逻辑,其功能包括 IN(智能网)业务逻辑、AAA(认证、鉴权、计费)和地址解析,且通过使用基于标准的协议和 API 来发展业务应用。

3）控制层:该层是 NGN 的中枢部分,主要实现呼叫控制、资源管理、接续控制、路由选择等以及各种信令协议的互通和转换等功能,并控制传输层对业务流进行下一步处理。控制层的核心设备是软交换设备,该设备需要具有众多的协议接口,以支持与不同类型网络的互通。

4）传输层:是 NGN 的承载网络。其响应控制层的控制命令,根据控制命令对信息流进行交换或路由,以便将信息流传到目的地。该层可以使用宽带 IP 网络、ATM 网络等。

5)媒体/接入层:由各类媒体网关、综合接入设备、各种接入与传输方式等组成。通过各种接入手段将各类用户连接至网络,并将信息格式转换成为能够在分组网络上传递的信息格式。

8.1.3 支撑 NGN 的主要技术

作为一个通用融合网络,NGN 需要得到许多新技术的支持。目前,支撑 NGN 的主要技术如下所述。

1. 软交换

软交换技术是 NGN 的核心技术,是一种基于软件的标准开放的分布式交换和控制平台。由于其是本章后续各节所介绍的主体内容,故在此不多做介绍。

2. IPv6

作为网络协议,NGN 将基于 IPv6。IPv6 相对于 IPv4 的主要优势是,扩大了地址空间,提高了网络的整体吞吐量,服务质量得到很大改善,安全性有了更好的保证,支持即插即用和移动性,更好地实现了多播功能。虽然 IPv6 不可能解决所有问题,但 IPv6 所带来的好处将使网络上到一个新台阶,并将在发展中不断完善。

3. 光纤高速传输技术

NGN 需要更高的速率,更大的容量。但到目前为止,能够看到的并能实现的最理想的传输媒介仍然是光。因为只有利用光谱才能带来充裕的带宽。光纤高速传输技术现正沿着扩大单一波长传输容量、超长距离传输和密集波分复用(DWDM)系统 3 个方向发展。单一光纤的传输容量自 1980 ~ 2000 年这 20 年里增加了大约 1 万倍,目前已达到 40 Gbit/s,预计几年后将再增加 16 倍,达到 6.4 Tbit/s。超长距离目前已可实现 1.28 Tbit/s(128 × 10 Gbit/s)无再生传送 8000 km。而波分复用在实验室也已达到 273 个波长复用,每波长 40 Gbit/s 的水平。

4. 光交换与智能光网

仅有高速传输还不够,NGN 还需要更加灵活、更加有效的光传输网。组网技术现正从具有分插复用和交叉连接功能的光联网向利用光交换机构成的智能光网发展,即从环形网向网状网发展,从光 – 电 – 光交换向全光交换发展。智能光网能够在容量灵活性、成本有效性、网络可扩展性、业务提供灵活性、用户自助性、覆盖性和可靠性等方面,比点到点传输系统和光联网具有更多的优越性。

5. 宽带接入

NGN 必须有宽带接入技术的支持,因为只有接入网的带宽瓶颈被打开,各种宽带服务与应用才能开展起来,网络容量的潜力才能真正发挥。这方面的技术有许多,其中主要技术有高速数字用户线(VDSL),基于以太网无源光网(EPON)的光纤到家(FTTH),自由空间光系统(FSO)、无线局域网(WLAN)。与目前已得到一定应用的 ADSL 技术相比,VDSL 既可工作于不对称方式,也可工作于对称方式,速度要快得多,能够支持 ADSL 不能支持的业务,此外,实现 VDSL 技术的设备也简单,建设快,总体造价要比 ADSL 便宜。由于具有上述优势,VDSL 在 2001 年开始升温。特别是利用 FTTC 或 FTTB 配合 VDSL 可以成为一种很好的宽带接入方案,既能满足目前需要,也能适应将来更新的技术。所谓 EPON,就是把全部数据装在以太网帧内来传送的一种 PON。考虑到现在 95% 的 LAN 都使用以太网,把以太网技术用于对 IP 数据最优的接入网是十分合乎逻辑的。由 EPON 支持的 FTTH 现正在悄然兴起,它能支持 Gbit/s 的速率,而且成本不久可降到与 DSL 和 HFC 网相当的水平。自由空间光系统(FSO)是光纤通信与无线通信的结合。它通过大气而不是光纤传送光信号。FSO 技术既能提供类似光纤的速率,在无线接入带宽上有了明显突破,又不需在频谱这样的稀有资源方面有很大的初始投资(因为无需许可证)。与光纤线路相比,FSO 系统不仅安装时间少得多,成本也低得多,FSO 已经在企业和多住户单元(MDU)市场得到使用。WLAN 具有一定的移动性,灵活性高,建网迅速,管理方便,网络造价低,扩展能力强以及不需许可证等优点。随着其自身技术的提高,现被重新定位为一种高速无线接入技术,在一定范围可满足接入互联网和移动办公的需求,形成了自己的市场空间,与移动通信、固定无线接入、无线个人域网等其他无线技术互为补充。

6. 城域网

城域网也是 NGN 中不可忽视的一部分。城域网的解决方案十分活跃,有基于 SONET/SDH/SDH 和 ATM 的,也有基于以太网或 WDM 以及 MPLS 和 RPR(弹性分组环技术)等。在此值得一提的是弹性分组环(RPR)和城域光网(MON)。弹性分组环是面向数据(特别是以太网)的一种光环新技术,它利用了大部分数据业务的实时性不如话音那样强的事实,使用双环工作方式。RPR 与媒体无关,可扩展,采用分布式管理、拥塞控制与保护机制,具备分服务等级的能力,它比 SONET/SDH 能更有效地分配带宽和处理数据,从而降低运营商及其企业客户的成本,使运营商在城域网内通过以太网运行电信级的业务成为可能。城域光网是代表发展方向的城域网技术,其目的是把光网在成本与网络效率方面的好处带给最终用户。城域光网是一个扩展性非常好并能适应未来的透明、灵活、可靠的多业务平台,能提供动态的、基于标准的多协议支持,同时具备高效配置、生存能力和综合网络管理的能力。

7. 3G 和后 3G 移动通信系统

3G 定位于多媒体 IP 业务,传输容量更大,灵活性更高,形成了家族式的世界单一标准,并将引入新的商业模式,目前正处在走向大规模商用的关键时刻。值得关注的是,3G 将与 IPv6 相结合。欧盟认为,IPv6 是发展 3G 的必要工具,若想大规模发展 3G,就不得不升级到 IPv6。制定 3G 标准的 3GPP 组织于 2000 年 5 月已经决定以 IPv6 为基础构筑下一代移动网,使 IPv6 成为 3G 必须遵循的标准。包括 4G 在内的后 3G 系统将定位于宽带多媒体业务,使用更高的频带,使传输容量再上一个台阶。在不同网络间可无缝提供服务,网络可以自行组织,终端可以重新配置和随身佩带,是一个包括卫星通信在内的端到端 IP 系统,与其他技术共享一个 IP 核心网。它们均为支持 NGN 的基础设施。

8. IP 终端

随着政府上网、企业上网、个人上网、汽车上网、设备上网、家电上网等的普及,必须开发相应的 IP 终端来与之适配。许多公司现正在从固定电话机开始开发基于 IP 的用户设备,其中包括汽车的仪表板、建筑物的空调系统、家用电器、音响设备、电冰箱及调光开关和电咖啡壶等。所有这些设备都将挂在网上,可以通过家庭 LAN 或个人域网(PAN)接入或从远端 PC 接入。

9. 网络安全技术

网络安全与信息安全是休戚相关的,网络不安全,就谈不上信息安全。现在,除了常用的防火墙、代理服务器、安全过滤、用户证书、授权、访问控制、数据加密、安全审计和故障恢复等安全技术外,还要采取更多的措施来加强网络的安全,例如针对现有路由器、交换机、边界网关协议(BGP)、域名系统(DNS)所存在的安全弱点提出解决办法;迅速采用增强安全性的网络协议(特别是IPv6);对关键的网元、网站、数据中心设置真正的冗余、分集和保护;实时全面观察了解整个网络的情况,对传送的信息内容负有责任,不盲目传递病毒或攻击;严格控制新技术和新系统,在找到和克服安全弱点之前或者另加安全性之前不允许把它们匆忙推向市场等。

8.2　软交换的定义及特点

　　国际软交换协会(ISC)对软交换的定义是:软交换是提供呼叫控制功能的软件实体。我国信息产业部电信传输研究所对软交换的定义是:软交换是网络演进以及下一代分组网络的核心设备之一,它独立于传送网络,主要完成呼叫控制、资源分配、协议处理、路由、认证、计费等功能,同时可以向用户提供现有电路交换机所能提供的所有业务,并向第三方提供可编程能力。软交换的基本含义是一个基于软件的标准开放的分布式交换/控制平台。与呼叫控制、业务提供及交换矩阵均集中在一个系统中的传统交换技术不同,软交换的出发点是"网络就是交换",其核心思想是基于NGN功能四层分层概念,对交换所包含的呼叫控制、接续、业务处理等各种功能作不同程度的集成,并将其分离在网络中的不同类型的网元上,这些网元通过标准化协议进行连接和通信,从而使业务和网络可以独立发展,能够灵活提供业务和应用,以便满足用户不断发展、更新的业务需求。

　　软交换的主要特点是具有灵活、分布式的交换功能,各功能实体之间具有互操作性,可以快速引入新业务及新技术,优化网络结构。具体来说,软交换有如下几个技术特点:

　　1) 传统交换机着眼于节点解决方案,而软交换是一个网络解决方案。需要支持的新的网络能力可以由已有网元或新增网元实现,软交换则定义网元之间的标准接口。

　　2) 软交换是一个分布式和集中式相结合的解决方案。原则上所有功能都是在网络中分布实现的,尤其是网络互通功能由大量功能相对简单的分布式网关完成,但是呼叫控制和业务控制功能集中于少数几个软交换机完成,其沿用智能网集中控制的思想,确保系统可靠性和可控性。

　　3) 软交换是一个软件解决方案,其核心在于软交换机中的控制逻辑和网元之间的接口协议。软交换不考虑传送层功能,该功能由相应的底层网络自行解决。由于控制任务专一,软交换的容量可以相当大,这对有效控制通信业务是有利的。

　　4) 软交换采用分层体系结构,与网络的垂直分割相适配,支持网络的演进和新技术的引入。从狭义上讲,软交换是指软交换设备——软交换机,又称为媒体网关控制器(MGC)。该设备是电路交换网向分组网演进的核心设备,也是NGN网络呼叫与控制的核心设备,位于NGN的控制层。其作为一种功能实体,独立于底层承载协议,主要完成呼叫控制、媒体网关接入控制、资源分配、协议处理、路由、认证、计费等功能,并可以向用户提供现有电路交换机所能提供的所有业务和多样化的第三方业务。值得指出的是,该设备不像传统电路交换机,呼叫控制和业务流接续都由交换机负责执行,软交换仅是通过软件实现传统电路交换机的"呼叫控制"功能的实体(业务流的接续由NGN控制层以下的层面完成),这一点可以通过图8-2所示的例子来理解,但传统的"呼叫控制"功能是和业务结合在一起的,不同的业务所需要的呼叫控制功能不同,而软交换则是与业务无关的,这要求软交换提供的呼叫控制功能是各种业务的基本呼叫控制,如呼叫选路、管理控制、连接控制(建立会话、拆除会话)、信令互通(如从SS7到IP)等。

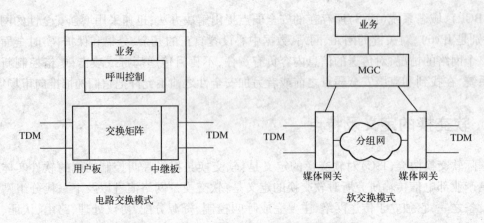

图 8-2　传统电路交换模式与软交换模式比较

8.3　软交换的体系结构

软交换的体系按功能可分为四层:媒体/接入层(边缘层)、传输层、控制层、业务/应用层,如图 8-3 所示。

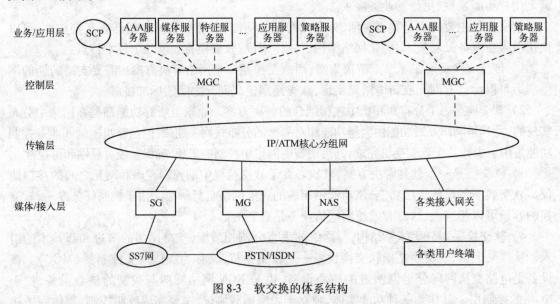

图 8-3　软交换的体系结构

1.　媒体/接入层

通过各种接入手段将各类用户连接至网络,并将信息格式转换为能够在网络中传递的信息格式。该层主要功能是完成异构网络之间信息的相互转换,从而实现网络信息互通。主要接入设备有:信令网关(SG)、中继网关(TG)、接入网关(AG)、综合接入设备(IAD)、无线接入网关(WAG)、媒体资源服务器。

1) SG:信令网关,与七号信令网相连,完成七号信令的转换,实现将七号信令承载于数据网上的功能。

2) TG:中继网关,位于电路交换网和分组网之间,与呼叫服务器配合,实现话音业务的汇接/长途中继功能。

3）AG：接入网关，连接不同的模拟电话用户，实现铜线方式的综合接入功能，与中继网关的相同点是也是传送语音，不同的是接入网关在电路交换网侧提供的结构比中继网关丰富。

4）IP PBX、IAD：综合接入设备，向用户同时提供模拟端口和数据端口，实现用户的综合接入。

5）WAG：无线接入网关，实现无线用户的接入。

6）媒体资源服务器：与控制层设备配合，提供多媒体资源。

2. 传输层

用于承载媒体流的高带宽的分组网络，将信息媒体流选路传送至目的地，要求有高可靠性以及一定的 QoS 保证。目前主要是指 IP 和 ATM 两种网络。

3. 控制层

该层是软交换体系的呼叫控制核心，利用媒体网关控制器 MGC，以软件形式控制接入设备完成呼叫接续。主要功能包括呼叫控制、业务提供、业务交换、资源管理、用户认证等。MGC 与上下层之间存在软交换与信令网关间的接口、MGC 之间接口等众多接口和 MGCP、H.248、H.323、SIP 等大量协议类型。

4. 业务/应用层

该层是软交换体系最高层，主要利用各种设备为整个体系提供各种丰富的增值业务、相应的网络管理及服务。主要包括：业务控制点 SCP、特征服务器、媒体服务器、AAA 服务器、应用服务器、策略服务器等众多服务器。其中，SCP 包括传统智能网和新的 IP 网上的 SCP，主要实现软交换与智能网业务的融合；AAA 服务器用于用户认证、管理、授权；媒体服务器提供媒体和语音资源的平台；特征服务器用于提供与呼叫过程密切相关的一些能力，如呼叫等待、快速拨号、在线拨号等，其提供的特性通常与某一类特征有关；应用服务器负责各种增值业务和智能业务的逻辑产生和管理、提供各种开放的 API，为第三方业务的开发提供创作平台等。策略服务器完成策略管理功能，定义各种资源接入和使用的标准。

本章后续部分将针对软交换体系介绍一些典型的组成网元设备以及几种主要协议。

8.4 一些典型的网元设备

软交换体系结构中，涉及到众多网元设备。由于篇幅所限，在此，简要介绍一下该体系结构中的几种典型网元设备，即媒体网关控制器、媒体网关和七号信令网关。

8.4.1 媒体网关控制器

媒体网关控制器（MGC）是电路交换网向分组网演进的核心设备，也是下一代电信网络的重要设备之一。其通过多种协议对整个网络加以控制，包括：监视各种资源并控制所有连接，并负责用户认证和网络安全；作为信令消息的控制源点和终点，发起和终止所有的信令控制，并且在需要时进行对应的信令转换，以实现不同网络的互通等。

1. MGC 功能

MGC 独立于底层承载协议，完成呼叫控制、媒体网关接入控制、业务提供、资源管理等诸多功能。MGC 功能结构示意图如图 8-4 所示，其所实现的主要功能包括：

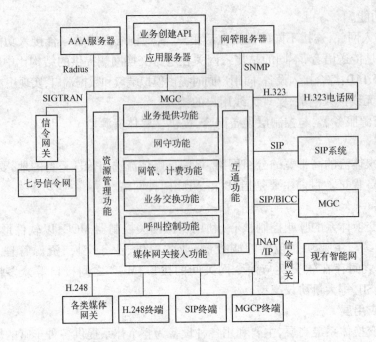

图 8-4　MGC 功能结构示意图

（1）呼叫控制功能

为基本呼叫的建立、维持和释放提供控制功能,包括呼叫处理、连接控制、智能呼叫触发检出和资源控制等;接收来自业务交换功能的监视请求,并对与呼叫相关的事件进行处理,接收来自业务交换的呼叫控制相关信息,支持呼叫的建立和监视;支持两方或多方呼叫控制功能,提供多方呼叫控制功能,包括多方呼叫特殊逻辑关系,呼叫成员的加入、退出、隔离、旁听和混音控制等;识别媒体网关报告的用户摘机、拨号和挂机等事件,控制媒体网关向用户发送音信号,如拨号音、振铃音、回铃音等,满足运营商的拨号计划。

（2）媒体网关接入功能

可以连接各种媒体网关。如 PSTN(公众交换电话网)/ISDN(综合业务数字网)网关,IP(Internet 协议)中继媒体网关,ATM(异步传递模式)网关,用户媒体网关、数据媒体网关、无线媒体网关等。媒体网关可完成 H.248 协议功能,可直接与 H.323 终端和 SIP(会议起始协议)客户端终端连接,提供相应业务。

（3）协议功能

MGC 提供支持多种信令协议接口,包括 H.248,H.323,SIP,SCTP,ISUP +,INAP +,RADIUS,SNMP 的接口等,它们采用标准协议与各种媒体网关、终端和网络进行通信。实现 PSTN网和 IP 网/ATM 网间的信令互通和不同网关的互操作。

（4）业务提供功能

能够提供 PSTN/ISDN 交换机提供的全部业务,包括基本业务和补充业务;可以与现有智能网配合提供智能网业务;可以与第三方合作,提供多种增值业务。并在将来提供视频和多媒体业务。

（5）业务交换功能

业务交换功能与呼叫控制功能相结合,提供呼叫控制功能和业务控制功能(SCF)之间进行通信所要求的一系列功能。业务交换功能主要包括:业务控制触发的识别,以及与 SCF 之间的通信;管理呼叫控制功能和 SCF 之间的信令;按要求修改呼叫/连接处理功能,在 SCF 控制下处理智能网业务请求;业务交互作用管理。

(6) 互通功能

可以通过信令网关实现分组网与现有七号信令网的互通;可以通过信令网关与现有智能网互通,为用户提供多种智能业务,允许 SCF 控制 VoIP 呼叫,且对呼叫信息进行操作(如号码显示等);可以通过互通模块,采用 H. 323 协议实现与现有 H. 323 体系的 IP 电话网的互通,采用 SIP 协议实现与未来 SIP 网络体系的互通;可与其他软交换设备互联,它们之间的协议可以采用 SIP 或 BICC;提供 IP 网内 H. 248 终端、SIP 终端和 MGCP 终端之间的互通。

(7) 网守功能

包括认证与授权、地址解析和带宽管理等功能。其中,认证与授权功能将管辖区域内的用户、媒体网关信息送给认证中心进行认证与授权,以防止非法用户/设备的接入;地址解析功能完成 E. 164 地址至 IP 地址、别名地址至 IP 地址的转换功能,同时也可完成重定向的功能;宽带管理功能管理宽带资源。

(8) 资源管理功能

对系统中的各种资源进行集中的管理,如资源的分配、释放和控制等。

(9) 网管、计费功能

主要包括维护、配置、业务统计、告警等操作维护功能以及计费信息采集等计费功能。其中,计费功能能够采集通话记录的详细信息,并通过 RADIUS 协议或其他方式将话单传送到计费中心。同时,它还支持实时计费方式,能够根据用户帐户余额决定通话时长,实现实时断线功能。

(10) 语音处理功能

可以控制媒体网关是否采用语音压缩,并提供可以选择的语音压缩算法,包括 G. 729,G. 723, G. 168 等;控制媒体网关是否采用回声抵消技术;向媒体网关提供语音包缓存区大小,以减少抖动对语音质量带来的影响。

2. MGC 对外接口及相关协议

MGC 是一个开放实体,其与外部存在多种接口及大量开放的通信协议,其示意图如图 8-5 所示。

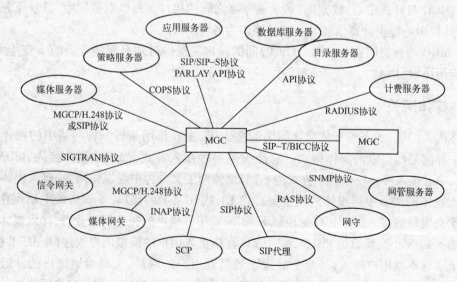

图 8-5　MGC 的对外接口及相关协议

1）MGC 与媒体服务器之间的接口。MGC 与媒体服务器间的接口协议一般采用 MGCP、H. 248 协议。MGC 也可以通过 SIP 来引导媒体服务器提供必要的媒体交互功能。MGC 同样可以通过 SIP 或 H. 323 将呼叫传送到应用服务器，在这种情况下，应用服务器接受该呼叫，并驱动媒体服务器提供必要的媒体交互功能。值得注意的是，在采用 SIP 的情况下，MGC 或应用服务器是采用第三方呼叫控制方式来控制媒体服务器的，而且媒体服务器只能被动等待MGC 或应用服务器的"INVITE（邀请）"，媒体服务器本身不能发出"INVITE"。

2）MGC 之间的接口。此接口可采用 SIP-T（SIP for Telephony）或 BICC（承载无关呼叫控制）协议，用于不同 MGC 间的交互。BICC 协议由 ITU-T 提出，由于其与七号信令（SS7）网络的高度兼容性而成为多数运营商的首选。SIP-T 协议由 IETF 提出，也将作为下一代网络 MGC间的可选接口。目前 SIP-T 要解决的问题是其自身的稳定和与 SS7 网络的互通。

3）MGC 与应用服务器之间的接口。该接口提供对第三方应用和各种增值业务的支持功能。目前被广泛接受的接口协议是 SIP，MGC 作为应用服务器前端的 SIP 代理（SIP Proxy）。该接口也可以使用 API，如 Parlay API 等。另外一种趋势是使用 SIP-S（SIP-Servlet）。

4）MGC 与策略服务器之间的接口。提供对网络设备的工作进行动态干预的功能。此接口可使用公共开放策略服务（COPS）协议。

5）MGC 与信令网关间的接口。用于传递 MGC 和信令网关间的信令信息。此接口一般采用 SIGTRAN 协议栈。

6）MGC 与媒体网关间的接口。MGC 与媒体网关间的接口用于 MGC 对媒体网关的承载控制、资源控制及管理，可使用媒体网关控制协议（MGCP）或 H. 248/Megaco 协议。

7）MGC 与网守之间的接口。用于基于 H. 323 的 IP 电话系统的网守设备接入软交换体系。该接口可采用 H. 323 的登记、接纳和状态（RAS）协议。

8）MGC 与 SIP 代理间的接口。用于 SIP 代理的接入，采用 SIP 协议。

9）MGC 与网管服务器之间的接口。用于提供网络管理功能，可使用简单网络管理协议（SNMP）。

10）MGC 与计费中心、数据库、目录服务器之间的接口。提供对数据库、目录服务等的访问，并向计费中心提供计费信息等。该类接口为各种 API。

11）MGC 与智能网业务控制点（SCP）间的接口。提供对现有智能业务的支持能力，采用智能网应用协议（INAP）。

8.4.2 媒体网关

媒体网关（MG）设备位于软交换网络的接入层，主要作用是将一种网络中的媒体格式转换成另一种网络所要求的媒体格式。它能提供多种接入方式，如模拟用户接入、ISDN 接入、V5 接入、中继接入等。根据接入方式的不同，媒体网关又分为中继媒体网关、接入媒体网关和无线接入媒体网关。中继媒体网关主要提供 E1 或 STM-1 的接口，负责传统电话网中 Class4和 Class5 交换局的接入，在 MGC 的控制下，实现基于分组网的长途话音业务；接入媒体网关能够提供接入 PBX 小交换机的 PRI、V5. 2 接口、直接接入用户的模拟用户线接口、ADSL 接口等，主要用于实现本地用户接入，其通常放置于最靠近用户的端局，实现本地用户的分组语音业务；无线接入媒体网关主要提供无线接入接口，以便将无线用户接入到软交换网络中。

1. MG 功能

国际软交换协会(ISC)定义媒体网关功能(MGF)为:MGF 是接入到 IP 网络的一个端点/网络中继或几个端点的集合,是分组网络和外部网络之间的接口设备,提供媒体流映射或代码转换的功能。MG 在软交换网络中处于接入层位置,负责不同媒体格式之间的转换。其功能结构如图 8-6 所示,具体描述如下:

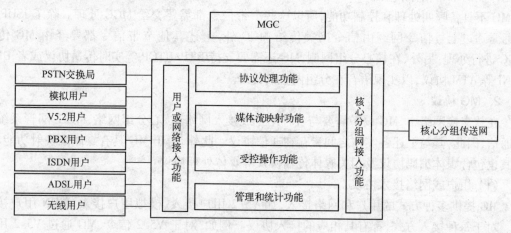

图 8-6 MG 功能结构示意图

（1）接入功能

该功能包括用户或网络接入功能和核心分组网接入功能两部分。用户或网络接入功能负责模拟用户、无线用户等各种用户或 PSTN/ISDN 网络、3G 网络等各种接入网络的综合接入。核心分组网接入功能是指 MG 以宽带接入方式接入核心分组网,目前,核心分组网络主要是 ATM 网络或者 IP 网络。

（2）媒体流映射功能

由于用户接入和核心分组网络之间的信息传送机制不一样,所以 MG 需要具有媒体流映射功能,以便将一种媒体流映射成另一种网络要求的媒体流格式。媒体流映射并非简单映射,由于业务和网络的复杂性,映射会涉及媒体编码格式、数据压缩算法、资源预约和分配、特殊资源检测处理、媒体流保密等诸多与媒体流属性相关的内容。此外,不同的业务特性还需要有特殊的要求,例如,话音业务在回声抑制、静音压缩、舒适噪声插入等方面有特殊要求。当核心分组网是 ATM 网络时,MG 应支持 AAL1 等 ATM 适配协议。当核心分组网是 IP 网络时,MG 应支持 RTP/RTCP 封装功能。对于语音信号的编解码功能,MG 应支持 G.711、G.729、G.723.1 等语音编码方式,并能实现不同编码方式的切换。MG 也需要设置输入缓冲,以便消除时延抖动对通话质量的影响。

（3）受控操作功能

MG 的大部分操作,尤其是与业务有关的操作都是在 MGC 控制下完成的,如,编码、压缩算法选择、呼叫建立和释放、特殊信号的检测处理等。在 MGC 控制下,MG 会向用户发送拨号音、振铃音等各种音信号,并且,MG 能够对自身相关资源进行申请、预约、占用、释放等操作。此外,MG 设备也会向 MGC 报告其自身资源的状态变化情况,例如,资源发生故障情况、资源故障恢复情况等。

（4）管理和统计功能

作为软交换网络中的一种网络设备,MG 需要接受网管系统的统一管理,要向 MGC 或网管系统报告相关统计信息。MG 收集的统计信息包括:设备相关的统计信息、端口相关的统计信息、连接或终结点的相关统计信息等。

（5）协议处理功能

该功能负责处理 MG 所涉及的各种协议。这些协议分为三类：一类是媒体网关控制协议，该类协议用于 MG 和 MGC 之间，使 MGC 能够对 MG 进行媒体通道连接和呼叫状态控制；一类是用户侧的窄带信令，包括 ISUP 信令、V5.2 信令、PRI 信令、BRI 信令、模拟用户信令等。由于 MG 不具备呼叫处理和控制功能，所以这些窄带信令都需要交给 MGC 处理。除了 ISUP 信令通常通过七号信令网经由信令网关传给 MGC 外，上述其他窄带信令都要经由 MG 传给 MGC 进行处理；另外，在核心分组网侧，MG 还需要支持 RTP/RTCP 等实时传送协议或者 UNI、PNNI 等 ATM 协议，以实现语音在分组网上的传送。

2. MG 协议

在软交换网络中，MG 设备需要与各种用户或接入网络、核心分组网络、MGC、网管系统进行通信，因此，其与上述各实体之间皆存在通信协议。此外，由于 MG 具有媒体流映射功能，所以其也包含媒体编码协议及相关媒体传输协议等媒体处理协议。

（1）用户或网络接入协议

MG 提供多种方式的用户和网络接入，如 V5.2 用户接入、模拟用户接入、ISDN 用户接入等。对于每种接入方式，都有其相应的接入协议。例如，对于 V5.2 信令，MG 通过 V5.2 用户适配协议将 V5.2 信令消息送给 MGC。又如，当 PSTN 通过 ISDN PRI/BRI 接口接入中继媒体网关时，MG 设备需要支持 ISDN PRI/BRI 信令。对于 PRI/BRI 接口协议 DSS1，MG 通过 ISDN Q.921 用户适配协议将信令消息送给 MGC 来处理。

（2）核心分组网络接入协议

鉴于目前软交换网络中，核心分组网可以选择 ATM 网络，也可以选择 IP 网络，为此，中继媒体网关主要采用 IP 或者 ATM 协议。

（3）MGC 与 MG 之间的接口协议

MG 的大部分操作需要由 MGC 控制来完成，为此，MG 与 MGC 之间存在控制协议。目前，该类控制协议主要有 MGCP 和 H.248/MEGACO 两种，其中，后者以其所具有的功能灵活等优点而逐渐成为 MG 与 MGC 之间的主流协议。

（4）媒体处理协议

媒体处理协议主要包括媒体编码协议和 RTP 两类：

1）媒体编码协议。就 MG 的媒体流映射功能而言，许多情形下，需要采用相关协议对媒体流进行编码。对于中继媒体网关，来自于用户的目前通常是数字化语音信号，其映射到核心分组网时需要转换成分组语音流，这种情况下可以采用 G.711、G.729、G.723.1 等语音编码协议。对于综合接入媒体网关，需要将用户的模拟语音、图像信息转换为分组媒体流，这种情况下可以采用 G.711、G.729、G.723.1 等语音编码协议以及 H.261、H.263、H.263 + 等图像编码协议。

2）RTP。RTP 为 IP 网络上的语音、图像等媒体数据提供点到点或点到多点的端到端的实时传输功能。该协议实际上包含两个相关协议——RTP 和 RTCP。其中，前者用于传送实时数据，但其不提供保证实时传送数据和服务质量的功能；后者用于提供 RTP 数据传输质量的反馈信息以及用于在会议业务中传送参加者的有关信息。

（5）网络管理协议

作为软交换网络的一个网元设备，MG 需要接受网管系统的统一管理，为此，需要使用网管接口协议。目前,使用最多的网管接口协议是 SNMP。对于使用 SNMP 的 MG,其内部需要设置 SNMP 代理模块,该模块和支持 SNMP 的网管系统进行通信,采集 MG 的相关信息并做相应处理。

8.4.3 信令网关

信令网关(SG)作为七号信令网和 IP 分组网络的接口,能够将七号信令协议转为 IP 协议传送到软交换网络中,以实现两个不同网络之间信令的互通。其作为接收和发送信令消息的信令代理,对信令消息进行中继、翻译和终结处理。根据部署情况不同,信令网关主要分为两类:七号信令网关和 IP 信令网关。前者用于中继七号信令协议的高层(ISUP、SCCP、TCAP)跨越 IP 网络。后者用于两种情形下 IP 到 IP 的信令转换,一是为了安全起见,需要隐蔽信令消息内的服务商的 IP 地址,这种情形下 IP 信令网关可以作为部署在分组网络间的应用程序层网关(ALG);二是应用在对于不具有完全信令能力的分组网络之间,需要通过网络边界上设置协议转换器来实现较小程度的网间互通情况。

1. SG 功能

国际软交换协议(ISC)定义了信令网关功能和接入网关信令功能。SG 实际上就是对信令网关功能或接入网关信令功能的物理实现,为此,SG 功能主要是指这些功能。信令网关功能主要利用 SIGTRAN 协议族封装七号信令等来自 PSTN/PLMN 的信令协议,并将其传输给 MGC 或另一个 SG。接入网关信令功能主要利用 SIGTRAN 族封装 V5 或者七号信令等来自 ISDN 的信令协议,或者利用 SIGTRAN 族封装移动网络中的 BSSAP 或者 RANAP 协议,并将其传输给 MGC。

2. SG 协议

SG 支持的主要协议是 SIGTRAN 协议。该协议是由一组协议组成的协议栈,如图 8-7 所示,其包括信令适配层、信令传输层和 IP 协议层三部分。其中,信令适配层用于支持特定的原语和通用的信令传输协议,包括针对七号信令的 M3UA、M2UA、M2PA、SUA、IUA 等协议以及针对 V5 的 V5UA 协议;信令传输层主要指 SCTP,其用于在 IP 网络上可靠传输信令信息,可以替代 TCP 和 UDP;IP 协议层主要是指 IP 传输协议。

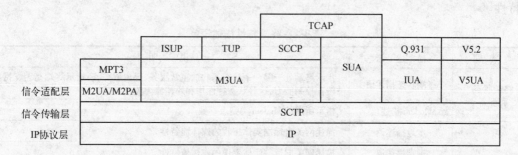

图 8-7 SIGTRAN 协议栈

8.5 软交换涉及的几种主要协议

NGN 融合了 PSTN、ATM、IP 等多种网络,需要支持标准协议实现网络互连互通。在这一部分,我们介绍三种重要协议类型:H.248协议、H.323协议和SIP。H.323实际上是一个协议集,包括H.225.0、H.245等协议。

8.5.1　H.248协议

1. 协议简介

H.248称为媒体网关控制协议,由ITU-T制定,主要应用在媒体网关和MGC之间,其目的是对媒体网关的承载连接行为进行监视和控制。为了这一目的,需要对媒体网关内部对象进行抽象、描述及操作,为此,H.248提出了终端(Termination)和关联域(Context)两个抽象概念,并通过所定义的8个命令完成对终端和关联之间的操作,从而完成呼叫的建立和释放。

下面,分别介绍一下终端、关联域和命令方面的有关知识。

(1)终端

终端是媒体流的源或宿,一个终端可以发送或接收一个或多个媒体流。终端可以对应为一个物理实体,其在装入网关后就永久存在,如中继网关TGW上的PSTN中继接口;也可以为一个虚拟实体,对应为一个信息流,如一个实时协议(RTP)语音流,它依附于呼叫,一旦呼叫结束,该终端就消亡。每个终端有一个终端标识,其在创建时由网关分配,并在网关内全局唯一。

H.248协议基于终端特性描述语和封包结构,通过相应的命令来执行指定终端特性、控制终端连接和监视终端性能等功能。

1)终端特性描述语。H.248协议为终端定义了4类描述特性——性质(Property)、事件(Event)、信号(Signal)和统计(Statistics),其中,性质又可分为终端状态特性和媒体流相关特性,前者主要表示终端所处的服务状态(如正常工作、故障或测试),后者主要表示虚拟终端相关的媒体信道属性(如只发/只收终端、媒体类型、编码格式、编码参数等);事件表示该终端应对哪些事件进行监视并向MGC报告,典型的如摘机、挂机、收到的被叫号码等;信号表示应向该终端施加的信号,典型的如拨号音、DTMF信号、录音通知等;统计指示终端应采集并报告给MGC的统计数据。并且,H.248协议用"描述语"(Descriptor)数据结构来描述上述终端特性。目前,其已分类定义了表8-1所述的7类19个描述语,通常每个描述语只包含上述某一类终端特性。

表8-1　终端特性描述语

类　别	描　述　语	说　明
终端状态 和配备	终端状态描述语	指示终端处于哪一个状态:测试、正常服务、退出服务,还指示终端是否支持事件缓存控制能力,这些状态特性均和媒体流无关
	Modem描述语	指示所用的Modem类型及参数
媒体流 相关特性	本地描述语	描述网关自远端实体接收的媒体流特性
	远端描述语	描述网关向远端实体发送的媒体流特性
	本地控制描述语	用于给定媒体流的模式:只发、只收、收/发、未激活和环路,也给定资源预留特性,与本地和远端描述语配合使用
	媒体描述语	描述一个终端中的所有媒体流,由终端状态描述语和一个或多个媒体流描述语组成
	媒体流描述语	规定一个双向流的参数,由本地、远端和本地控制三个描述语组成
	复用描述语	描述多媒体呼叫中的媒体流复用特性,如复用类型和参与复用的终端等

类　别	描　述　语	说　明
事件相关特性	事件描述语	包括一个请求标识和一列请求网关检测和报告的事件。请求标识用于关联事件请求和事件报告。请求的事件可以为:传真音、导通测试结果、挂机和摘机等。每个事件有一个事件名和可选参数,事件应由定义该事件的封包名和事件标识构成
	数字映像描述语	用于针对常见的一类事件检测——接收被叫号码。鉴于采用逐位接收逐位报告被叫号码方式效率不高,该描述语将被叫号码的可能组合方式告知终端,终端据此判断号码是否收齐,待收齐后一次性报告给 MGC
	事件缓存描述语	用于指示哪些事件应予以缓存。通常,检测到某匹配事件后,后续事件将停止检测,但是,在某些情况下,可能后续事件仍然有意义,有待于 MGC 进一步发送检测命令。为了防止在新的命令到来前检测事件的丢失,这些后续事件应予缓存
	已见事件描述语	用于通知命令和审计特性值命令,报告已观察到的事件
信号特性	信号描述语	用于定义信号特性。包含请求网关向终端发送的一组信号。信号具体描述由封包定义,在描述语中用封包名 + 信号标识予以引用
特性监视和管理	审计描述语	规定需要监管的信息,这些信息可能在终端退出呼叫后统计报告给 MGC,也可以由 MGC 发送命令要求即时上报。审计信息可以包括 Modem、复用、媒体、事件、数字影像、已见事件、事件缓存、信号、统计和封包描述语。审计描述语也可能不包含任何监管信息,其作用是告知网关,该终端退出呼叫时无需返回统计信息
	统计描述语	用于返回统计信息
	封包描述语	仅用于审计特性值命令,返回该终端实现的所有封包
	服务变更描述语	供网关通知 MGC,它即将退出服务或刚恢复正常服务,也可供 MGC 控制使用
关联域拓扑特性	拓扑描述语	用于规定该关联域内终端间的媒体流方向。该描述语含于 H.248 消息之中,但不含于任何命令中。描述语由一列形式为(T1,T2,关联)的三元组构成,T1,T2 为域内终端,可以是 ALL 或 CHOOSE 通配标识,关联指示这两个终端间的媒体流向。具体来说,(T1,T2,隔离)表示 T1 不接受来自 T2 的媒体流,反之亦然。(T1,T2,单向)表示 T2 接受来自 T1 的媒体流,但反之不然。(T1,T2,双向)表示 T2 接受来自 T1 的媒体流,反之亦然。在默认情况下,关联域中所有终端间都是双向通道。如果拓扑描述语涉及某终端,该终端仍然保持其原有的拓扑关系。如果加入一个新终端,它与其他终端间认为都是双向拓扑关系
出错指示	出错描述语	网关在执行命令时发现语法错误、语义错误或无法执行的情况下,将在响应中包含出错描述语,内含出错码和简要说明。在"通知"命令中也可能包含该描述语

2）封包。随着新的终端和特性要求的不断出现,上述所定义的终端特性及相应描述语已不能完全满足要求。针对这一情况,H.248 协议又定义了一种终端特性描述的扩展机制——封包(Package)描述。凡是未在前述描述语中定义的终端特性,均可以根据需要增补定义相应的封包,封包中定义的特性用{PackageID,特性 ID}标识,其中特性 ID 可为:性质 ID/事件 ID/信号 ID/统计 ID。每个封包经批准并得到因特网号码分配署(IANA)分配的号码后,即成为 H.248 协议的附件,可以在相应的 H.248 命令中使用。

（2）关联域

关联域表示多个终端间的相互关系,包括终端间的拓扑连接关系以及媒体混合和交换参数等。一个关联域通常包括关联域标识、拓扑、优先级和紧急呼叫指示语等属性。关联域的操作(创建、修改和删除)均由相应的 H.248 命令完成。其中,关联域的创建和删除是由相关命令隐含完成的,例如关联域的创建,当 MGC 用 Add 命令在关联域中加入一个终端,但命令中又未指明关联域标识时,就隐含指示 MG 创建一个关联域。

就一个关联域而言，其最多能包含的终端数目由网关决定，例如，提供点到点连接的网关只允许一个关联域中至多含有两个终端，而提供多点会议的网关可以允许一个关联域中含有两个以上终端。有一类特殊的关联域，称为空关联域（Null Context），其包含所有尚未和其他终端关联的终端。需要说明的是，一个终端同时只能存在于一个关联域中。

（3）命令

H. 248 协议定义了 8 个命令，命令控制对象都是终端。该些命令说明如表 8-2 所示，其中，[ ]表示的是任选参数。

表 8-2　命令类型

命令类型	功　能	命令形式	响应形式
终端加入命令 Add	由 MGC 发给 MG，用于在关联域中加入一个终端。如果使用该命令在关联域中加入一个终端，但命令中又未指明关联域标识，那么就隐含指示 MG 创建一个关联域	Add(终端标识[，媒体描述语][，Modem 描述语][，复用描述语][，事件描述语][，事件缓存描述语][，信号描述语][，数字映像描述语][，审计描述语])	响应(终端标识[，媒体描述语][，Modem 描述语][，复用描述语][，事件描述语][，信号描述语][，数字映像描述语][，已见事件描述语][，事件缓存描述语][，统计描述语][，封装描述语])
终端特性修改命令 Modify	由 MGC 发给 MG，用于修改指定终端的特性	同上	同上
终端迁移命令 Move	由 MGC 发给 MG，用于将指定终端由一个关联域转移至另一个关联域	同上	同上
终端删除命令 Substract	由 MGC 发给 MG，用于将指定终端从其关联域中删除，并返回该终端的统计信息。删除的物理终端返回空关联域。如果删除的是关联域中的最后一个终端，则该关联域亦被删除	Substract(终端标识[，审计描述语])	响应(终端标识[，媒体描述语][，Modem 描述语][，复用描述语][，事件描述语][，信号描述语][，数字映像描述语][，已见事件描述语][，事件缓存描述语][，统计描述语][，封包描述语])
审计特性值命令 AuditValue	由 MGC 发给 MG，用于命令网关即时回送指定终端的性质、事件、信号和统计特性的当前值。该命令可作用于特定关联域、所有(ALL)关联域(不含空域)和空关联域，指定的终端也可以是特定终端、通配型终端和根终端。根据关联域和终端类型的不同组合，该命令可以获得各种所需信息	AuditValue (终端标识，审计描述语)	响应(终端标识[，媒体描述语][，Modem 描述语][，复用描述语][，事件描述语][，信号描述语][，数字映像描述语][，已见事件描述语][，事件缓存描述语][，统计描述语][，封包描述语])
审计能力命令 AuditCapabilities	由 MGC 发给 MG，用于命令网关回送指定终端的性质、事件、信号和统计特性的可能取值。和 AuditValue 命令一样，关联域和终端类型可取各种组合，以获得相应的能力信息	AuditCapabilities(终端标识，审计描述语)	响应(终端标识[，媒体描述语][，Modem 描述语][，复用描述语][，事件描述语][，信号描述语][，已见事件描述语][，事件缓存描述语][，统计描述语])
通知命令 Notify	由 MG 发给 MGC，用于供网关通知 MGC 所发生的事件	Notify(终端标识，已见事件描述语[，出错描述语])	不需要响应
服务变更命令 ServiceChange	是 MGC 和 MG 之间的双向命令。网关可通过该命令通知 MGC 某终端或一组终端将要退出服务或刚恢复正常服务。MGC 可通过该命令指示相关终端退出服务或恢复正常服务。网关也可通过该命令通知 MGC 某终端能力已改变，还可使 MGC 将对某终端的控制权转交给另一个 MGC	ServiceChange(终端标识，服务变更描述语)	响应(终端标识，[，服务变更描述语])

2. 一个呼叫控制流程示例

下面以图 8-8 所示的网络结构中的电话用户 1 呼叫电话用户 2 为例,说明如何利用前述的命令完成呼叫建立和释放过程。其呼叫建立和释放消息流程如图 8-9 所示,具体步骤说明如下:

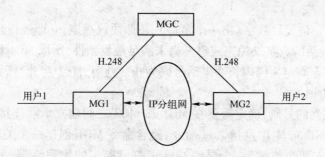

图 8-8　网络结构示例

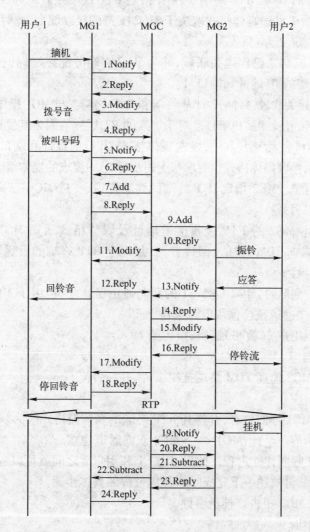

图 8-9　利用 H. 248 命令建立和释放呼叫流程

1）MG1 检测到用户 1（主叫）摘机并上报 MGC。MG1 用 Notify 命令向 MGC 报告已检测到用户 1 摘机事件。该命令中事件描述语不但给出具体的事件（摘机），还给出检测到摘机事件的时间。

2）MGC 回复已收到此通知。

3）MGC 命令向主叫终端送拨号音，根据编号方案检测被叫号码，并监视挂机事件。

4）MG1 回复响应。

5）MG1 收到第一位拨号数字（第一个事件），按照协议规定，立即停止当前信号（拨号音）的发送。因为当前激活的数字映像完成事件尚未满足触发条件，所以 MG1 继续采集后续拨号数字（后续事件），直至判定为国内长途电话号码为止。此时，MG1 将此号码通知 MGC。

6）MGC 回复响应。

7）MGC 分析收到的号码，确定需要在 MG1 和 MG2 之间建立承载连接。首先在 MG1 的关联域加入终端。MGC 向 MG1 发送 Add 命令，隐含命令 MG1 创建一个关联域（创建呼叫）。在此关联域中要加入两个终端，一个是终端标识符已确定的物理终端，另一个是需要等待 MG1 分配终端标识符的 IP 侧 RTP 终端。MGC 指定 RTP 终端接收两种媒体格式：G. 723. 1 编码和 PCM 律编码。由于发送媒体格式取决于 MG2 支持的接收能力，此时尚不能确定，因此此时该 RTP 终端暂只能定义为"只收"。

8）MG1 回复响应，告之已创建关联域，并为 RTP 终端分配终端标识，选定接收媒体编码格式，并填入 RTP 终端的 IP 地址和端口号。

9）命令 MG2 创建关联域，并加入 TDM 终端和 RTP 终端。与 MG1 操作类似，但这里要求向被叫 TDM 终端送振铃，并检测摘机事件。对于加入的 RTP 终端，因为其发送特性和接收特性都要规定，所以模式定为"收发"型，其中，发送媒体格式、其目的地址和端口号码来自于 MG1 中 RTP 终端的接收特性，接收媒体格式也要求与上述步骤 8）中要求的媒体编码格式相同。

10）MG2 回复响应。MG2 指定 RTP 终端的终端标识、支持 MGC 已规定的接收媒体格式和接收 RTP 流的端口号。

11）MGC 将上述 MG2 的 RTP 接收信道地址及媒体格式通知 MG1。其处理包含两个 Modify 命令，一是要求向 TDM 终端发回铃音，二是规定 RTP 终端的发送特性，其值取自 MG2 的 RTP 终端的接收特性。

12）MG1 回复。到此时，MG2-->MG1 的后向通道已建立，但由于 MG1 的 RTP 终端尚处于"只收"模式，故前向通道虽已保留但尚未建立。

13）MG2 检测到用户 2（被叫）摘机，报告给 MGC。

14）MGC 回复响应。

15）MGC 命令 MG2 监视 TDM 终端挂机事件，并断铃流。

16）MG2 回复响应。

17）MGC 命令 MG1 停回铃音，并将其 RTP 终端的媒体流格式改为"收发"型。

18）MG1 回复响应。至此，MG1 <-->MG2 双向通道建立。

上述步骤完成了呼叫建立过程。此后，用户 1 和用户 2 之间就可以进入通信状态。下面，以用户 2 先挂机为例，再描述一下完成呼叫释放过程的具体步骤。

1）用户 2 挂机，MG2 报告该挂机事件。

2）MGC 回复响应。

3）MGC 命令 MG2 删除终端。

4）MGC 命令 MG1 删除终端。

5）MG2 回复响应,上报统计数据。

6）MG1 回复响应,上报统计数据。

用户 1 先挂机的呼叫释放过程与上述相同。由于所有终端均已从关联域中删除,因此该关联域也被删除,即呼叫释放。为了接收新的呼叫,此时 MGC 应命令 MG1、MG2 中的 TDM 终端检测摘机事件。

8.5.2　H.323

1. H.323 简介

H.323 被普遍认为是目前在分组网上支持语音、图像和数据业务最成熟的协议。它是由 ITU-T 提出的,研究 H.323 协议的初衷是希望该协议用于多媒体会议系统,但目前它却在 IP 电话领域得到广泛应用。其实际上是一个协议集,包含了一组协议,其协议栈结构如图 8-10 所示。

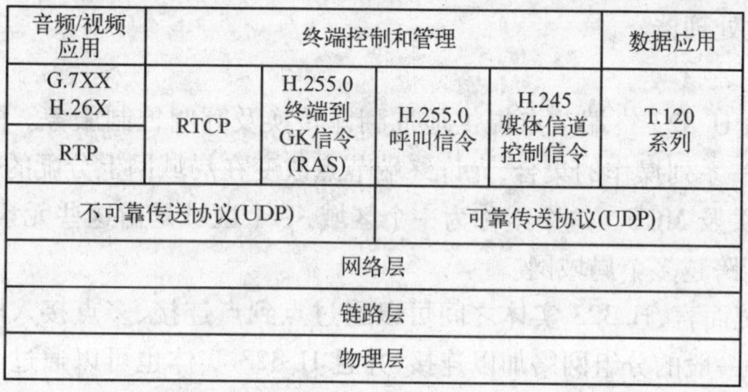

音频/视频应用	终端控制和管理				数据应用
G.7XX H.26X	RTCP	H.255.0 终端到 GK信令 (RAS)	H.255.0 呼叫信令	H.245 媒体信道 控制信令	T.120 系列
RTP					
不可靠传送协议(UDP)		可靠传送协议(UDP)			
网络层					
链路层					
物理层					

图 8-10　H.323 协议栈结构

其中,下面三层协议由所使用的具体网络决定。若使用 LAN,则该三层协议为物理媒体-MAC-IPX;若使用 IP 网络,则该三层协议是 TCP/IP 协议栈的底三层协议;倒数第四层协议包括不可靠传送协议(UDP)和可靠传送协议(TCP)两部分,UDP 用于对可靠性要求不高的传送实时音频/视频数据及终端到网守的管理信令信息,TCP 用于传送数据信息及呼叫信令和媒体控制信令信息;RTP 主要为实时音频/视频数据提供端到端传递服务;RTCP 用于传送实时信号的传递质量参数,提供 QoS 监视机制,也可传送会议通信中的与会者信息;G 系列和 H 系列协议分别用于编码音频和视频信息,编码后的信息将封装在 RTP 协议分组中,并采用 UDP 传送;T 系列建议用于数据应用信息,该类信息使用 TCP 传送; H.225.0 协议用于呼叫控制,其包括两部分,一是 ITU-T Q.931(ISDN 第三层的规范)的变体,该部分协议称为呼叫信令或是 Q.931 信令,主要用于在 H.323 端点之间建立以及拆除连接,二是 RAS(登陆,许可和状态)协议,用于端点和关守之间,使关守可以管理其所在域中的端点。H.245 协议主要用于媒体信道控制,包括通信信道的建立、维护与释放。H.225.0 和 H.245 两个协议是 H.323 系统的核心协议。这些协议将在后续部分加以较为详细的介绍。

2. H.323 体系结构

H.323 系统包含 H.323 终端、H.323 网关、多点控制单元、H.323 关守（Gatekeeper,有的称为网守、网闸）等组成部件,这些组成部件又称为 H.323 实体。

（1）终端

H.323 终端是基于 IP 网络上的一个终端用户设备,用来提供与其他 H.323 终端的实时双向语音、视频或者数据通信。该终端也能与一个 H. 323 网关或一个多点控制单元(MCU)进行通信。终端不一定需要配置成能支持视频、数据通信等所有业务,H. 323 也不需要终端具有支持如此多业务的能力。

(2) 网关

网关是位于一个局域网上的单个节点,用来与其他的 H. 323 终端或位于其他网络上的 ITU-T 终端进行通信。该网关的主要作用是完成媒体信息编码转换和信令转换两项功能,例如 G. 711 和 G . 729 语音信号之间的转换。一个 H. 323 网关可与另外的 H. 323 网关协同工作。

(3) 多点控制单元(MCU)

多点控制单元支持在三个或三个以上的终端和网关之间的多点会议。一个两终端的点对点的会议可被扩展到一个多点会议。MCU 包括一个命令多点控制器(MC)和可选的多点处理器(MP)。M C 支持与所有终端进行协商的能力,并控制组播中的资源。MP 在 MC 的控制下实现对语音、视频或者数据业务的混合或交换能力。在进行多点会议时,MP 是处理语音、视频以及数据流的主处理器。

(4) 关守

H. 323 关守向 H. 323 终端节点提供地址翻译转换及呼叫控制服务。同时它还负责带宽控制、网关定位等一系列操作的集合,允许终端节点改变在局域网上分配的带宽。一个关守将管理一组终端、网关及 MCU。这个组称为一个区域,一个区域是由这些元素构成的逻辑联系,而在物理上有可能跨越多个局域网。

就 H. 323 系统而言,H. 323 实体之间可以通过点到点连接、多点接入网络段或多个网络段、LAN、广域网等一般的分组网络加以连接,并且 H. 323 实体也可以通过不同网络连接其他系统终端,图 8-11 给出了一个典型 H. 323 系统结构。

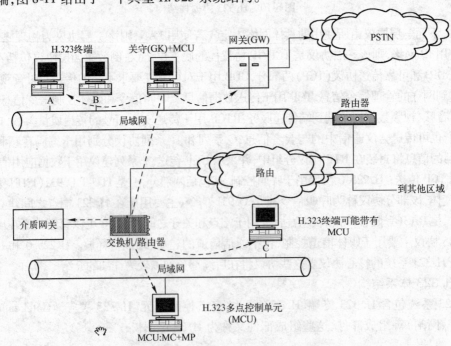

图 8-11　典型 H. 323 系统结构示意图

3. RAS 协议

（1）RAS 协议过程

RAS 协议是端点（终端或网关）和关守之间执行的协议，基本上是执行管理功能。它主要包含以下几个协议过程：

1）关守搜寻（Gatekeeper discovery）：用于端点发现其归属的关守，采用多播机制完成发现功能。其后所有 RAS 消息均限定在端点和其归属关守之间传送。

2）端点注册（Endpoint registration）：用于端点向关守注册其自身的信息，主要是别名和呼叫信令信道传输地址。

3）端点定位（Endpoint location）：用于端点或关守向相应的关守询问某一端点呼叫信令信道的传输地址。

4）呼叫接入（Call admission）：开始呼叫第一步操作，询问关守是否允许该呼叫接入。

5）呼叫退出（Call disengagemellt）：呼叫结束后通知关守该端点已退出呼叫（无须应答）。

6）带宽管理：支持端点在呼叫过程中提出带宽改变要求，由关守决定其要求。

7）状态查询（Status）：主要用于关守询问终端的开机/关机状态。

8）网关资源指示：向关守通告该网关的可用资源，例如，可用的带宽有多少等。

（2）消息类型

RAS 协议消息类型如表 8-3 所示。

表 8-3　RAS 消息类型

RAS 协议过程	RAS 协议消息	功　能
关守搜寻	GRQ	关守搜索请求
	GCF	关守搜索证实
	GRJ	关守搜索拒绝
端点注册	RRQ	注册请求
	RCF	注册证实
	RRJ	注册拒绝
	URQ	取消注册请求
	UCF	取消注册确认
	URJ	取消注册拒绝
端点定位	LRQ	别名-网络地址转换请求
	LCF	定位确认
	LRJ	定位拒绝
呼叫接入	ARQ	呼叫接入请求
	ACF	呼叫接入确认
	ARJ	呼叫接入拒绝
呼叫退出（拆除）（Disengage）	DRQ（关守或端点发出）	呼叫拆除请求
	DCF	呼叫拆除确认
	DRJ	呼叫拆除拒绝

RAS 协议过程	RAS 协议消息	功　能
带宽管理	BRQ	带宽改变请求
	BCF	带宽改变确认
	BRJ	带宽改变拒绝
状态查询	IRQ（关守发向端点）	状态信息请求
	IRR	状态信息响应
	IACK	关守发出的对接收 IRR 的确认
	INAK	在出错情况下收到 IRR 时由关守发出
资源可用性指示	RAI（网关发向关守）	网关发向关守,通知关守网关目前的处理能力
	RAC	关守发出的对 RAI 的响应

（3）RAS 消息流程

下面简单介绍一些主要的 RAS 消息流程。

（1）关守自动搜寻

关守搜寻有人工搜寻和自动搜寻两种方式。人工方式需要通过端点配置将其归属关守的传输地址预置入初始化文件中,如果端点和归属关守的关系发生改变,需要人工配置,灵活性不强。自动方式允许端点和其归属关守的关系可以随时改变,当原有关守出现故障时可以自动切换到其他关守上去,提高了可靠性和灵活性。

在自动方式中,端点采用多播地址（IP 地址:224.0.1.4/UDP 端口号:1718）发送 GRQ 消息,可以有一个或多个关守回送 GCF 消息,并在消息中告之其 RAS 地址。不同意该端点在其上注册的关守则返回 GRJ 消息。如果有多个关守回送 GCF 消息,则由端点任选一个作为其归属关守。端点发送的 GRQ 消息包含端点类型、端点自身的 RAS 信道地址、希望在其上注册的关守标识等参数。关守返回的 GCF 消息除了包含该关守标识和 RAS 信道地址外,还可包含“替换关守”序列参数,它按优先级顺序指定,如果至该关守的请求没有响应或被拒绝,可转向其他关守重新提出请求。关守自动搜索流程如图 8-12 所示

（2）端点注册（登陆）和注销

端点在关守搜寻过程中确定关守后,在其上注册加入其管理区域,端点只有注册后才能发起和接入呼叫。端点向关守的 RAS 地址发送 RRQ 消息,消息中包含的最重要的参数就是端点别名和其呼叫信令传输地址以及 RAS 消息的地址,端点别名可为 E.164 地址或 H323 标识。E.164 地址由接入号码和电话号码组成,其中接入号码可以用来标识网关。H323 标识为字符串形式,可以是用户名、E-mail 名或其他标识。一个端点可以有多个别名,但所有别名都被翻译为同一个传输地址。注销过程则相反。端点注册（登陆）和注销流程如图 8-13 所示。

（3）端点定位

当某端点已知另一端点的别名,需要知道其呼叫信令信道传输地址时,可以向相应关守的 RAS 地址发送 LRQ 消息。关守收到这个消息后,回送 LCF 消息,如果呼叫信令是采用直接选路方式,则 LCF 中包含该端点的呼叫信令信道传输地址,如果呼叫信令是采用关守选路方式,则 LCF 中包含的是关守的呼叫信令传输地址。

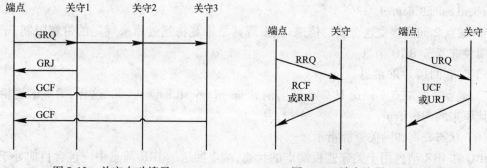

図 8-12　关守自动搜寻

图 8-13　端点注册(登陆)和注销

（4）呼叫接入和退出

ARQ/ACF 和 DRQ/DCF 分别表示呼叫的开始和结束. 在 ARQ 中,发送端点给出目的端点的别名以及所要求的带宽。如果关守同意接入这个呼叫,则回送 ACF 消息,其中包括允许分配的带宽和翻译后所得的目的地呼叫信令传输地址或者是关守本身的呼叫信令传输地址,这取决于呼叫信令是采用直接选路还是关守选路方式(ACF 中的 CallModel 参数)。另外,被叫收到呼叫接入信令时也要向关守发送 ARQ 消息。

关守在 ACF 消息中的允许带宽可以低于端点在 ARQ 中请求的带宽。通信中应确保收发信道的平均比特率低于此允许带宽。在呼叫中此带宽也可以改变,这由带宽管理过程决定。

（5）带宽管理

带宽管理用于呼叫过程中改变呼叫接入时确定的带宽。带宽改变过程既可由发送方请求,也可以由接收方请求。下图给出发送方请求改变带宽的过程,这一过程经常和 H.245 信令有着紧密的联系。带宽管理流程如图 8-14 所示。

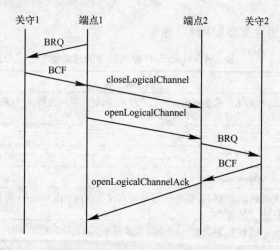

图 8-14　带宽管理流程:发送方请求

1）端点 1 想增加某个逻辑信道的发送比特率,并且这个要求超过事先确定的带宽,它就向其归属关守发送 BRQ 消息。

2）关守判定有足够的带宽,回送 BCF 消息。

3）端点 1 向端点 2 发送 H.245 消息 closeLogicChannel。关闭原来的逻辑通道。

4）端点 1 建立一条新的逻辑信道,设定比特率为新的值,然后向端点 2 发送 H.245 控制消息 openLogicalChannel。

5) 端点 2 同意接受这个新的信道,但发现其总带宽将超过原来规定的带宽限制,于是向其归属关守发送 BRQ 消息。

6) 关守回送 BCF 消息。

7) 端点 2 向端点 1 回送 H.245 证实消息 openLogicalChannelAck. 这样,增宽的逻辑信道将取代原来的逻辑信道。

（6）状态查询和网关资源指示

IRQ 和 IRR 消息用于关守监视端点的状态,端点回送的 IRR 消息中应包含目前处于激活状态的所有信道的状态,该机制主要用于网络管理。关守也可以通过 ACF 消息要求端点周期性地向其发送状态消息。

RAI 和 RAC 消息用于网关向关守通告其当前可用资源的情况。RAI 包含该网关在当前能支持的各种协议的数据速率,并在资源快用完时发出警告。

4. H.225.0 协议

H225.0 呼叫信令协议用来建立呼叫,请求呼叫带宽改变,得到呼叫中端点的状态以及断开呼叫等。

H.225.0 呼叫信令协议是以应用于 ISDN 的 Q.931/Q.932/Q.950 协议为基础制定的,其中以 Q.931 协议为主。之所以采用这种直接借用的方法,一是可以加快标准的制定速度并保证其可靠性,二是有利于和电路交换网的互通。

Q.931 协议是 ISDN 中用户-网络接口（UNI）的第三层信令协议,用于基本呼叫控制。它和网络节点接口（NNI）的七号信令 ISDN 用户部分（ISU）共同完成从主叫用户到被叫用户的端到端连接的建立、维护和释放。H225.0 呼叫信令信令消息都是 Q.931 消息的子集。

（1）消息类型

H.225.0 呼叫信令消息类型如表 8-4 所示。

表 8-4　H.225.0 呼叫信令消息类型

消息种类	消息名	性质
呼叫建立	Set-up(初始化),消息中的参数包括呼叫标识符、呼叫类型、呼叫端点信息、源和目的别名、H.245 地址等(SIP Invite)	M
	Alerting(激活)(180 Ringing)	M
	Connect	M
	Set-up Acknowledge	O
	Call Proceeding(呼叫在处理中,被叫端点或关守在发出 Connect 消息前发的临时响应,SIP 100 trying)	O
	Progress(进行中,网关发出,在电路交换网中使用比较多)	O
呼叫清除	Release Complete	M
其他消息	Status	M
	Status Inquiry	O
	Information	O
	Notify	O

消息种类	消息名	性质
Q. 932 消息	Facility(在呼叫初始化时使用:初始化消息发到一个端点时,如果它的关守愿意参加呼叫信令的传递,这个被叫端点就会返回一个 Facility 消息,其中的 routeCall-ToGatekeeper 是表示原因的参数,而收到这个消息的一方将会尝试通过被叫端点的关守重新建立呼叫,详细见呼叫流程的说明)	M
	用户信息	O

注:M 表示强制消息,O 表示可选消息。

(2) 呼叫信令流程

下面介绍一些典型的呼叫信令流程。在介绍这些流程之前,先介绍与之有关的信令传送方式方面的相关知识。

1) 信令传送方式。在呼叫接纳通过后,H. 225.0 呼叫信令消息可以采用下述两种方式之一加以传送,具体采用哪种方式由呼叫接纳过程确定:① 呼叫信令直接路由方式,在呼叫信令直接路由方式中,关守只需要和端点建立 RAS 信道,关守在 ACF 中直接回送端点 2 的呼叫信令信道运输层地址,端点 1 和端点 2 的信令消息直接发往对端。由于这种方式下关守对于呼叫信令和控制信令不作任何控制,因此比较简单。

② 呼叫信令间接路由方式,呼叫信令间接路由方式又称为关守路由方式,在这种方式下,关守需要和端点建立两条信道——RAS 信道和呼叫信令信道,RAS 信道的消息及处理方式与直接路由方式相同;对于呼叫信令信道,关守可以只负责转接其中的呼叫信令而不作任何处理,也可以将收到的呼叫信令递交给高层作进一步的处理,从而提供附加的服务。关守在 ACF 中回送自身的呼叫信令信道运输层地址,两个端点的信令消息都发往关守。由于这种方式下,关守不但要处理呼叫端点的 RAS 信令,还要负责呼叫信令转接等操作,所以,增加了关守的负荷,但提高了整个系统的控制能力。

2) 典型呼叫信令流程。在此,介绍 6 个典型呼叫信令流程。由于篇幅所限,仅对其中两个加以详细说明,其余 4 个仅给出相应流程图。

两个端点都在同一个关守下注册(直接路由方式),该种情形下的呼叫信令流程如图 8-15 所示。说明如下:

① 主叫端点 1 再 RAS 信道上向其归属关守发送 ARQ 消息,请求发起到端点 2 的呼叫。

② 关守如果不同意接纳该呼叫,则回送 ARJ 消息给端点 1。如果接纳,关守翻译出端点 2 的呼叫信令信道运输层地址,由 ACF 消息回送给端点 1。

③ 端点 1 建立到端点 2 的呼叫信令信道,在该信道上发送 Set-up 消息。

④ 端点 2 回送 Call Proceeding 消息,指示呼叫已到达,正在处理中。

⑤ 端点 2 愿意接受该呼叫,经 RAS 信道向关守发送 ARQ,请求接纳该呼叫。

⑥ 关守如果不同意接纳该呼叫,则回送 ARJ 消

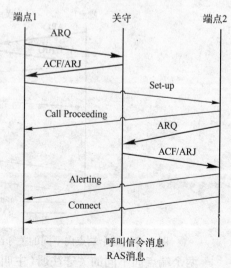

图 8-15 两个端点都在同一个关守下注册
(直接路由方式)的呼叫信令流程

203

息给端点2。如果接纳,关守回送 ACF 给端点2。

⑦ 端点2向端点1回送 Altering 消息,等待用户应答。

⑧ 用户应答,端点2向端点1发送 Connect 消息,消息中带有端点2的 H.245 控制信道 TCP 端口号。至此,呼叫建立完成。

两个端点都在同一个关守下注册(关守路由方式),该种情形下的呼叫信令流程如图 8-16 所示。

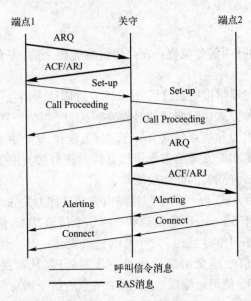

图 8-16 两个端点都在同一个关守下注册(关守路由方式)的呼叫信令流程

两个端点向不同的关守注册(主叫直接/被叫直接路由方式),该种情形下的呼叫信令流程如图 8-17 所示。

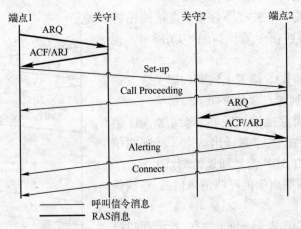

图 8-17 两个端点向不同的关守注册(主叫直接/被叫直接路由方式)的呼叫信令流程

两个端点向不同的关守注册(主叫关守/被叫直接路由方式),该种情形下的呼叫信令流程如图 8-18 所示。

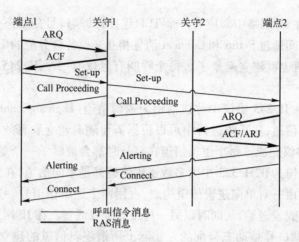

图 8-18   两个端点向不同的关守注册(主叫关守/被叫直接路由方式)的呼叫信令流程

两个端点向不同的关守注册(主叫关守/被叫关守路由方式),该种情形下的呼叫信令流程如图 8-19 所示。

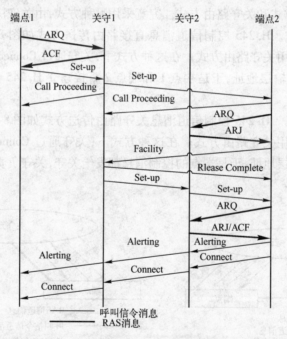

图 8-19   两个端点向不同的关守注册(主叫关守/被叫关守路由方式)的呼叫信令流程

5. H.245 协议

H.245 协议是通用的多媒体控制协议,主要是针对会议通信而设计的。H.323 系统采用 H.245 协议做为控制协议,用于控制通信信道的建立、维护和释放。下面简介 H.245 协议的一些有关知识。

(1) H.245 协议信道划分

在 H.245 协议中,定义了两类信道:

1) 控制信道。H.323 实体通过该信道传送 H.245 消息,控制媒体信道的建立和释放。控制信道是可靠信道,在 IP 网络中对应为一个 TCP 连接,其端口号是动态分配的。在 H.225.0 呼叫建立过程中端点间通过 Setup 和 Connect 消息相互交换各自分配的 TCP 端口地址,呼叫建立后,H.245 控制信道也就建立起来了。每个呼叫有且仅有一个 H.245 控制信道,直到呼叫完成后才释放。

2) 媒体信道。在 H.245 协议中称该信道为逻辑信道(Logical Channel)。两个 H.323 实体间可以有多条逻辑信道,在呼叫进行中可以根据需要随时建立和释放(Open/Close)。这个过程由 H.245 控制协议完成。每个逻辑信道在打开时都会被赋予一个逻辑信道号(LCN),控制信道的逻辑信道号恒为 0,H.323 中大多数逻辑信道都是单向信道,在点到点电话通信中要求的双向信道实际上由一对单向逻辑信道构成,占用两个逻辑信道号。这种分离的方式使得终端有可能以一种格式发送话音,同时以另一种格式接收话音。在 IP 网络中的传输通道为不可靠信道(UDP),其端口号是动态分配的。实际上所谓逻辑信道的建立,就是通信双方通过逻辑信道打开和证实消息交换各自分配的端口号。

(2) H.245 控制信道消息传送方式

类似于 H.225.0 呼叫信令消息的传送方式,关守对 H.245 控制信道消息也采用了两种传送方式,即直接路由方式和关守路由方式。究竟采用哪种方式,由关守决定。

1) 直接路由方式。H.245 控制信道消息直接路由传送方式如图 8-20 所示。在此,假设呼叫信令信道消息采用关守路由方式。在这种方式下,关守通过 Connect 消息直接通知端点 2 的 H.245 控制信道运输层地址,于是端点 1 和端点 2 直接建立 H.245 信道连接,在其上传输媒体控制消息。

3) 关守路由方式。H.245 控制信道消息关守路由传送方式如图 8-21 所示。这里也假设呼叫信令信道消息采用关守路由方式。在这种方式下,关守通过 Connect 消息通知其自身的 H.245 控制信道运输层地址,于是端点的控制消息都发给关守,关守负责到两个端点的控制信道的中继连接。

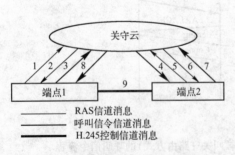

图 8-20 H.245 控制信道消息
直接路由传送方式

1—ARQ 2—ADF/ARJ 3—Set-up 4—Set-up
5—ARQ 6—ACF/ARJ 7—Connect
8—Connect 9—H.245 信道

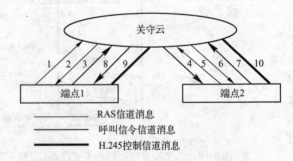

图 8-21 H.245 控制信道消息关守路由传送方式

1—ARQ 2—ADF/ARJ 3—Set-up 4—Set-up
5—ARQ 6—ACF/ARJ 7—Connect 8—Connect
9—H.245 信道 10—H.245 信道

(3) H.245 协议过程

呼叫建立完成后,H.245 的控制过程主要包括能力交换、主从确定过程、逻辑信道的打开/关闭和呼叫释放等过程。另外,对于会议通信,H.245 还定义了其他一些控制消息和过程。下面,简要介绍一些主要的 H.245 协议过程。

1)能力交换过程。能力交换是指相互通信的两个终端,向对方发送信息说明自己的接收和发送能力。其目的是确保发送的多媒体信号都能被接收端接收和正确解码。这是 H.225.0 呼叫建立完成后首先执行的一个过程,它使通信双方了解对方接收和发送信号的能力。对于 IP 电话终端,只需说明对于音频编码支持哪些标准,优先选择哪些模式,以便两个终端采用对应的能力。

2)主从确定过程。主从确定过程用于解决两个端点同时打开双向逻辑信道时的冲突问题。特别是在会议系统中,当试图决定由谁来控制会议时,可以解决两个端点都急于与对方通信,并同时试图与对方建立会话时的冲突问题。该过程具体是通过终端类型值和一个随机数的比较来实现的。

3)打开单向逻辑信道过程。在能力交换完成后,端点就可以根据对方的接收能力发起信道建立过程。信道打开过程由发送方启动,用 H.245 协议中的 openLogicalChannel 消息。其中的一个重要的参数是前向逻辑信道参数,表示与前向(从发出请求的端点发出的方向)发送的媒体有关。其他参数包括将要发送的数据类型(如 G.728 音频),RTP 会话 ID,RTP 负荷类型等。相应终端应当用 H.245 中描述的 OpenLogicalChannelAck 应答。其中逻辑信道号相同,同时带有一个传输地址以接收媒体流。

4)打开双向逻辑信道过程。与上一过程相比,主要区别在于 openLogicalChannel 消息中还需要含有反向逻辑信道参数(媒体交换,RTP 负荷类型等),以说明主叫方想要接收的媒体类型以及接收地址。接收方 ACK 确认消息也会带上反向的逻辑信道号。

5)关闭逻辑信道过程。逻辑信道只能由主叫方关闭,被叫方只能请求主叫方关闭。而关闭双向逻辑通道时,需要同时关闭前向和反向两条逻辑信道。

6. H.323 通信控制过程

如前所述,H.323 系统通信控制需要 RAS 协议、呼叫信令协议、H.245 协议相互协作。为了清晰起见,在此,简要归纳介绍 H.323 系统通信控制过程。H.323 系统中终端、网关、MCU 之间建立通信关系通常需要执行三个控制过程:

1)呼叫接纳控制:在 RAS 控制信道上执行 RAS 协议,关守同意接纳呼叫后在端点和关守或端点之间建立起呼叫信令信道,进入呼叫建立过程。

2)呼叫控制:在呼叫信令信道上执行呼叫信令协议,呼叫建立成功后在端点和/或关守之间建立起 H.245 控制信道。

3)连接控制:在 H.245 控制信道上执行 H.245 控制协议,在端点之间建立起一个或多个逻辑信道。

对于上述控制全过程,可以将其划分为 5 个阶段:

1)包括接纳控制在内的呼叫建立。

2)通信能力交换和模式设定,以便协调通信各方的互通性。

3)建立通信逻辑信道。

4)通信进行过程中的呼叫服务,包括带宽修改,由点到点通信扩展为会议通信等。

5)呼叫终结,关闭所有信道。

在上述 5 个阶段中,第一阶段主要涉及 H.225.0 信令过程,其余各阶段主要涉及 H.245 协议过程。

8.5.3 会话启动协议

1. 协议简介

SIP(Session Initiation Protocol,会话启动协议)由 IETF mmusic 工作组制定,是在 IP 网络上进行多媒体通信的应用层控制协议,其中会话的含义是泛指 IP 网络客户机和服务器之间任何一个事务。针对 IP 多媒体网络技术问题,ITU-T 制定了 H.323 协议标准,IETF 也提出了相应的多媒体业务解决方案,该方案的支撑协议是 SIP 和 SDP(Ssession Description Protocol,会话描述协议),基于 SIP 的 IP 网络多媒体通信系统的协议栈结构如图 8-22 所示。IETF 在制定 IP 网络通信标准中非常重视重用已有协议,SIP/SDP 独立于低层协议,可采用不同的传送层协议,可在已有的 TCP/UDP 上传送。其中,SIP 若采用 UDP 传送,要求响应消息沿请求消息发送的同样路径回送;若采用 TCP 传送,则同一事务的请求和响应需在同一 TCP 连接上传送。使用时,RFC2543 协议优先选择在 UDP 上传送,其目的在于加快信令的传送速度,之后的 RFC3261 规定 TCP 是必备的传送协议,UDP 是任意选择的。SIP 是信令协议,负责传送呼叫控制信令,其作用类似于 H.255.0,SDP 用于 SIP 消息体的文本会话描述,负责描述媒体信道的类型、属性等,其作用类似于 H.245,SIP 和 SDP 密切相关。

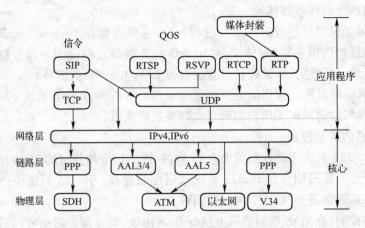

图 8-22 IP 网络多媒体通信系统的协议

2. SIP 系统体系结构

SIP 系统采用客户机/服务器结构。客户机是指呼叫请求发出的一方,服务器是指接收呼叫请求接收提供服务并回送应答的一方。客户机是产生请求的 SIP 实体,服务器是接收请求、响应的 SIP 实体,通过客户机和服务器间的客户机/服务器工作模式,SIP 系统可以完成对呼叫和传送层的控制。

SIP 是一个应用层的信令控制协议。用于创建、修改和释放一个或多个用户的会话,SIP 系统定义了 4 种类型服务器:

1) 用户代理服务器:接收到 SIP 请求时联系用户,并代表用户返回响应。

2) 代理服务器:完成 SIP 消息的转接、转发功能。在收到 SIP 客户机的呼叫请求后,查询 SIP 注册服务器,获取呼叫请求目标客户机的地址信息。然后将呼叫邀请信息直接转发给目标客户机(如果它位于同一管理域中)或代理服务器(如果目标客户机与呼叫请求发起客户机不位于同一管理域中)。在转发请求之前,它可能改写原请求消息中的内容。

3）重定向服务器：当目标客户机与呼叫请求发起客户机不位于同一管理域中，该服务器可将 SIP 会话邀请信息定向到外部管理域，它通过响应告诉客户机下一跳另一个代理服务器的地址，然后由客户根据该地址向下一个服务器重新发送请求。

4）登记服务器：又称注册服务器，其接收客户机的注册请求，完成用户地址的注册，该注册信息会进入 IP 网络中的公共的定位服务器，以供后续通信中确定用户位置时使用。

由于 SIP 端系统既能发出请求，又能响应请求，因此，SIP 端系统需要同时包含用户代理客户机和用户代理服务器，例如与 PSTN 互通的网关。当前可用于 SIP 电话的用户终端设备有装有电话代理的 PC、用于创建和管理 SIP 会话的移动电话、多媒体手持设备等。

以上服务器是就软件功能而言划分的，实际上，三种服务器可以实现在一个硬件上，登记服务器通常和代理服务器或重定向服务器位于一处。

SIP 系统的网络结构如图 8-23 所示。从该图可见，重定向服务器和代理服务器在确定下一跳服务器时都可能向定位服务器发出查询请求。定位服务器不属于 SIP 系统所定义的服务器范畴，其实际上是 Internet 中已存在的公共服务器，其记录管理域中所有用户代理的位置，在 SIP 通信中，收到代理服务器查询请求后，这些服务器会检索参与通信的客户机相关信息，并将其发送到 SIP 代理服务器。

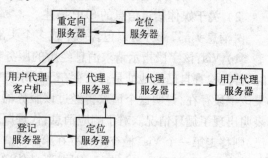

图 8-23　SIP 系统网络结构

3. SIP 用户地址

SIP 的基本功能是建立或终结会话，其核心机制是"邀请"（INVITE），通过"邀请"操作、终接用户或网络回送响应可以建立会话。SIP 在两方面确保协议消息的正确传输，一方面，SIP 类似于 HTTP，终端用户用 SIP URL 标识，SIP URL 又类似 E-mail 地址，但比 E-mail 地址要复杂得多。SIP URL 的一般格式是：

SIP：用户名：口令@ 主机；端口；传送参数；用户参数；方法参数；生存期参数；服务器地址参数。例如：Sip：j. doe@ big. com、Sip：j. doe：secret@ big. com；transport = tcp；subject = project、Sip：+ 1-212-555-1212：1234 @ gateway. com；user = phone、Sip：alice @ 10. 1. 2. 3、Sip：alice @ registar. com；method = REGISTER。其用户名字段可以是电话号码，以支持 IP 电话网关寻址，实现 IP 电话和 PSTN 的互通。另一方面，SIP 通过定位服务器进行用户定位，用户定位基于登记和 DNS 机制。SIP 用户终端上电后就向登记服务器登记，正如前面 SIP 体系结构中提到的，登记信息会进入定位服务器，以后通过访问定位服务器，就可确定用户位置，这也是 SIP 最强大的功能。

4. SIP 消息的格式与类型

SIP 采用文本编码格式，定义了两种类型的消息：请求（客户机到服务器）和响应（服务器到客户机）。响应消息又分为中间响应消息和最终响应消息，前者是指呼叫进展情况，如用户空闲、正在振铃等，后者是指最终成功或异常失败情况。

SIP 消息的一般格式为：

SIP 消息 = 请求起始行/状态行

消息头部

空行

［消息体］

SIP 请求和响应消息采用一致的消息格式,SIP 消息格式中"请求起始行/状态行"部分对于请求消息是请求起始行,对于响应消息是状态行。"消息头部"对于请求消息是 *（通用头部|请求头部|实体头部）,对于响应消息是 *（通用头部|响应头部|实体头部）, * 表示该字段有多个。有关更进一步的介绍将在后续部分给出。

"消息体"部分用于封装相关描述,是可选项,若消息中存在消息体,则需要在消息头部指明消息体的内容类型、编码方式和长度。目前存在两类消息体:

1）MIME 形式的文本信息,如响应消息中指示呼叫进展情况和失败原因的说明。

2）关于媒体信道信息的 SDP 描述。

"消息头部"部分可以包含一个或多个头部,主要头部字段按协议中的次序包括:

1）Via:该字段指示请求消息经历的服务器路径。当某个代理服务器收到一个请求消息时,首先检查自己的地址是否已存在于该字段中,如果不存在,则在 Via 中加入自己的地址;如果该字段存在,说明这个请求曾经过该服务器,代理服务器将以 482（检测到循环）作为响应,表明出现了循环情况。对于响应消息,代理服务器收到一个响应消息,第一个 Via 应该指向自己,则移走第一个 Via,检查是否存在第二个 Via,如果不存在,则说明消息的目的地就是自己。如果第一个 Via 不是指向自己,则把消息传递到这个 Via 字段所在的地址。通过这种机制可以保证消息的正常传送。Via 字段的一般格式为:

Via:发送协议 发送方;参数

其中,发送协议的格式为

协议名/协议版本/传送层 发送方为发送方主机:端口号

例如,

Via:SIP/2. 0/UDP first. example. com;4000。

2）From:指示请求的发起方地址,为请求和响应消息必含字段。服务器将此字段从请求消息复制到响应消息。该字段的一般格式为:

From:显示名〈SIP URL〉;tag = xxx,

例如,

From:"A. G. Bell" < sip:1 @ bell-telephone. com >

3）To:指示请求的接收方地址,为请求和响应消息必含字段,其格式与 From 相同,仅第一个关键词代之以 To。

4）Call-ID:全局唯一标识一个特定的邀请或标识某一客户的所有登记。用户在收到数个参加同一会议或呼叫的邀请时,根据其 Call-ID 各不相同,判断是否属于同一个呼叫,即判断其重复性。该字段的一般格式为:

Call ID:本地标识@ 主机

其中,主机应为全局定义域名或全局可选路 IP 地址。Call ID 的示例如下:

Call ID:19771105@ oo. bar. com

5）Cseq:命令序号,由请求方法和一个十进制序号构成。客户在每个请求中应加入此字段,序号初值可为任意值,其后具有相同的 Call-ID 值,但不同请求方法、头部或消息体的请求,其

Cseq 序号应加 1。重发请求的序号保持不变。ACK 和 CANCEL 请求的 Cseq 值与对应的 INVITE 请求相同,BYE 请求的 Cseq 值应大于 INVITE 请求,由代理服务器并行分发的请求,其 Cseq 值相同。服务器将请求中的 Cseq 值复制到响应消息中去。Cseq 的示例为:

Cseq:4711 INVITE

6) Record-Route(路由记录) 和 Route(路由):这两个字段主要是为了实现有状态路由控制设置的。INVITE 消息经过的每一个代理服务器都会将自己的地址插入到 Record-Route 列表的第一项,由此可见,此在最后的消息路径中,列表的第一项是最后一个代理服务器。依据此机制,当客户端收到 INVITE 消息的 200 响应时,客户在取出 Record-Route 的信息后,将其逆序插入可形成 Route 的列表,用于后续的 ACK 或 bye 消息中。其列表包含了一个从呼叫方客户端到被叫服务器的一个代理服务器顺序列表,另外列表的末端还要加上被叫服务器的 Contact 地址。为确保代理服务器知道请求发送地址,从主叫方到被叫方的路径上的每一个代理服务器,在转发消息前都将"Route"第一项移除,Route 首部的第一项便总是沿着从主叫方到被叫方路径下一跳的地址。

7) Contact:该字段用于 INVITE、ACK 和 REGISTER 请求以及成功响应、呼叫进展响应和重定向响应消息,其作用是给出其后与用户直接通信的地址。Contact 字段的一般格式为:

Contact:地址;参数

其中,Contact 字段中给定的地址不限于 SIP URL,也可以是电话、传真等 URL 或 mailto:URL。其示例可为:

Contact:"Mr. Watson" < sip:waston@ worcester. bell-telephone. com >

(1) 请求消息的格式与类型

请求消息格式如前所述,其中,请求消息起始行格式为:

方法　请求 URI　SIP 版本号

请求 URI 指示被邀用户的当前地址,不含传送参数、生存期和多播地址。SIP 版本号目前为 SIP/2.0。方法是指请求操作方法,亦即请求消息类型。SIP 定义了 6 个请求消息类型,如表 8-5 所示。为便于说明协议,下面给出一个 INVITE 请求消息示例,其中,最后 5 行是用于 SDP 描述的消息体内容:

INVITE sip:Watson@ Boston. bell-tel. com SIP/2.0
Via：SIP/2.0/UDP kton. bell-tel. com
From：A. Bell < sip:a. g. bell@ bell-tel. com >
To：T. Watson < sip:Watson@ bell-tel. com >
Call-ID：662606876@ kton. bell-tel. com
CSeq：1 INVITE
Contact：< sip:a. g. bell@ kton. bell-tel. com >
Subject：Mr. Watson, come here.
Content-Type：application/sdp
Content-Length：...

v = 0
o = bell 53655765 2353687637 IN IP4 128. 3. 4. 5
s = Mr. Watson, come here.
c = IN IP4 kton. bell-tel. com

m = audio 3456 RTP/AVP 0 3 4 5

表 8-5　SIP 请求消息类型

消息类型	说　明
INVITE	该项用于主叫方邀请某用户加入某会话
ACK	用于证实主叫方已收到对于 INVITE 请求的最终响应,和 INVITE 消息相对应
OPTIONS	用于查询服务器能力,包括主叫方所支持的所有方法和 SDP 参数,如用户忙闲状态信息
BYE	此消息用于指示释放呼叫
CANCEL	用于取消一个尚未完成的呼叫请求,如果该请求已完成则不受到影响
REGISTER	用于客户机在启动时向登记服务器登记其地址

(2) 响应消息的格式与类型

响应消息格式亦如前所述,其中,状态行格式为:

SIP 版本　状态码　原因短语

SIP 版本同前所述。原因短语给出简短的文字描述。SIP 也定义了 6 类响应消息,其分别用不同的状态码表示,如表 8-6 所示。一些常用的响应状态码如表 8-7 所示。同样,为了有更清晰的认识,下面给出一个成功响应消息示例,其中,最后 5 行也是用于 SDP 描述的消息体内容:

SIP/2. 0 200 OK
Via：SIP/2. 0/UDP kton. bell-tel. com
From：A. Bell ＜sip：a. g. bell@ bell-tel. com＞
To：＜sip：Watson@ bell-tel. com＞ ;tag = 37462311
Call-ID：662606876@ kton. bell-tel. com
CSeq：1 INVITE
Contact：sip：Watson@ Boston. bell-tel. com
Content-Type：application/sdp
Content-Length：...

v = 0
o = Watson 4858949 4858949 IN IP4 192. 1. 2. 3
s = I'm on my way
c = IN IP4 Boston. bell-tel. com
m = audio 5004 RTP/AVP 0 3

表 8-6　SIP 响应消息及状态码类型

消息类型	状态码	说　明
信息响应	1xx	请求建立的呼叫正在处理,即进展响应
成功响应	2xx	所请求的动作已成功收到、理解和接受
重定向响应	3xx	需进行进一步的处理来完成该请求
客户出错响应	4xx	请求中包含错误文法或服务器不能完成
服务器出错响应.	5xx	服务器由于某种原因不能支持一个正确的请求
全局故障响应	6xx	任何服务器上都不支持该请求

表 8-7　一些常用的响应状态码

状 态 码	描　　述	状 态 码	描　　述
100	尝试呼叫中	380	替换服务(请求服务不能执行)
180	振铃	400	不合理请求
181	呼叫转移中	404	未发现
182	排队中	405	不允许的方法
183	会话进行中	500	服务器错误
200	OK	501	没有实现
202	已接受	502	网关错误
300	多重选择	503	业务不可用
301	永久迁移	504	网关超时
302	临时迁移	600	任何服务器皆忙
305	使用代理服务器	603	拒绝

5. 一个呼叫控制流程示例

在此,以图 8-24 所示的 SIP Gateway-SIP Gateway 之间的呼叫建立和释放流程为例,进一步加深对 SIP 的理解。图中 PBX 即专用交换机,是用户级交换机,被广泛地运用在企业办公机构中,可极大地提高企业的办事效率。

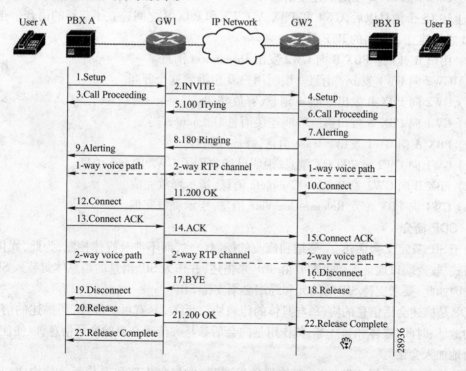

图 8-24　SIP 呼叫控制流程示例

1）用户 A 通过 PBX A 向 GW1 发送 Setup 消息,建立呼叫请求。

2）GW1 向 GW2 发起 INVITE 用户 B 的请求。此时,GW1 的 port 已经做好了接收 RTP 数

据的准备。

3）GW1 向 PBX A 发 Call Proceeding 消息,证明已经收到并正在处理 INVITE 消息。

4）GW2 收到 GW1 发出的 INVITE 消息后,通过 PBX B 向用户 B 发出呼叫建立消息。

5）GW2 向 GW1 发 100 Trying 消息证明已经收到了 INVITE 消息。

6）PBX B 向 GW2 发送 Call Proceeding,证明已经收到了 Setup 消息。

7）PBX B 找到了用户 B,向 GW2 发 Alerting 消息,同时用户 B 开始振铃。

8）GW2 向 GW1 发 180 Ringing 消息,说明 GW2 已经找到了用户 B。

9）GW1 通过 PBX A 向用户 A 发 Alert 消息。此时,用户 A 听到了回铃音,说明被叫用户 B 已经振铃。

在上述 9 个消息以后,GW1 和 PBX A,GW2 和 PBX B 之间建立了单路的语音通道,GW1 和 GW2 之间建立了双路的 RTP 通道。

10）用户 B 摘机,PBX B 发 Connect 消息给 GW2,通知 GW2 连接已经建立。

11）GW2 发 200 OK 消息给 GW1,通知 GW1 连接已经建立。同时已经进行了媒体能力的选择。

12）GW1 通过消息 Connect 通知 PBX A,连接建立。

13）PBX A 利用 Connect ACK 消息确认 GW1 的连接消息。

14）GW1 向 GW2 发确认消息 ACK。说明已经收到了 200 OK 的消息。

15）GW2 向 PBX B 发确认连接消息 Connect ACK。

在上述 15 个消息以后,GW1 和 PBX A,GW2 和 PBX B 之间建立了双路的语音信道,GW1 和 GW2 之间建立了双路的 RTP 通道。

16）用户 B 挂机。PBX B 向 GW2 发出 Disconnect 消息。

17）GW2 向 GW1 发 bye 消息。说明用户 B 想拆除这个呼叫。

18）GW2 向 PBX B 发出 release 消息,释放呼叫。

19）GW1 向 PBX A 发出拆除呼叫连接消息 Disconnect。

20）PBX A 向 GW1 发出 release 消息,释放呼叫。

21）GW1 向 GW2 发 200 OK 消息,说明已经收到了 GW2 的 bye 消息。

22）PBX B 向 GW2 发 Release Complete 消息,指示释放完成。

23）GW1 向 PBX A 发 Release Complete 消息,指示释放完成。

6. SDP 简介

由于 SIP 只定义会话建立、终结和修改的控制信息,而不涉及媒体控制,为此,媒体类型、编码格式、收发端口地址等信息需要由 SDP 来描述,并作为 SIP 消息的消息体封装入 SIP 消息中。正因如此,要求支持 SIP 的网元和终端必须支持 SDP。

SDP 是描述会话信息的协议,与具体的传输协议无关,具有可扩展性,所描述的信息包括会话的地址、时间、媒体和建立等,其作用是向会话参与方传送必要的会话信息,以便使它们能够自由地加入会话。

SDP 信息可以采用 SIP、RTSP 等协议传送,其数据包由头部和净荷两部分构成,其中,头部属于相应的传送协议,净荷用于 SDP 会话描述。在利用 SIP 传送下,SDP 头部就是 SIP 的头部,其净荷对应为 SIP 的信息体。

SDP 会话描述包括会话级描述和媒体级描述两部分。鉴于一个会话可以包含多个媒体流,SDP采用了这两级描述方式,前者给出适用于整个会话和所有媒体流的描述信息,后者给出只适用于该媒体流的信息。这些描述皆采用文本形式,并且严格规定了各字段的顺序和格式。

构成 SDP 会话描述的文本行格式:

<type> = <value>

其中,type 为单个字符,由协议规定;value 为结构化文本串,格式由 type 决定,通常由多个不同参数字段组成;'='两侧无空格。

SDP 会话描述的一般格式(其中,'*'行为任选行):

会话级描述部分:

v = (协议版本)

o = (会话源)

s = (会话名)

i = * (会话信息)

u = * (提供会话信息的 URI)

e = * (会话负责人的 email 地址)

p = * (会话负责人的电话号码)

c = * (连接信息。如果在所有媒体中都饱含,则该行不需要)

b = * (带宽信息)

t = (会话激活的时间区段)

r = * (零个或多个重复时间)

z = * (时区调整)

k = * (加密方法和密钥)

a = * (零个或多个会话属性行)

媒体级描述部分:

m = (媒体名和传送地址)

i = * (媒体标记)

c = * (连接信息。如果在会话级饱含,则该行是可选的。)

b = * (带宽信息)

k = * (加密方法和密钥)

a = * (零个或多个媒体属性行)

为了清晰起见,下面给出一个 SDP 会话描述举例:

v = 0 （版本为 0）

o = bell 53655765 2353687637 IN IP4 128.3.4.5 （会话源:用户名 bell,会话标识 53655765,版本 2353687637,网络类型 internet,地址类型 Ipv4,地址 128.3.4.5）

s = Mr. Watson, come here. （会话名:Mr. Watson, come here. ）

i = A Seminar on the session description protocol （会话信息说明）

t = 31493286000 （起始时间:t = 3149328600(NTP 时间值),终止时间:无）

215

m = audio 3456 RTP/AVP 0 3 4 5	（媒体格式：媒体类型 audio，端口号 3456，传送层协议 RTP/AVP，格式列表为 0 3 4 5）
c = IN IP4 kton. bell-tel. com	（连接数据：网络类型 internet，地址类型 Ipv4，连接地址 kton. bell-tel. com）
a = rtpmap：0 PCMU/8000	（净荷类型 0，编码名 PCMU，抽样速度为 8 kHZ）
a = rtpmap：3 GSM/8000	（净荷类型 3，编码名 GSM，抽样速度为 8 kHZ）
a = rtpmap：4 G723/8000	（净荷类型 4，编码名 G723，抽样速度为 8 kHZ）
a = rtpmap：5 DVI4/8000	（净荷类型 5，编码名 DVI4，抽样速度为 8 kHZ）

8.5.4 SIP 和 H. 323 的比较

H. 323 的最初设计是为了实现多媒体多方会议，其应用也可扩展到实现用户的全面呼叫事务，SIP 的最初设计是为了支持 VoIP 的应用，两者目前都通常用于 IP 电话，都利用 RTP 作为媒体传输的协议。H. 323 由国际电联提出，SIP 由 IETF 提出，由于两者来源于两大阵营，因而其设计风格迥然不同。在 IP 电话应用方面，H. 323 企图把 IP 电话当作是应用广泛的传统电话，区别在于传输方式由电路交换变成了分组交换；SIP 把 IP 电话当作 Internet 上的一个应用，并增加了信令和 QoS 的要求。由于推出较早，考虑与现有 PSTN 互通，H. 323 采用的是传统的实现电话信令的模式，虽然协议发展较成熟，但相当复杂。而 SIP 是在其他 Internet 标准和协议基础上发展而来的，与 H. 323 相比，SIP 有其突出的优点：

1）容易理解、协议简单。SIP 基于 HTTP 模型，消息的词法、语法用文本表达容易理解，信息类型也较少，比较简单。而 H. 323 采用基于 ASN. 1 和压缩编码规则的二进制方法表示其消息，本身是一个协议体系，因而比较复杂。

2）效率较高。由于 SIP 本身比 H. 323 简单得多，建立一次呼叫相应消息流数量较少，因而 SIP 的效率要比 H. 322 高。

3）扩展性较好。SIP 的最初设计就借鉴了其他协议（如 HTTP、SMTP）的设计经验，在可扩展性方面考虑得比较充分，其设计目的就是为分布式的呼叫模型服务的，具有多域搜索、分布式组播功能，可以支持比较大的网络。H. 323 采用集中、层次式控制方式。尽管集中控制方式便于计费等管理，但是当用于控制大型会议电话时，H. 323 中执行会议控制功能的多点控制单元很可能成为瓶颈。

4）功能扩充性较好。H. 323 为实现补充业务定义了一套专门的协议，如 H. 450. 1、H. 450. 2 和 H. 450. 3 等，而 SIP 充分利用已有协议（如 TCP、UDP 等），只要充分利用已定义的头域，必要时对头域进行简单扩展就能很方便地支持补充业务或智能业务。

8.6 小结

下一代网络（NGN）的出现和发展是演进，而不是革命，本章介绍了 NGN 的核心技术：软交换。

软交换具有几个重要特征：采用开放的网络构架体系，其协议接口的标准化有利于各种异构网的互通；业务独立于网络；通过网关设备实现与现有网络的互通，同时支持现有终端设备；基于统一 IP 协议实现多业务融合，可靠性、安全性等方面有保证。其体系结构可从网络结构横向和设备功能纵向分层两个角度理解。

软交换的实质就是"网络就是交换",将交换的各种功能分离在网络中不同类型的网元上实现,通过软件实现各功能实体,网元之间通过标准化协议进行连接与通信,从而可以快速引入新业务、新技术,可有效降低服务商的运营成本。

软交换体系结构按功能可分为 4 层:媒体/接入层(边缘层)、传输层、控制层、业务/应用层。软交换体系结构涉及典型的网元设备有:媒体网关控制器(MGC)、媒体网关(MG)和七号信令网关(SG)。MGC 实现多种复杂的功能,与外部存在多种接口及开放的通信协议,支持的功能有呼叫控制、媒体网关接入、协议、业务提供、业务交换、互通、网守、资源管理、网管计费、语音处理等功能。MG 是接入到 IP 网络的一个端点/网络中继或几个端点的集合,它是分组网络和外部网络之间的接口设备,提供媒体流映射或代码转换的功能。例如,PSTN/ISDN IP中继媒体网关、ATM 媒体网关、用户媒体网关和综合接入网关等,支持接入、媒体流映射、受控操作、管理和统计、协议处理等多种复杂的功能。SG 是对信令网关功能或接入网关信令功能的物理实现。

软交换涉及 H. 248 协议、H. 323 协议、SIP 等几种协议。H. 248 称为媒体网关控制协议,主要应用在媒体网关和 MGC 之间,其目的是对媒体网关的承载连接行为进行监视和控制。H. 323 本身不是一个单一的协议,而是一个复杂的协议体系。H. 323 系统包含 H. 323 终端、H. 323 网关、多点控制单元、H. 323 关守(Gatekeeper,有的称为网守、网闸)等组成部件,这些组成部件又称为 H. 323 实体。SIP 是一个应用层的信令控制协议,用于创建、修改和释放一个或多个参与者的会话。SIP 与 H. 323 相比,有协议简单、容易理解、效率高、扩充性及扩展性好等优点。

8.7 习题

1. 什么是 NGN? 其特征是什么? NGN 的体系结构如何?

2. 简述媒体网关的结构功能。

3. 为什么要引入网关技术? 媒体网关和信令网关的作用是什么?

4. 说明软交换的系统结构。

5. 简述软交换的特点与功能。

6. 简述软交换中典型的网元设备。

7. 软交换主要包括哪几个部分,各个部分的功能分别是什么?

8. SIP 中 ACK 方法作用是什么?

9. 说明 SIP 中的请求消息类型。

10. 简述 SIP。

11. 讨论 SIP 是否适合 NGN 的发展需要。

12. H. 323 的核心协议是什么? 请介绍 H. 323 的协议栈结构。

13. 说明什么是 H. 248 协议。

14. 试描述一个 H. 248 协议呼叫的流程。

15. 简述 SIP 与 H. 323 的区别。

第9章 光 交 换

光纤已经成为当前通信领域中的重要传输媒介。其优越的高带宽性能能够很好地适应宽带通信的带宽需求。然而,鉴于影响网络通信能力的两大主要元素是物理传输媒介和网络转接设备,相应地,为了提高以光纤作为传输媒介的整个通信网络的高速通信能力,在网络转接节点处,需要使用直接接续光信号的具有高速处理能力的光交换系统替代目前广泛使用的传统电信号交换系统,这将成为通信网发展的必然趋势。本章中,首先介绍一些典型的光交换元器件以及光交换技术的分类,并在此基础上,介绍一些典型及新型的光交换技术。

9.1 光交换概述

在通信领域中,传统的交换技术属于电交换,网络中交换机接续的信号是电信号。对于这种交换机,如果传输线路采用目前已经得到广泛使用的光纤传输光信号,则需要在交换机的输入端,将光信号通过光-电转换器件转换为电信号,交换机内部对电信号进行接续并送到输出端口,输出端口再通过电-光转换器件将电信号转换为光信号,然后再发送到光纤上去。

20多年来,光纤技术得到了飞速发展,传输容量达到10Gbit/s的单波长光纤传输系统已经出现,通过光复用方式使一个光纤的传输容量达到数十/百 Gbit/s 甚至 Tbit/s 的多波长光纤传输系统也已经出现,例如:目前常用的波分复用(WDM)系统一般包含 8、16、32 或者 128 个波长,每个波长上所承载的传输容量最多可达到 2.5 Gbit/s。这些光纤传输系统已经得到了商业化的生产和应用。然而与高容量的光纤的发展现状相比,虽然多年来,电交换系统也有了一定发展,目前其交换能力可以达到 Gbit/s 数量级,但这好像已经是其最大极限。由于相应技术及介质材料的固有局限性,研发更高交换能力的电交换系统已经变得非常困难。因此,电交换系统的处理能力远未匹配高速的光纤传输能力,已经成为限制网络高速通信的一大瓶颈。

为了克服上述局限性,光交换日益受到人们的关注。所谓光交换,即是对光纤传来的光信号直接进行交换接续。由于其对要交换接续的信号,无需通过电交换情形下的光-电和电-光转换过程,而是直接对光信号进行高速接续,所以其能够很好地匹配光纤传输能力,克服电交换系统的瓶颈效应,进而可以使得整个通信网络的通信能力得以显著的提升。

9.2 典型的光交换元器件

光交换元器件是构成光交换网络的基础,随着技术的不断进步,光交换元器件也在不断地完善。本节将介绍一些典型光交换元器件,这包含光开关、光耦合器、波长转换器和光缓存器等。

9.2.1 光开关

构成一个电交换系统最简单的方法是使用电开关,每个电开关都可以在通信信号的控制下,使它的入线和出线接通或断开,从而使入线上的信号通过这个电开关出现在出线上,或者不让它通过电开关,不出现在出线上。用这样的一些电开关排成阵列,通过对它们的控制端加上适当的控制信号,就可以使得有些开关接通,有些开关断开,相应地,入线和出线就可以连接起来了。

同理,构成一个光交换系统最简单的方法是使用光开关。与电开关不同的是,光开关接通或断开的是光信号。可以作为光开关的交换元器件种类繁多,下面主要介绍半导体光放大器、耦合波导开关和硅衬底平面光波导开关三种光开关元器件。

1. 半导体光放大器

半导体光放大器可以对输入的光信号进行放大,并且通过偏置电信号可以控制它的放大倍数。如果偏置信号为零,那么输入光信号就会被这个器件完全吸收,使输出信号为零,相当于把光信号"关断"。当偏置信号不为零时,输入光信号就会出现在输出端上,相当于让光信号"导通"。因此,这种半导体放大器可以用作光开关,如图9-1所示。

图 9-1　半导体光放大器可以用作光开关

2. 耦合波导开关

半导体光放大器开关具有一个输入端和两个输出端,而耦合波导开关除一个控制电极外,却具有两个输入端和两个输出端,耦合波导开关的结构和工作模式如图9-2所示。

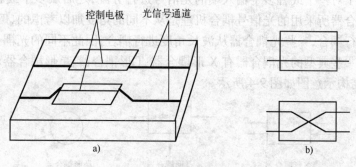

图 9-2　耦合波导开关
a) 结构外形　b) 工作模式

耦合波导开关中使用的铌酸锂($LiNbO_3$)是一种电光材料,它具有折射率随外界电场而变化的光学特性。在铌酸锂基片上进行钛扩散以形成两条相距很近的光通路,通过这条光通路两条波导光束将发生能理交换,交换的强弱随耦合系数、平行波导的长度和两波导之间的相位差变化。典型波导的长度为数毫米,控制电压为5 V。在控制端不加电压时,在两个通道上的光信号都会完全耦合接另一个通道上去,从而形成光信号的交叉接状态。然而当控制端加上适当的电压后,耦合接另一个通道上的光信号会再次耦合回原来的通道,从而相当于光信号的平行连接状态。在同一个基片上配置多个此种类型的耦合器件,就可组成一个开关阵列。

3. 硅衬底平面光波导开关

硅衬底平面光波导开关是一个 2×2 硅衬底平面光波导开关器件,它具有马赫-曾德尔干涉仪

(MZT)结构形式,包含两个 3 dB 定向耦合器和两个长度相等的波导臂,波导芯和包层的折射率差只有 0.3%,波导芯尺寸为 8 μm×8 μm 包层厚 50 μm,如图 9-3 所示。硅衬底平面光波导开关每个臂上具有 Cr 铬薄膜加热器,其尺寸为 50 μm 宽,5 mm 长,该器件的尺寸为 30 mm×3 mm。这种器件的交换原理是基于在硅介质波导内的热-电效应、平时偏压为零时,器件处于交叉连接状态,但在加热波导臂时(一般需 0.4 W),它可以切换到平行连接状态。这种器件的优点是插入损耗小(0.5 dB)、稳定性好、可靠性高、成本低,适合作大规模集成,但是它的响应时间较慢。

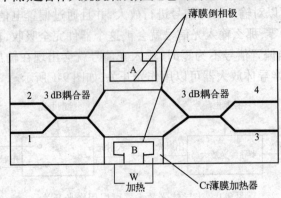

图 9-3　硅衬底平面光波导开关

9.2.2　光耦合器

光耦合器用于对一个或者多个输入端的光信号进行分配,之后从多个或者一个输出端送出。不同的光耦合器所采用的光信号耦合机理是从不同的角度加以考虑的,例如,一些光耦合器从能量角度进行耦合,一些光耦合器从波长角度进行耦合,因此不同的光耦合器在功能和用途上并非相同。一些典型的光耦合器有 X 形耦合器、T 形耦合器、星形耦合器、光波分复用/解复器等,其基本结构示意图如图 9-4 所示。

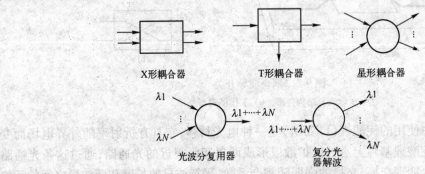

图 9-4　典型光耦合器结构示意

X 型耦合器是一种 2×2 光耦合器件,用于将两个输入光纤上的光功率进行组合,并在分配后从两个输出光纤上加以输出。其光信号的耦合可以与波长有关,也可以与波长无关。这种耦合器可以用作不同分路比的功率分路器或者功率组合器,通常可以采用熔拉双锥的方法加以制造。所谓熔拉双锥方法如图 9-5 所示,是指将多根裸光纤部分绞合熔化在一起,并对熔化部分进行拉伸形成双锥形结构。

T形耦合器可以看作是X形耦合器的一个特例,是一种3端耦合器件,用于将一个输入光纤上的光功率分配给2个输出光纤并加以送出。与X形耦合器类似,其光信号的耦合可以与波长有关,也可以与波长无关,可以用作功率组合器,且通常可以采用熔拉双锥的制造方法。

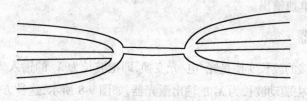

图9-5　熔拉双锥方法

　　星形耦合器可以看作是X形耦合器的一种扩展,是一种$N \times M$光耦合器件。用于将N个输入光纤的光功率进行组合,并在均匀分配后从M个输出光纤上加以输出,其光信号的耦合与波长无关。星形耦合器可以通过对多个2×2光耦合器件进行组合来生成,所生成的耦合器也称为组合星形耦合器,如图9-6所示。星形耦合器还可以直接利用上述熔拉双锥的制造方法来生成,所生成的耦合器也称为单体星形耦合器。不过组合星形耦合器要比单体星形耦合器体积大,且不如单体星形耦合器紧凑。

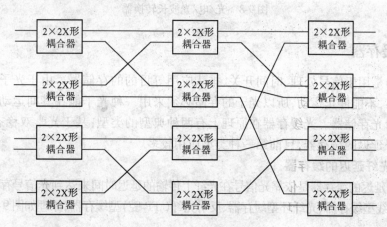

图9-6　8×8组合星型耦合器

　　光波分复用/解复用器也是一种光耦合器,只不过由于其是从波长角度考虑耦合的,面向的是光波分复用(WDM)信号,因此也被称为光波分复用/解复用器。光波分复用器用于将具有不同波长的多个光信号复合在一起,耦合到一根输出光纤上去。光波分解复用器的作用与上述复用器正好相反,用于将来自于一根光纤上的不同波长的复合光信号,按照波长的不同,将其进行解耦,并从不同的输出光纤上传送出去。光波分复用/解复用器可以单独设计,有时也可以将解复用器作为复用器使用,后一种实现方式的机理在于:光波所具有的互易性,那么通过改变传播方向就可以实现这种复用器实现方式。典型的光波分复用/解复用器有光栅型、光滤波器型、熔拉锥

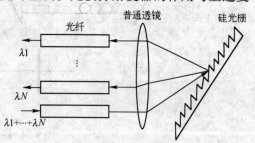

图9-7　基于普通透镜的光栅型解复用器

全光纤型等多种类型,其中光栅型解复器如图 9-7 所示。对于这种解复器,输入的波分复用光信号被聚焦在反射光栅上,由于该光栅对不同波长的光信号产生不同的衍射角,因此其会将波分复用光信号分解为不同波长的光信号分量,这些光信号分量将会被透镜聚焦在各根输出光纤上,从而实现分开单独输出。

9.2.3 波长转换器

在光通信中最直接的波长变换是光/电/光变换,即把波长为 λ_i 的输入光信号,由光电探测器转变为电信号,然后再去驱动波长为 λ_j 的输出激光器,如图 9-8 所示,这种方法不需要定时。另外几种波长转换器是控制信号(可以是电信号,也可以是光信号)的作用下,通过交叉增益、交叉相位或交叉频率调制以及四波混频等方法实现一个波长的输入信号变换成另一个波长的输出信号。

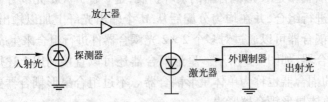

图 9-8 光/电/光波长转换器

9.2.4 光缓存器

光缓存器是用于信号处理、时间开关、排队应用等目的的存储器。由于光子是玻色子,其静止质量为零,不能停止运动,所以光子的存储必须采用一种光子能在其间运动的介质,这种介质可以称为光存储器。光缓存器在原理上有两种典型的类型:基于光学双稳态存储的缓存器和基于光纤延迟的缓存器,目前第一种类型应用较多。

1. 基于光纤延迟的缓存器

基于光纤延迟的缓存器是依靠光信号在光纤上传输的延迟时间来达到光信号存储的目的。代表性的有延迟线型缓存器、光纤环型缓存器、反射光纤(FP 腔)型缓存器,原理如图 9-9 所示。

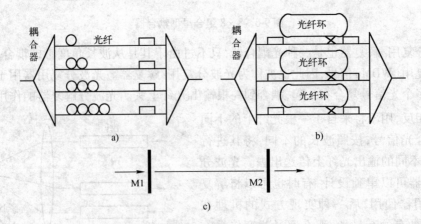

图 9-9 基于光纤延迟的缓存器

a) 延迟线型缓存器 b) 光纤环型缓存器 c) 反射光纤(FP 腔)型缓存器

延迟线型缓存器原理如图 9-9a 所示,是前向传输型光缓存器,是实现光缓存的最简单可行的方案。对于这种缓存器,数据缓存的实现是借助于不同长度的光纤来实现的。由于光信号在光纤上具有传输延迟,并且延迟时间随着光纤长度的增长而增加,因此通过光信号在延迟线上的延迟可以实现数据缓存的目的。这种缓存器主要不足是无法进行读写控制。其主要用作光路延迟器。

光纤环型缓存器的原理如图 9-9b 所示,其实现数据缓存的主要部件是带有功率补偿的光纤环和光信号环形控制部件,通过光信号环形控制部件,可以控制光信号在相应光纤环上环形传输的次数,从而达到延迟缓存的目的。对于这种缓存器,如果不考虑噪声的积累,理论上光子可在带有功率补偿的光纤环中存在很长的时间。为了实现光数据缓存,该缓存器在具体实现上需要解决如何控制光子引入(即写操作)和如何控制光子输出(即读操作)两个问题。多年来,根据输入、输出及使用的光开关等的不同,研究人员已经提出了多种光纤环方案,下面给出了其中两种方案示例。

(1)基于光耦合器输入/光开关输出光纤环型缓存器实现方案示例

基于光耦合器输入/光开关输出光纤环型缓存器实现方案采用 1×2 的 SOA 光开关,如图 9-10 所示。在输入端先将要缓存的数据信号的波长转换为一个特定波长,然后打开相应的 SOA 光开关,使光信号在光纤环上进行环行传输,并根据需要缓存的周期要求,确定 SOA 开关打开的周期次数。当完成延迟缓存并需要输出时,将 SOA 光开关的输出切换到与波分复用器 WGR2 的输入端相接通。

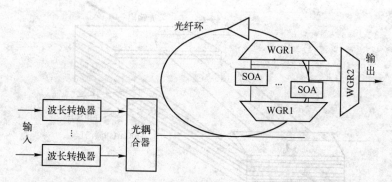

图 9-10 基于光耦合器输入/光开关输出的光纤环型缓存器实现方案

(2)基于光耦合器输入/解复用器输出光纤环型缓存器实现方案

在基于光耦合器输入/解复用器输出光纤环型缓存器实现方案中,输入端先将缓存器中数据信号的波长转换到一个特定波长上去。如果需要存储一个环路周期,则其在进入缓存器之前将被转换成波长 λ_2,经解复用器和波长转换器再将波长 λ_2 转换为 λ_1。由于 λ_1 是缓存器的输出波长,因此这将使信号在光纤环中环行一周后输出。同理,若需要存储两个环路周期,则其将被转换成波长 λ_3,在缓存器中信号先转换成 λ_2,再转换成 λ_1,如此,信号在光纤中将环行两周。依次类推,一个数据信号可以通过 n 个波长转换器缓存 n 个周期,如图 9-11 所示。

反射光纤(FP 腔)型缓存器原理如图 9-9c 所示,其通过在一根光纤两端分别加一个透过率(反射率)可调的镜片所构成的硬件结构来实现数据缓存功能。对于这种缓存器,当需要引入光信号时,可将 M1 调整到透光状态,之后光信号可进入光纤,此时 M2 立刻转换为全反射状态,M1 此时也是全反射状态,这样光信号就可在由两个全反射镜组成的 FP 腔中来回运动,从而达到光信号被存储在光纤中的目的。当需要读出时,只要将 M2 改成透光状态即可实现。

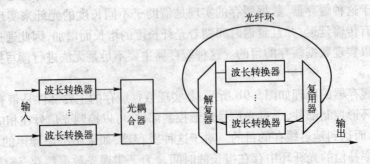

图9-11　基于光耦合器输入/解复用器输出光纤环型缓存器实现方案

2. 光学双稳态存储型缓存器

光学双稳态存储型缓存器是基于一些光学器件的构成介质具有双稳态特性来实现的,图 9-12 给出了一个基于双稳态激光二极管所构成的存储器实例。该存储器由一个带有串列电极 InGaAsP/InP 双非均匀波导构成,其中,串列电极是一个被沟道隔离开的两个电流注入区,该沟道没有电流注入,其具有饱和吸收区的作用,该吸收区能够抑制双稳态触发器的自激振荡,使器件产生输入-输出滞后特性;I_0是激活电流,用于达到维持连续振荡的目的;I_1为控制电流,用于调整双稳态触发器的特性。

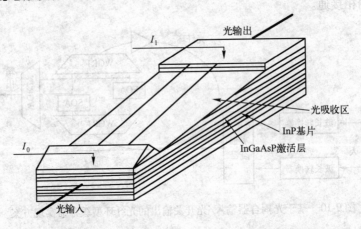

图9-12　基于双稳态激光二极管的光存储器

9.3　光交换技术的分类

光交换可以从不同的角度进行分类,下面从交换方式、控制方式和介质材料三个不同角度对光交换技术分类加以介绍。

1. 从交换方式角度分类

从交换方式角度来看,类似于电交换技术,光交换技术可以分为光路光交换和分组光交换两大类。光路光交换以整个光纤链路或者整个波长通道作为交换对象,而分组光交换是以通道上的各数据包作为交换对象。相对来说,前者比后者出现得要早,一些光路光交换技术也比较成熟,但目前有关这两类交换技术都还处于继续研发中,分组光交换的研发工作尤其如此。

对于光路光交换,典型的技术包括空分光交换、时分光交换、频分/波分光交换、自由空间光交换、码分光交换、混合光交换等。对于分组光交换,目前已有的典型技术包括光分组交换、光突发交换、光标记分组交换、光子时隙路由、ATM 光交换和多粒度光交换等。本章后续两节将对一些典型的光交换技术加以介绍。

2. 从控制方式角度分类

从控制方式角度来看,光交换主要可以划分为电控光交换和光控光交换两大类。电控光交换以电信号驱动/控制光通信信号的接续,而光控光交换是以光信号驱动/控制光通信信号的接续。

目前,电控光交换在光交换领域中是主要采用方式。这种方式虽然不会影响当前网络环境下的应用性能,但是由于其仍存在响应速度相对较慢的固有局限性,因此,在不久的将来,这种方式必然会被响应速度更快的光控光交换所取代。光控光交换实际上是实现了全光交换功能。

3. 从介质材料角度分类

光通信技术研究发展至今,已有多种使用不同介质材料的商用光交换机投放市场,根据其使用的介质材料不同,可分为光电交换、光机械交换以及基于热学、液晶和微机电(Micro-Electro Mechanical,MEM)技术的光交换等。光电交换技术使用带有光电晶体材料(诸如锂铌或钡铁)的波导,光机械交换是在交换机中通过移动光纤终端/棱镜来将光线引导/反射到输出光纤来实现输入光信号的机械交换,基于热学的光交换采用可调节热量的聚合体波导,液晶光交换使用液晶片、极化光束分离器(PBS)或光束调相器等材料,采用 MEM 技术的光交换采用了不同类型的特殊微光器件,这些器件由小型化的机械系统激活。在本章第 6 节光交换机中将作详细介绍。

9.4 典型的光路光交换

在全光网络的发展中,光交换网络的组织结构也随着交换元器件的发展而不断变化。本节主要基于先前介绍过的光交换元器件,介绍空分光交换、时分光交换、波分光交换、码分光交换、自由空间光交换和混合光交换等 6 种典型光路光交换的网络结构。

9.4.1 空分光交换

空分光交换是指在选定的输入和输出端通过建立一条透明的物理通路实现交换,该条物理通路上的全部带宽为这对输入/输出端所独占。空分光交换最基本的交换单元是 2×2 光交换模块,在输入端具有两根光纤,在输出端也具有两根光纤,如图 9-13 所示。开关有两种状态:平行状态和交叉状态。

目前已经成熟的空分交换模块主要有以下三种类型:

1) 铌酸锂晶体定向耦合器,其结构及工作原理已在 9.2.1 节耦合波导开关中详细介绍过。

2) 由 4 个 1×2 光交换器件(Y 分叉器)组成的 2×2 光交换模块,如图 9-13a 所示。该 1×2 光交换器件可以由 NbLiO$_3$ 定向耦合器构成,只要少用一个输入端即可。

3) 由4个1×1开关器件和4个无源分路器/合路器组成的2×2光交换模块,如图9-13b所示。其中1×1开关器件可以是半导体激光放大器、光门电路等。无源分路/合路器可以是T形无源光耦合器件,它的作用是把一个或多个光输入分配给多个或一个输出。

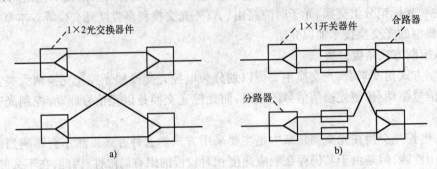

图 9-13　空分光交换的 2×2 基本组成模块

下面介绍一种典型的空分光交换结构,即基于定向耦合器的空分光交换结构。

图 9-14 给出了一个基于定向耦合器的 4×4 纵横式(Crossbar)空分光交换结构,其基本交换单元采用上述的铌酸锂晶体定向耦合器。该空分光交换结构的交换接续原理与电交换网络中的 Crossbar 交换网络结构相同。在默认情况下所有定向耦合器都置于平行状态,通过一定的控制,可以使某一些位置上的耦合器被置成交叉状态,从而实现任一输入端到任一输出端的光信号接续。

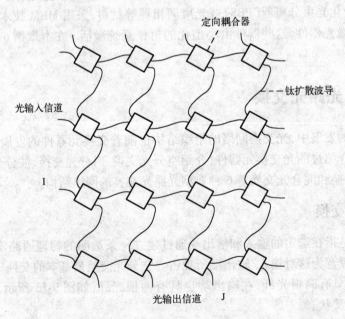

图 9-14　基于定向耦合器的 4×4 纵横式空分光交换结构

9.4.2　时分光交换

与时分电交换类似,时分光交换也是针对时分复用信号,并基于时隙互换的原理,只不过

226

采用光技术及器件来实现光时分复用信号的时隙互换。

我们回顾一下电时分交换基本原理,时分交换是基于时隙互换的原理实现的。时隙互换是指把 N 路时分复用信号中各个时隙的信号互换位置,每一个不同的时隙互换操作对应于 N 路原始信号与 N 条出线的一种不同的连接,如图 9-15 所示。

图 9-15　基于时隙互换原理的时分交换示意

在电时分交换方式中,普遍采用存储器作为交换的核心设施,把时分复用信号按一种顺序存储进去,再按另一种顺序取出来,从而实现了时隙交换。在光时分交换方式中,是采用光技术及器件(例如,光存储器)来完成时隙互换的。但是,就所需要的存储器而言,如前所述,在光通信领域,近年来有两类典型的光存储器件,即基于光学双稳态存储的存储器和基于光纤延迟的存储器,其中,后者比前者相对来说要成熟且目前应用较多。为此,这里以后一种类型的光存储器件来介绍时分光交换的工作原理,如图 9-16 所示。首先将时分复用光信号经过分路器(或解复器)进行解复,使每个时隙的信号从不同出线上出去,然后对不同出线上的信号利用光延迟器件进行不同的延时,最后再将这些信号经过一个合路器(或复用器)重新复合起来,从而最终实现了时隙互换。

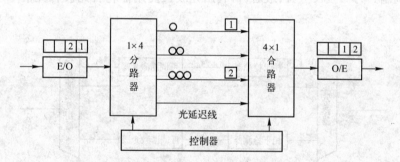

图 9-16　时分光交换原理结构示意

下面介绍一种典型的时分光交换结构,即基于时隙交换器的时分光交换结构。

图 9-17 给出了一个基于时隙交换器的时分光交换结构。在该图中,输入线上的复用信号经解复用器后,其各个时隙的光信号分别送至不同的光纤延迟线。各条延迟线的长度一样,每条延迟线的延迟时间都为一个时隙。但为了使不同输入时隙的光信号获得不同的延迟,需要利用控制端信号进行控制,具体来说,控制端不加信号时,延迟后的光信号将重新返回延迟线的输入端,而当控制端加上信号后,延迟后的信号将从延迟线输出。通过这样的控制,就可以使在输入端不同时隙上的光信号获得不同的延迟时间,进而在输出端复用时产生时隙互换效应。

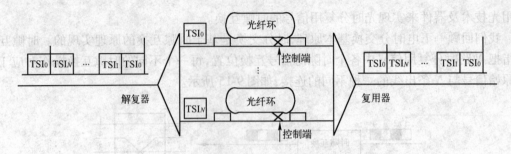

图 9-17   基于时隙交换器的时分光交换结构

9.4.3   波分光交换

波分光交换的思路来自于各路信号承载在不同的光波长上。主要有两种不同的实现方式,一种是基于波长转换器的实现方式,一种是基于星形耦合器的实现方式。下面,将分别介绍这两种实现方式,通过该介绍也可以理解其交换原理。

1. 基于波长转换器的波分光交换结构

该种结构如图 9-18 所示。其面向的是各路具有不同波长的光信号采用了波分复用传输方式。首先,利用光分路器从能量角度对输入的 N 路波分复用信号进行分路,该分路器的各条出线上的信号仍皆是 N 路波分复用信号;然后,对各出线上的信号利用具有波长选择功能的法布里-玻罗(F-P)滤波器或者相干检测器等检出所需波长的一路光信号;之后,将其利用可调谐激光器调制到另一波长上去;最后,再利用光波长复用器将各路波长光信号复合成一路,并发送出去。

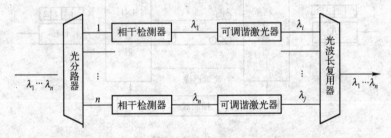

图 9-18   基于波长交换器的波分光交换结构

2. 基于星形耦合器的波分光交换结构

上述波分光交换实现方式是从多路复用光信号开始,先从能量角度进行分路,再进行交换处理,最后进行合路,输出的还是一个多路复用信号。与此不同,基于星形耦合器的波分光交换结构是从各个单路的原始信号开始,先用具有不同波长的激光器对各路信号分别进行调制,然后利用星形耦合器对调制后的各路信号进行复合,耦合器输出的复合信号将从能量角度平均分配到耦合器的各出线上,最后利用可移动光栅、F-P 滤波器或者相干检测器等可调谐滤波器对耦合器各出线上的信号进行滤波,选出所需波长的光信号,从而完成波分光交换。该种交换方式如图 9-19 所示。

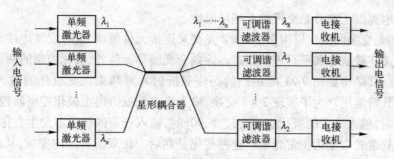

图 9-19   基于星形耦合器的波分光交换结构

9.4.4   码分光交换

码分光交换针对的是多路码分复用（CDMA）信号。在交换过程中,利用了 CDMA 编解码技术。与波分光交换类似,码分光交换也可以基于星形耦合器来实现。图 9-20 给出了一个基于星形耦合器的码分光交换结构。在该结构中,每路用户被分配不同的伪随机码。对应每个输入比特的脉冲生成器将产生一个短脉冲。这一脉冲被送到不同的光纤延迟线上,并根据每路用户所分配的伪随机码,选择相应延迟线进行输出,并通过合成形成该路输入的比特码序列。在此基础上,将所有输入端的比特码序列流通过星形耦合器进行耦合,并发送给所有的输出端。输出端的解码器将所接收到的光信号拆送到各个光纤延迟线上,并根据所选择的输入端伪随机码,调节各个延迟线的延迟时间,使得该比特码序列包含的脉冲在比特时间结束时刻同时输出,合成为一个单一的脉冲。最后利用积分电路将该脉冲展开为比特信号由输出端送出。

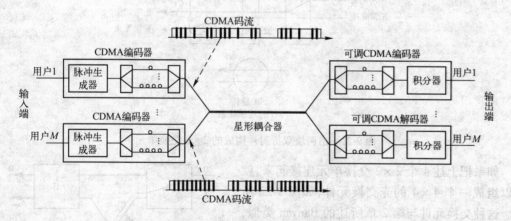

图 9-20   码分光交换的结构示例

码分交换结构的优点是其交换控制是光控的,而且是分布式的,因此速度较快。该结构的缺点是交换结构规模较小,只能用于局域网等小容量系统。

9.4.5   自由空间光交换

空分光交换的光通道是由光波导组成的,由于受到光波导材料特性的限制,光通过带宽有限,远远不能发挥光的并行性、高密度性的特点。与此相比,自由空间光交换结构的级间互连不是通过波导,而是通过自由空间或者玻璃等均匀材料传播,并且可以对所有光路信息并行处理,从而较好地克服了空分光交换的上述局限性。

自由空间光交换网络可以由多个 2×2 光交叉连接元件组成,这种交叉连接元件通常具有两种状态:交叉连接状态和平行连接状态。除耦合光波导元件外,极化控制的两块双折射片也具有这种特性,其结构如图 9-21 所示。前一块双折射片对两束正交极化的输入光束进行复用,后一块对其解复用。为了实现 2×2 交换,输入光束偏振方向由极化控制器控制,可以旋转 0°或 90°。0°时,输入光束的极化态不会改变;90°时,输入光束的极化态发生变化,正常光束变成异常光束,异常光束变为正常光束。这种变化是在后一块双折射片内完成,从而实现了 2×2 的光交换。

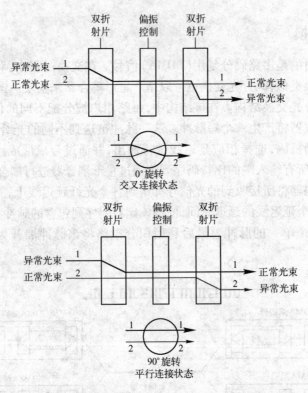

图 9-21　由两块双折射片构成的 2×2 交换单元

如果把上述 4 个 2×2 交换单元连接起来,就可以组成一个 4×4 的光交换元件,如图 9-22 所示。这种交换元件与第 2 章所述的 Banyan 类似,具有路径唯一性,即任意输入端和任意输出端之间有且仅有一条路径。例如,在控制信号的作用下,C 和 D 交换单元工作在平行状态,而 A 交换单元工作在交叉连接状态时,入线 0 的光信号只能在出线 2 上输出,而入线 3 的光信号也只能在出线 3 上输出。

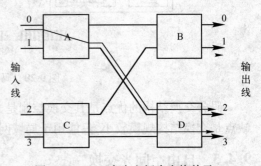

图 9-22　4×4 自由空间光交换单元

当需要更大规模的交换网络时,可以按照空分 Banyan 结构的构成过程把多个 2×2 交换单元互连来实现。自由空间光交换网络也可以由光逻辑开关器件组成,比较有前途的一种器件是自由光效应器件(S—SEED),它可构成数字交换网络。

9.4.6 混合光交换

为了扩大光交换系统的规模,一种解决方法是采用混合光交换结构。混和光交换也就是对若干小规模的空分光交换、波分光交换等不同交换结构按照一定的规则进行有效组合,从而形成更大规模的交换网络。在理论上来说,前述的各种交换结构都可以结合起来构成混合交换网络,但考虑到实际情况,实际上已经实现的混合光交换系统的种类相对来说还是很少的,典型的有:空分/时分混合交换系统、波分/空分混合交换系统、FDM/TDM 混合交换系统、时分/波分/空分混合交换系统等。图 9-23 给出了一种波分/空分混合光交换结构示意图,其出发点是在链路上利用光波分复用技术,而链路级间的交换采用空分光交换技术,并且利用波分光交换技术进行具有不同波长的光信号的选择。在该结构中,每一个空分交换模块都具有对该模块输入光信号的分路功能,对输出光信号的合路功能。这种混合光交换结构最大的优点是链路级数和交换元件最少,结构简单,可靠性高,还可以提供广播型的多路连接。

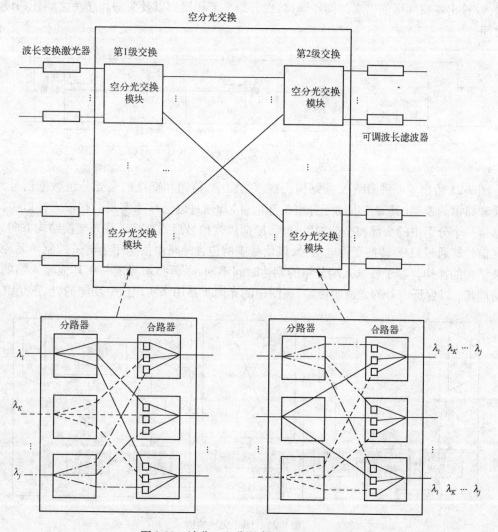

图 9-23　波分－空分混合型交换网络结构

9.5 典型的分组光交换

在光路光交换技术的发展过程中,采用异步传输机理的分组光交换技术也开始出现。目前,典型的分组光交换主要包含光分组交换、光突发交换、光标记交换和 ATM 光交换等。本节对这几种分组光交换技术加以介绍。

9.5.1 光分组交换

与电分组交换类似,光分组交换(Optical Packet Switching, OPS)也是以分组作为传输和交换的基本单元。为了处理起来方便,光分组交换中所使用的分组占用定长时隙,其格式如图 9-24 所示。其中,分组头部包含路由标记,采用固定比特率编码;净荷部分占用固定时长,可使用变速率编码(该变速率编码技术的使用,是因为各分组大小可能不一样,此时为了使得各分组所占时隙长度是一样的,有必要使用变速率编码技术)。此外,为了避免随机抖动及交换机输入/输出端口间可能出现的同步偏移,在分组头部和尾部以及头部和净荷之间还都设有防护时间。

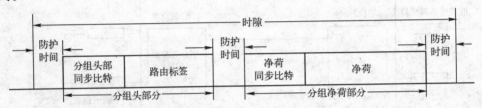

图 9-24　光分组交换的分组格式

图 9-25 给出了一种 OPS 交换结构。在该结构中,传输和交换的是光分组数据信号,而对交换和路由的控制(其需要借助于分组头部信息)却通过电信号来实现。在输入接口中,解复用器将一个分组中的头部和净荷加以分离,净荷以光信号形式直接送往光交换结构方向,而头部光信号却通过 O/E 转换变为电信号,该信号中所包含的路由信息用于电子控制单元控制光交换结构的操作。鉴于各输入端分组的到达时间不同,净荷必须界定并和其他输入端的分组净荷同步,以保证信号的光透明传输,该图中的光同步器用来实现这一功能的,也正是由于

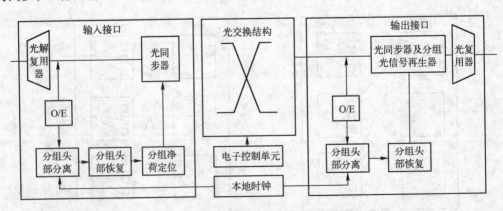

图 9-25　OPS 交换结构

这一原因,所有分组到达输入接口时必须和本地时钟进行相位同步。光交换结构负责将分组净荷接续到目标输出端口。鉴于多个分组可能会产生对输出端口的竞争现象,因此交换结构必须能处理这种竞争。我们知道,在电信号领域,竞争可以通过缓存方式加以解决。在光信号领域,与此类似,也可以采用光缓存器加以解决。在输出接口中,鉴于各净荷经过交换结构的路径可能不同,因此输出接口必须首先对输出的分组净荷光信号进行重新同步,同时通过 E/O 在分组中插入新的分组头部,重新生成光信号。

9.5.2 光突发交换

光突发交换(Optical Burst Switching, OBS)与 OPS 不同,OPS 采用定长分组和同步工作模式,而 OBS 却采用可变长度分组和异步工作模式。OBS 中的"突发"就是指可变长度的分组。

OBS 的主要思路是采用双波长概念,将所分离的分组净荷和分组头部在两个不同的波长通道上传送。在传送期间,首先在控制波长上传送分组头部,然后进行一定的时延,再在数据波长传送分组净荷。在传送路径上的各交换节点对分组头部进行电子处理,为将到来的分组净荷预留资源,以保障净荷到来时节点就可正确地将其传送到相应的输出端口。图 9-26 给出了 OBS 工作原理(该图中,虚线代表控制波长通道,实线代表数据波长通道),分组头部首先在交换节点处被转换为电信号,利用该信号中所包含的路由信息及超前的偏置时间进行资源预留,并建立交换结构中的连接,之后,当分组净荷信息到来时,就可以将其通过所建立的连接交换出去。OBS 也存在多个突发分组竞争同一资源的问题,这一问题也需要通过光缓存器来加以解决。

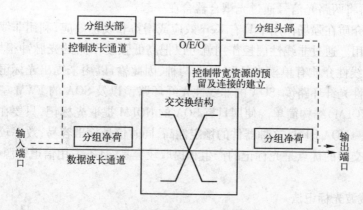

图 9-26　OBS 工作原理示意

9.5.3 光标记交换

所谓光标记,是指利用各种方法在光包上打上标记,也就是把光包的包头地址信号用各种方法打在光包上,这样在交换节点上就可以根据光标记来实现全光交换。基于这种原理来实现的光交换称为光标记交换。

光标记的产生和提取是光标记交换的核心技术。光标记信号一般是低速率信号,一般在 Mbit/s 量级上,而光包的传输速率都在 Gbit/s 量级上,如何把低速的标记信号加在高速的光包信号上,可以根据不同的机制采用不同的方法。一般来讲,光调制有三种方式:调幅、调相和调频,目前光标记的产生大多数也从调幅、调相和调频三个方面入手。光标记的提取本质上就是把光标记从复用信号中分离出来。基于调幅产生的光标记多用半导体光放大器、普通光纤和半导体激光放大器的非线性效应的交叉相位调制、交叉增益调制和四波混频等原理来提取光标记;基于调频产生的光标记一般采用载波解复用方法;基于调相产生的光标记可以利用光的干涉原理来提取光标记信号。

目前已有多种方法可以实现光标记交换,典型的包括宽脉冲光标记法、高强度脉冲光标记法、微波副载波光标记法和电光调制光标记法等。

1. 宽脉冲光标记法

光包由低速率的包头/光标记段和高速率的有效载荷/信息段构成,标记置于有效负载的前面,两者之间由保护带分隔。保护带的设置一方面是为了给光包对齐留有余量,另一方面是兼容电子电路。光标记的速率是兼容电子电路的,可直接采用电子学方法来处理。这种光标记的产生、提取和识别均较简单。光包的有效负载和包头分别由不同的激光器产生,然后通过光耦合器将这两束光耦合在一起。而光标记的提取和识别只需要附加一个包头探测器即可,其余全部交给电子电路处理。

这种光标记交换的方法的优点是光标记的产生、提取和识别均较容易,缺点是光标记占用信道资源较多。

2. 高强度脉冲光标记法

高强度脉冲光标记法中的光包由高速率低强度的有效负载和同样速率但高强度的包头/光标记构成,两者来自相同的时钟并占有不同的时间段。光标记和负载可以由同一激光器产生,这可通过控制激光器的旁路偏流来实现。光标记和有效负载也可先分别由两个不同的激光器产生,然后再将两路光信号通过光耦合器合在一起。

非线性光学介质在强场作用下具有 Kerr 效应或增益非线性效应,利用非线性效应可以实现非线性门控作用。通过非线性门控作用就可以把高低强度不同的光脉冲很好地分离开来。目前使用过的非线性介质有单模光纤和 SOA 两种,因此,可以用来提出光标记的结构至少有单模光纤的非线性光纤环路镜、SOA 的非线性光纤环路镜以及 SOA 的 FWM 三种,其中,非线性光纤环路镜(NOLM)结构简单。使用具有 SOA 的 NOLM 提取光标记,只要在非线性光纤环路镜的基础上加一 SOA 即可,这种器件的稳定性高,同时信号检出容易,效率较高。

这种光标记交换的优点是光标记的产生和提取较容易,且不占用信道资源,缺点是光标记的识别较困难。

3. 微波副载波光标记法

微波副载波光标记是通过在电副载波上调制低带宽光标记来实现的。具体来说,电副载波调制在包有效负载所占有的基带上,光标记和有效负载占有相同时间段,并且同时传输。负载包的数据与光标记保持同步操作,两者的数据源由相同的时钟控制。光标记与载波混合后,再与基带负载相结合,然后用它调制一个激光器。在保证基带信号误码率要求的情况下,控制光标记的光功率,保证基带信号的调制深度。这种调制方式下,要求负载和光标记在频率上相差足够远,以防止互相调制引起失真。至于光标记的提取,可以把输入到节点的光信号用1:9的双锥光纤分束器分成两束,再将 10% 的一束光经光/电转换并通过微波解复用器,就可以提取出低速率的光标记信号。

这种光标记交换的优点是光标记的产生、提取和识别较容易,且不占用信道资源,缺点是光标记的调制对有效负载有影响。

4. 电光调制光标记法

电光调制光标记法是利用电光晶体的电光效应来实现光标记的产生,利用光的干涉原理来实现光标记的提取。具体来说,用低速率的包头信号调制高速率的光包信号,使光包相应的光脉冲相位改变180°,显然这束光与另一束光是相干的,通过光耦合器使这两束光进行干涉,干涉的结果是:凡不带光标记的光脉冲,它们的相位相差180°,它们相干相消,凡带有光标记的光脉冲,它们的相位相差360°或0°,它们相干相长,光标记脉冲被提取出来了。

这种光标记交换的优点是光标记的产生、提取和识别较容易,且不占用信道资源,缺点是光标记的同步要求比较高。

9.5.4　ATM 光交换

与电信号 ATM 交换类似,ATM 光交换也是以 ATM 信元作为交换对象的一种交换技术,只不过其交换的信元是光信号信元。图 9-27 给出了一种 ATM 光交换的实现方式。在该种方式中,系统的输入和输出信号都是电信号。在光发送端,输入电信号首先被光调制器加以调制,该调制器的输入载波信号由超窄光脉冲激光发生器产生,与此同时,通过直接调制激光器产生含有路由信息的控制信元,该类控制信元将与所对应的数据信元通过波分复用技术复用在一起,然后利用光信元编码器对一系列脉冲进行间隔压缩,从而实现将高速电 ATM 信元流转化为超高速 ATM 光信元流,之后,将各路 ATM 光信元流在星形耦合器中进行光时分复用。在光接收端,ATM 光信元被波分解复用后,信元选择器检测出控制信元。当控制信元中的地址与输出线的地址一致时,使用一个光门控开关,从高速数据流中滤出相应数据信元送入输出缓冲器,并进一步由信元探测器变换为电信元,再从出线上送出。

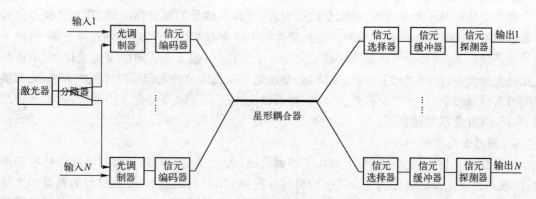

图 9-27　一种 ATM 光交换结构示意

9.6　光交换机

目前的通信系统采用电路交换,速率低,全光交换可实现高速率的信号路由,是全光网络的技术,光交换机(Optical Switche)是进行光交换的重要设备,其根据使用的技术不同可分为光电交换机、光机械交换机、热光交换机、声光交换机、微机电光交换机等,其中光电交换机、光机械交换机目前普遍使用,其他类型的交换机还处于研发阶段。

1. 光电交换机

光电交换机基于光电技术,利用光电晶体材料制造的波导是其重要组成部分,在光电交换机的输入、输出端,一般都各有两个波导,输入、输出的波导构成两个波导通路,从而可以构成 Mach-Zehnder 干涉结构,可实现 1×2 和 2×2 的交换配置。为了能将输入端的光信号传送到输出端,其在波导两条通路上加上电压改变通路间的相位差,利用干涉现象达到目的。与其他交换机相比,光电交换机的优势在于交换速度快,处理速度可达到纳秒级。但其缺点在于由于电漂移影响大,需要较高工作电压,限制了其商业应用。但目前已经有利用新材料开发成功的光电交换机,波导制造使用钡钛材料,使用了一种分子束取相附生的技术,可以大大降低交换机使用的电能,交换机的功耗大大减小。

2. 光机械交换机

光机械交换机是目前商业应用较广的交换机,其采用的光机械技术比较成熟。在光机械交换机中,为实现输入光信号的机械交换,通常采用两种方式,一是通过移动光纤终端将光线引导至输出光纤,二是借助棱镜将光线反射到输出光纤。光机械交换机交换速度远低于光电交换机交换速度,为毫秒级,但其制造成本较低、设计简单、光性能较好,因而得到广泛的市场应用。光机械交换机最适合应用于 1×2 和 2×2 的配置中,构建小规模的矩阵无阻塞 $M \times N$ 光交换机也很方便。但由于其利用一些机械部件实现大规模的交换机有些困难,虽然通过使用多级的配置,可以实现大规模(如 64×64)的局部阻塞交换机,但在实现更大规模的完全无阻塞的矩阵交换机方面存在问题,主要就是由于和移动相关机械部件的数量增加导致复杂度增加、性能下降。

3. 热学光交换机

热光交换机基于热学技术,采用受热影响大、可调节热量的聚合体波导,其光交换由分布于聚合体堆中的薄膜加热元素控制。热光交换机中包含有加热器,当电流通过加热器时,由于波导受热量影响,波导分支区域内的热量分布发生变化,引起了光折射率发生变化,利用这种变化将光信号主波导引导到目的分支波导,完成光交换工作。热光交换机体积非常小,光交换速度可实现微秒级,比光电交换机低,但比光机械交换机高。缺点是介入损耗较高、串音较严重、功耗大,并要求散热良好。

4. 液晶光交换机

由于在液晶材料和交换结构上取得了很大进展,大大提高了液晶材料的温度特性和频率特性,液晶也逐渐被选择作为光交换机的材料。在接近 $0℃$ 的低温下,液晶材料的粘度加大导致其运动速度下降,造成开关速度低,限制了液晶技术的发展,然而近年来的发展表明其开关速度可改善到 10 ms 以下。液晶光交换机内包含有液晶片、极化光束分离器(PBS)或光束调相器。在液晶交换机中,液晶片的作用是调整入射光的极化角,当液晶片的电极上没有电压时,经过液晶片的光线极化角为 $90°$,当有电压时,入射光束维持它的极化状态不变。PBS 或光束调相器起光信号路由的作用,将信号引导至目的端口。液晶光交换机的交换速度根据材料的不同速度有所不同,通常在毫秒级、微秒级,当使用向列的液晶时,交换机的交换速度大约为 100 ms,当使用铁电的液晶时,交换速度为 $10 \mu m$。液晶结合了非机械技术的可靠性和机械交换技术的高性能,非常适合带宽指配,恢复和保护,能改善光交换机的性能和降低成本,采用液晶光交换结构可作为光交换系统的核心交换单元,目前市场上已经出现液晶光交换机产品。使用液晶技术可以构造多通路交换机,缺点是损耗、串音较严重、驱动电路复杂等。

9.6.1 声学光交换机

声学光交换机基于声光技术,其基本原理是通过在光介质(如 TeO_2 晶体)中加入横向声波,将光线从一根光纤准确地引导到另一根光纤。声光交换机的交换速度可以达到微秒级,可方便地构成端口较少的交换机,满足对于低端、对交换机要求不高的需求。但由于控制交换机需要复杂的系统来改变频率,因而其不适合用于大型矩阵交换机。声光交换机的缺点在于衰耗随波长变化、驱动电路复杂。

9.6.2 微机电光交换机

微机电光交换机采用微机电(Micro Electro Mechanical,MEM)技术,使用不同类型的特殊微光器件,这些器件由小型化的机械系统激活,在空闲的空间上改变光信号的传送路径。目前已开发出多种 MEM 交换机,其优点在于体积小,集成度高,便于大规模生产,当然其生产工艺技术还需要进一步提高。

光交换机的未来除了上述的多种多样的光交换机外,由于在光分插复用器(OADM)和先交叉连接设备(OXC)应用中提出了更高的速率、性能和可靠性要求,新的和改进的交换机技术还在不断涌现。在未来的大容量光网络中,光交换机必将起到关键的作用。

9.7 小结

本章重点介绍了光交换的相关技术。随着光纤技术的迅速发展,光交换技术成为全光通信网络的新技术倍受人们重视。光交换是指对光纤传来的光信号直接进行交换接续,大大有别于传统电信号交换。光交换元器件是构成光交换网络的基础,本章介绍了一些典型的光交换元器件,如光开关、光耦合器、光缓存器。由光交换器件可以构成各类光交换结构,本章介绍6 种典型光路光交换的网络结构:空分光交换、时分光交换、波分光交换、码分光交换、自由空间光交换和混合光交换。

光交换技术可以从不同的角度分类。从交换方式角度可分为光路光交换和分组光交换两类;从控制方式角度主要分为电控光交换和光控光交换两类;从介质材料角度可分为光电交换、热光交换、液晶光交换和微机光交换机等。本章介绍介绍了典型的分组光交换:光分组交换、光突发交换、光标记交换和 ATM 光交换等。最后介绍了几种光交换机:光电交换机、光机械交换机、热学光交换机、液晶光交换机、声学光交换机和微机电光交换机。

9.8 习题

1. 与电交换相比,光交换具有什么优势?
2. 为什么说光交换是未来发展的方向?
3. 研究和发展光网络的意义是什么?
4. 简要说明延迟线型缓存器、光纤环型缓存器、反射光纤(FP 腔)型缓存器的工作原理。
5. 光交换技术分哪几类?
6. 从控制方式角度分类,光交换可以分为哪几种类型?各种类型的光交换特点是什么?

7. 波分光交换有哪几种实现方式？试进行比较分析。

8. 光路光交换有哪几种典型类型？请简要说明各种类型的工作原理。

9. 试说明光路光交换与分组光交换的不同。

10. 试说明空分光交换与自由空间光交换的异同。

11. 分组光交换有哪几种典型类型？请简要说明各种类型的工作原理。

12. 分析并比较 OPS 与 OBS 技术的异同？

13. 自由空间光交换网络的主要特点是什么？

14. 试比较说明几种光交换机。

附录 缩 略 语

A

A/D	模拟/数字	analog/digital
AAL	ATM 适配层	ATM adaptation layer
ABR	有效比特率,有效码率	available bit rate
ABR	实际信元率	actual cell rate
ACCH	随路控制信道	associated control channel
ACK	证实信号	acknowledge signal
ADSL	不对称数字用户线	asynchronous digital subscriber line
AE	应用实体	application entity
AG	接入网关	access gateway
AGCH	接入准许信道	access grant channel
AMI	双极性归零码、交替极性倒置码	alternate mark inversion code
ANM	应答消息	answer message
ANSI	美国国家标准协会	American National Standard Institute
ANC	应答信号,计费	answer signal, charge
ANN	应答信号,不计费	answer signal, no charge
ANSI	美国国际标准化组织	American national standard institute
AO	永远在线	always on
AOSAO	服务器	always on server
AP	应用部分	application part
API	应用编程接口	application programming interface
ARIS	基于 IP 交换的路由聚合技术	aggregate route-based IP switching
ARQ	自动重发请求	automatic request for repetition
ARS	地址解析服务器	address resolution server
ARP	地址解析协议	address resolution protocol
AS	接入交换级	access switch
AS	应用服务器	application service
ASE	应用服务元素	application service element
ASLC	模拟用户线电路	analog subscriber line circuit
ASN.1	一号抽象语法标记	abstract syntax notation one
ASON	自动交换光网络	auto switched optical network
ATD	异步时分	asynchronous time division

ATM	异步时分复用	asynchronous transfer mode
ATM-LSR	ATM 标记交换路由器	ATM label switched router
AU	接入单元	access unit
AUUATM	用户至用户指示	ATM user-to-ATM user indication

B

BACP	带宽分配控制协议	bandwidth allocation control protocol
BC	承载能力	bearer capability
BCCH	广播控制信道	broadcast control channel
BECN	后向拥塞显示	backward explicit congestion notification
BGP	边界网关协议	border gateway protocol
BHCA	忙时试呼次数	busy-hour call attempts
BIB	后向指示位	backward indicator bit
BICC	承载无关呼叫控制	bearer independent call control
B-ICI	宽带运营网间接口	broadband inter-carrier interface
B-ISDN	宽带综合业务数字网	broadband integrated services digital network
bit/s	比特/秒	bits per second
B-NT	宽带网络终端	broadband network terminal
BRI	基本速率接口	basic rate interface
BSM	后向建立消息	backward set-up message
BSN	后向序号	backward sequence number
B-TA	宽带终端适配器	broadband terminal adapter
B-TE	宽带终端设备	broadband terminal equipment

C

CAMA	集中自动计费方式	centralized automatic message accounting
CAS	随路信令	channel associated signalling
CBK	后向拆线信号,释放信号	clear-back signal
CBR	连续比特率,恒定比特率	Continuous Bit Rate
CC	呼叫控制	call control
CC	国家代码	country code
CCCH	公共控制信道	common control channel
CCF	呼叫控制功能	call control channel
CCITT	国际电话电报咨询委员会	International Telegraph and Telephone Consultative Committee
CCL	主叫用户挂机信号	calling party clear signal
CCS	公共信道信令,共路信令	common channel signalling

CDMA	码分复用多址	code division multiple access
CDV	信元时延变化	cell delay variation
CE	控制单元	control element
CELL	信元	cell
CF	呼叫转送	call forwarding
CFB	遇忙呼叫前向转移	call forwarding busy
CFNR	无应答呼叫前向转移	call forwarding no reply
CFU	无条件呼叫前向转移	call forwarding unconditional
CH	呼叫处理器	call handler
CH	信道	channel
CIC	电路识别码	circuit identification code
CIPATM	上的传统 IP 技术	classical IP over ATM
CIR	承诺信息速率	committed information rate
CK	检验比特	check bit
CL	无连接方式	connection less
CLF	前向拆线信号,前向释放信号	clear-forward signal
CLIP	主叫号码提供	calling line identification presentation
CLIR	主叫用户线识别限制	calling line identification restriction
CLR	信元丢失率	cell loss ratio
CM	控制存储器	control memory
CO	中央电话局,中心局	central office
CODEC	编码译码器	coder-decoder
CoS	业务等级	class of services
COLP	接通线路识别显示	connected line identification presentation
COLR	被叫号码限制	connected line identification presentation restriction
CP	公共部分	common part
CP	呼叫处理器	call processor
CP	中央处理器	central processor
CP	控制处理器	control processor
CP	控制面	control plane
CPE	用户驻地设备	customer premises equipment
CPL	呼叫处理语言	call processing language
CPN	用户驻地网	customer premises network
CR	信元中继	cell relay
CRC	循环冗余校验码	cyclical redundancy correction
CR-LDP	约束路由的 LDP 协议	constraint based routing-LDP
CS	汇聚子层	convergence sub-layer
CS	电路交换	circuit switching

CSPDN	电路交换的数据网	circuit switching public digital network
CSR	信元交换路由器	cell switch router
CT	呼叫转移	call transfer
CTD	信元传输时延	cell transfer delay
CTM	电路传送模式	circuit Transfer mode
CUG	闭合用户群	closed user group
CW	呼叫等待	calling waiting

D

DC	直流	direct current
DCC	数据国家代码	Data country code
DCE	数据电路端接设备	data circuit-terminating equipment
DCSL	数据汇聚子层	data convergence sublayer
DDI	直接拨入	direct dialing-in
DG	数据报	datagram
DI	动态 ISDN	dynamic ISDN
DL	数据链路	data link
DLCI	数据链路连接标识符	data link connection identifier
DNIC	数据网络识别码	data network identification code
DPC	目的信令点编码	destination point code
DSE	数字交换单元	digital switching element
DSID	目的地址信令标识	destination signalling identifier
DSL	数字用户线	digital subscriber line
DSLIC	数字用户环路接口电路	digital subscriber loop interface circuit
DSN	数字交换网络	digital switching network
DSS1	一号数字用户信令	digital subscriber signaling No. 1
DTE	数据终端设备	data terminal equipment
DTMF	双音多频	dual tone multi-frequency
DUP	数据用户部分	data user part
DWDM	密集波分复用	dense wavelength division multiplexing

E

E&M	E［线］和 M［线］信令系统	E and M line signaling system
EFSM	扩展的有限状态机	extended finite state machine
EOC	内嵌操作信道	embedded operation channel
E/O	电/光（变换）	electronic/optical
ETSI	欧洲电信标准化组织	European telecommunication standards

		institute
EWSD	数字电子交换系统	digital electronic switching system

F

F	标志	flag
FACCH	快速随路控制信道	fast associated control channel
FAS	帧定位信号	frame alignment signal
FCS	帧检查序列	frame check sequence
FCS	快速电路交换	fast circuit switching
FDM	频分多路复用	frequency division multiplexing
FE	功能实体	functional entity
FEC	转发等价类	forwarding equivalence class
FECN	前向拥塞现实	forward explicit congestion notification
FIB	前向指示位	forward indicator bit
FIB	转发信息库	forwarding information base
FIFO	先进先出	first in first out
FIM	特征交互管理	feature intera ction manager
FIRO	填充信号单元	fill-in signal unit
FISU	插入信令单元	fill-in signaling unit
FPS	快速分组交换	fast packet switching
FR	帧中继	frame relay
FRAD	帧中继装拆设备	frame relay assembler/disassembler
FRN	帧中继网	frame relay network
FS	帧交换	frame switching
FSM	有限状态机	finite state Machine
FSM	前向建立消息	forward set-up message
FSN	前向序号	forward sequence number

G

GFC	一般流量控制	general flow control
GFI	通用格式识别符	generic format identifier
GFP	全局功能平面	global functional plane
GII	全球信息基础设施	global information infrastructure
GK	网守	gateway keeper
GMPLS	通用多协议标记交换	generalized multi-protocol label switching
GMSC	网关移动交换中心	gateway MSC
GPRS	通用分组无线业务	general packet radio service

GPQ	一般请求消息	general request message
GSM	全球移动通信系统	global system for mobile communications
GSM	一般前向建立信息消息	general forward set-up information message
GSMP	通用交换机管理协议	general switch management protocol

H

HDB3	三阶高密度双极性码	high density bipolar of order 3
HDLC	高级数据链路控制规程	high-level data link control
HEC	信头差错控制	header error control
HFC	光纤-同轴电缆混合	hybrid fiber co-axial
HLC	高层兼容性	higher layer compatibility
HLF	高层功能	high level function
HLR	原籍位置登记器	home location register
HMSC	原籍移动交换中心	home MSC
HSTP	高等级的信令转接点	high signaling transfer point

I

IAM	初始地址消息	initial address message
IDL	接口定义语言	interface definition language
IDN	综合数字网	integrated digital network
IDSN	综合数字网	integrated digital network
IE	信息单元	information element
IEIF	因特网工程任务组	Internet engineering task force
IFMP	Ipsilon 数据流管理协议	Ipsilon flow management protocol
IGP	内部网关协议	interior gateway protocol
IMEI	国家移动台设备标识号	international mobile equipment identification
IMSI	国际移动台标识号	international mobile station identification
IN	智能网	intelligent network
INAP	智能网应用部分	intelligent network application part
INCM	智能网概念模型	intelligent network application protocol
IOP	输入输出处理器	I/O processor
IP	互联网协议	Internet protocol
IPCC	国际分组通信集团	International Packet Communication Consortium
IPDC	IP 设备控制	IP device control
IPOA	ATM 上的传统 IP 技术	classical IP over ATM
IDSN	综合业务数字网	integrated service digital network
ISC	国际软交换集团	International Soft-Switch Consortium

IDSN	综合业务数字网	integrated service digital network
ISO	国际标准化组织	International Organization for Standardization
ISP	因特网服务提供商	International service provider
ISP	国际信令点	international signaling point
ISPBX	ISDN 用户交换机	ISDN private branch exchange
ISPC	国家信令点编码	international signaling point code
ISUP	IDSN 用户部分	IDSN user part
ITT	国家电话电报公司	international telephone and telegraph corporation
ITU	国际电信联盟	International Telecommunication Union
ITU-T	国际电联电信标准部	International Telecommunication Standardization Sector
IMU	互通单元	interworking unit

L

LAMA	本地自动计费方式	local automatic message accounting
LAN	局域网、以太网	location area identification
LANE	局域网仿真	LAN emulation
LAP	链路接入协议	link access protocol
LAPB	平衡链路接入规程	link access procedure balanced
LAPD	D 信道链路接入规程	link access protocol-D channel
LAPF	D 信道链路接入规程	link access procedures to frame mode bearer services
LC	用户电路	line circuit
LC	用户集中级	line concentrator
LCGN	逻辑信道群号	logic channel group number
LCN	逻辑信道号	logic channel number
LDP	标记分发协议	label distribution protocol
LE	市话交换机,市话交换局	local exchange
LER	标记边缘路由器	label edge router
LFIB	标记转发信息库	label forwarding information base
LH	用户线选择	line hunting
LIB	长度指示码	length indicator
LIB	标记信息库	label information base
LIFO	后进先出	last in first out
LIS	逻辑 IP 子网	logical IP subnet
LLC	低层兼容性	lower layer compatibility
LSL	链路子层	link sub-layer
LSP	标记交换路径	label switched path

LSR	标记交换路由器	label switching router
LSSU	链路状态信令单元	link state signaling Unit
LSTP	低等级的信令转接点	low signaling transfer point
LT	线路终端,用户终端	line terminal

M

MAC	媒体访问控制	medium access control
MAP	移动应用部分	mobile application part
maxCTD	最大信元传输时延	maximum cell transfer delay
MB	兆字节	mega byte
MBS	最大突发尺寸	maximum burst size
MC	维护	maintenance
MCI	移动应用部分	mobile call identification
MCR	最小信元速率	minimum cell rate
MEM	微机电	micro electro mechanical
MFX	多频互控信号	multi-frequency compelled signal
MG	媒体网关	media gateway
MGC	媒体网关控制器	media gateway controller
MIN	多级互联网络	multistage interconnection network
MLP	多链路规程	multi-link protocol
MML	人机语言	man-machine language
MPLS	多协议标记交换	multi-protocol label switching
MPOA	ATM 上的多协议	multi-protocol over ATM
MRCS	多速率电路交换	multi-rate circuit switching
MS	报文交换	message switching
MSN	多用户号码	multiple subscriber number
MSU	消息信令单元	message signal unit
MTBF	平均故障间隔时间	mean time between failures
MTP	消息传递部分	message transfer part
MTTR	平均故障修复时间	mean time to repair
MUX	多路复用器	multiplexer

N

NCC	网络控制中心	network control center
NDC	国内终点号码	national destination code
NGN	下一代网络	next generation network
NGAN	下一代接入网络	next generation access network

NGDN	下一代数据网络	next generation data network
NGMN	下一代移动网络	next generation mobile network
NGSN	下一代业务网络	next generation service network
NGTN	下一代传送网络	next generation transport network
NHS	下一跳地址解析服务器	next hop address resolution server
NI	网络指示语	network indicator
N-ISDN	窄带综合业务数字网	narrowband integrated service digital network
NM	网络管理	network management
NMC	网络管理中心	network management center
NNI	网络-网络接口	network-network interface
NNI	网络-节点接口	network node interface
NNI	节点-节点接口	node-node interface
NPT	非分组终端	non-packet terminal
NPC	网络参数控制	network parameter control
NPDU	网络协议数据单元	network protocol data unit
NSDU	网络服务数据单元	network service data unit
nrt-VBR	非实时可变比特率	non-real time variable bit rate
NRZ	单极性不归零码	non return zero code
NSL	网络子层	network sublayer
NSP	网络业务部分	network services part
NT	网络终端	network terminal
NUI	网络用户识别	network user identifier

O

OADM	光分插复用	optical add and drop multiplexing
OAM	操作、管理和维护	operations, Administration and maintenance
OBS	光突发交换	optical burst switching
OC	面向连接的方式	oriented connection
OMAP	操作维护管理应用部分	operations and maintenance application part
OMG	对象管理组	object management group
OPC	目的信令点编码	originating point code
OSA	开放式业务接入	open service access
OSI	开放式系统互连	open system interconnection
OSID	源信令标识	origination signaling identifier
OSPF	开发最短路径优先	open shortest path first
OTP	光透明分组	optical transparent packet
OTN	光传送网	optical transport network
OXC	光交叉连接	optical cross connect

P

P	分组	packet
PABX	用户专用自动小交换机	private automatic branch exchange
PAD	分组装拆设备	packet assemble and disassemble
PAMA	专用自动计费方式	private automatic message accounting
PBX	专用小交换机	private branch exchange
PCM	脉码调制	pulse code modulation
PCR	峰值信元速率	peak cell rate
PH	分组处理器	packet handler
PHI	分组处理器接口	packet handler interface
POS	电子收款机系统	point of sale
POTS	普通电话交换	plain ordinary telephone switching
PRI	一次群速率接口	primary rate interface
PROM	可编程序的只读存储器	programmable read only memory
PS	分组交换	packet switching
PSPDN	公用分组交换网	packet switched public data network
PSTN	公用电话交换网	public switched telephone network
PT	分组终端	packet terminal
PT	净荷类型	payload Type
PTI	分组类型标识符	packet type identifier
PTI	净荷类型标识	packet type identifier
PTM	分组传送模式	payload type identifier
PVC	永久虚电路	permanent virtual circuit
PVC	永久虚连接	permanent virtual connection

Q

QoS	服务质量	quality of service

R

RCU	远程集中器	remote collection unit
REJ	拒绝,否定,抑制,阻碍	reject
RTCP	实时控制协议	real-time control protocol
RTP	实时协议	real-time protocol
RTSP	实时流协议	real-time streaming protocol
RSU	远端用户单元	remote subscriber unit

| RSVP | 资源预留协议 | resource reservation protocol |
| rt-VBR | 实时可变比特率 | real time variable bit rate |

S

S	空间接线器	space switch
SAAL	信令适配层	signaling ATM adaptation layer
SACF	单路联系控制功能	single association control function
SAM	后续地址消息	subsequent address message
SANC	信令区域网编码	signaling area network code
SAO	带有一个信号的后续地址消息	subsequent address message with one signal
SAPI	服务接入点标识符	service access point identifier
SCH	同步信道	synchronization channel
SCP	业务控制点	service control point
SCCP	信令连接控制部分	signaling connection and control part
SCR	可维持信元速率	sustainable cell rate
SDL	说明和描述语言	specification and description language
SE	交换单元	switch element
SF	状态字段	status field
SGW	信令网关	signaling gateway
SI	业务指示语	service indicator
SID	信令标识	signaling identifier
SIF	信令信息字段	signaling information field
SIO	业务信息八位位组	service information octet
SLC	信令链路编码	signaling link code
SLIC	用户线接口电路	subscriber line interface circuit
SLM	信令链路管理	signaling link management
SLP	单链路规程	signal link procedure
SLP	业务逻辑程序	service logic program
SLS	信令链路选择	signaling link selection
SM	话音存储器	speech memory
SN	用户号码	subscriber number
SN	业务节点	service node
SP	信令点	signaling point
SP	话路	speech path
SPC	存储程序控制	stored program control
SRM	信令路由管理	signaling route management
SS7	七号信令系统	signaling system No. 7
SSCF	业务特定协调功能	service specific convergence sub-layer

SSCOP	业务特定面向连接协议	service specific connection oriented protocol
SSP	业务交换点	service switching point
STD	同步时分	synchronous time division
STDM	统计时分复用	synchronous time division multiplexing
STE	信号端接设备	signaling terminal equipment
STM	信令业务管理	signaling traffic management
STM	同步传送模式	synchronous transfer mode
STM	信令转接点	signaling transfer point
STP	信令转节点	signaling transfer point
SU	信令单元	signaling unit
SUB	子地址	sub-address
SVC	交换虚电路	switch virtual circuit
SVC	交换虚连接	switch virtual connection
SVC	信令虚信道	signaling virtual channel

T

T	时分交换器,时分开关	time switch
TA	终端适配器	terminal adaptor
TC	事务能力	transaction capability
TC	传输汇聚	transmission convergence
TXAP	事务处理能力应用部分	transaction capability application part
TCM	时间压缩复用	time compression multiplexing
TCP	传输控制协议	transmission control protocol
TDM	时分多路复用	time division multiplex
TDP	标签分发协议	tag distribution protocol
TE	终端	terminal equipment
TE	流量工程	traffic engineering
TSR	标签边缘路由器	tag edge routers
TEI	终端端点标识符	terminal endpoint identifier
TEL	电话	telephone
TGW	中继网关	trucking gateway
TIB	标签信息库	tag information base
TLV	类型-长度-值编码体系	type length value
TMN	电信管理网	telecommunication management network
TS	时隙	time slot
TS	长话交换	toll switch
TSR	标签交换路由器	tag switch routers
T-S-T	时分-空分-时分交换网络	time-space-time switching network

| TUP | 电话用户部分 | telephone user part |

U

UI	不识别信息	unrecognized information
UBR	未指定比特率	unspecified bit rate
UNI	用户-网络接口	user-network interface
UP	用户部分	user part
UP	用户面	user plane
U-U	用户到用户	user to user
UUS	用户-用户信令	user-user signaling

V

VC	虚呼叫	virtual call
VC	虚信道	virtual channel
VC	虚连接	virtual connection
VC	虚电路	virtual circuit
VCC	虚电路连接	virtual circuit connection
VCI	虚信道标识	virtual channel identifier
VP	虚通道,虚路径	virtual path
VPC	虚通道连接	virtual path connection
VPC	虚通道连接标识	virtual path connection identifier

W

| WCSL | 波长汇聚子层 | wavelength channel sub-layer |
| WDM | 光波分复用技术 | wavelength division multiplexing |

参 考 文 献

[1] 金惠文,陈建亚,纪红. 现代交换原理[M]. 北京:电子工业出版社,2003.

[2] 胡庆. 电信传输原理[M]. 北京:电子工业出版社,2004.

[3] 糜正琨,杨国民. 交换技术[M]. 北京:清华大学出版社,2006.

[4] 顾畹仪. 光传输网[M]. 北京:机械工业出版社,2003.

[5] 顾畹仪,张杰. 全光通信网[M]. 北京:北京邮电大学出版社,1999.

[6] 李履信,沈建华. 光纤通信系统[M]. 北京:机械工业出版社,2003.

[7] 顾尚杰,薛质. 计算机通信网基础[M]. 北京:电子工业出版社,2004.

[8] Franklin D Ohrtman. 软交换技术[M]. 李晓刚,许刚,译. 北京:电子工业出版社,2003.

[9] 原荣. 光纤通信网络[M]. 北京:电子工业出版社,1999.

[10] 张仲文. 电信网最新控制技术——现代电话网 No.7 信号方式[M]. 北京:电子工业出版社,
     2000.

[11] 朱世华. 程控数字交换原理与应用[M]. 西安:西安交通大学出版社,1998.

[12] 林康琴,叶奕亮,曲桦. 程控交换原理[M]. 北京:北京邮电大学出版社,2004.

[13] 李津生,洪佩琳,陈意云. 宽带综合业务数字网与 ATM 局域网[M]. 北京:清华大学出版社,
     1998.

[14] 刑秦中. ATM 通信[M]. 北京:人民邮电出版社,1998.

[15] 糜正琨,王文鼐. 软交换技术与协议[M]. 北京:人民邮电出版社,2002.

[16] 原邮电部. 中国国内电话网 No.7 信号方式技术规范,1990.

[17] 原邮电部. No.7 信令网相关技术体制,1993.

[18] 杨晋儒,吴立贞. 信令系统技术手册(修订本)[M]. 北京:人民邮电出版社,2001.

[19] 桂海源,骆亚国. No.7 号信令系统[M]. 北京:北京邮电大学出版社,1999.

[20] 程时端. 综合业务数字网[M]. 北京:人民邮电出版社,1993.

[21] 赵慧玲,石友康. 帧中继技术及其应用[M]. 北京:人民邮电出版社,1993.

[22] 赵惠玲,吴江. 分组语音技术与网络实现方案[M]. 北京:人民邮电出版社,2001.

[23] ISC's Wireless Working Group. Softswitch Applications in Wireless Core Networks[S]. International
     Softswitch Consortium(ISC). 2002.

[24] Bellamy J. Digital Telephony[M]. Ind ed. New York:John Wiley & Sons,1991.

[25] 李津生,秋山捻. IDSN&ATM[M]. 合肥:中国科学技术大学出版社,1992.

[26] ATM Forum. User-Network Interface Version 3.1[S]. 1994.

[27] ATM Forum. SAA/AMS Specification Version 1.0[S]. 1995.

[28] 赵梓森. 光纤通信工程(修订本)[M]. 北京:人民邮电出版社,1994.

[29] 武威,杨放春. 下一代网络的业务支撑环境[M]. 电信技术,2002.

[30] 杜治龙. 分组交换工程[M]. 北京:人民邮电出版社,1993.

[31] 杨世平,申普兵,何殿华等. 数据通信原理[M]. 北京:国防科技大学出版社,2001.

[32] 申普兵. 数据通信技术[M]. 北京:国防工业出版社,2006.

[33] ITU-T. B-ISDN User-Network Interface[S]. ITU-T Rec.I.413, March,1993.

[34] ITU-T. B-ISDN User-Network Interface[S]. ITU-T Rec. I. 413, March, 1993.

[35] ITU-T. B-ISDN User-Network Interface-Physical Layer 3 Specification for Basic Call/Bearer Control [S]. ITU-T Rec. I. Q. 2913, 1994.

[36] ITU-T. B-IDSN ATM adaptation layer specification[S]. ITU-T Rec. I. 363, 1993.

[37] Burd N C. The ISDN Subscriber Loop[M]. Chapman & Hall. 1997.

[38] Rosenberg J, Schulzrinne H, etc. SIP: Session Initiation Protocol[S]. RFC3261. IETF. 2002.

[39] Handley M, Jacobson V. SDP: Session Description Protocol[S]. RFC2327. IETF. 1998.

[40] 陈建亚, 余浩. 软交换与下一代网络[M]. 北京: 北京邮电大学出版社, 2003.

[41] 李玲, 黄永清. 光纤通信基础[M]. 北京: 国防工业出版社, 1999.

[42] 胡庆, 王敏琦. 光纤通信系统与网络[M]. 北京: 电子工业出版社, 2006.

[43] 刘爱民. 程控交换机工程设计与建设[M]. 成都: 电子科技大学出版社, 1997.

[44] 乐正友, 杨为理. 程控交换与综合业务通信网[M]. 北京: 清华大学出版社, 1999.

[45] CCITT. Integrated Services Digital Network(IDSN) [S]. CCITT Rec., Vol. 3. 8, 1998.

[46] CCITT. Specification and Description Language-SDL[S]. CCITT Rec., Z. 10, 1998.

[47] CCITT. Programming Languages for Stored Program Control Exchanges[S]. CCITT Rec., Vol. 6. 4, 1987.

[48] 陈太一, 郭肇德. 程控用户交换机原理和设计[M]. 北京: 人民邮电出版社.

[49] 李亚民. 计算机组成与系统结构[M]. 北京: 清华大学出版社, 2000.

[50] Chaskar H M, Verma S, and Ravikanth R, A framework to support IP over WDM using optical burst switching[J], Proceedings of the Optical Networks Workshop, Richardson, Texas, January, 2000.

[51] Ramamirtham J, Turner J, Friedman J. Design of wavelength converting switches for optical burst switching. [J]. Selected Areas in Communications IEEE, 2003, 21(7): 122 – 1132.

[52] 赵慧玲, 叶华. 以软交换为核心的下一代网络技术[M]. 北京: 人民邮电出版社, 2002.

[53] 童晓渝. 软交换技术与实现[M]. 西安: 西安交通大学出版社, 2004.

[54] 糜正琨. 软交换组网与技术[M]. 北京: 人民邮电出版社, 2005.

[55] 罗国庆. 软交换的工程实现[M]. 北京: 人民邮电出版社, 2004.

[56] 桂海源. IP 电话技术与软交换[M]. 北京: 北京邮电大学出版社, 2004.

[57] 王柏. 智能网教程[M]. 北京: 北京邮电大学出版社, 2000.

[58] Christopher Y Metz, IP 交换技术协议与体系结构[M]. 吴靖, 等, 译. 北京: 机械工业出版社, 1999.

[59] 林闯, 单志广, 任丰原. 计算机网络的服务质量(Qos) [M]. 北京: 清华大学出版社, 2004.

[60] Dhawan C. 远程接入网络[M]. 杨威, 译. 北京: 人民邮电出版社, 2000.

[61] Metzler, J Denora, L. 第三层交换[M]. 卢泽新, 周榕, 译. 北京: 机械工业出版社, 2000.

[62] 纪越峰. 综合业务接入技术[M]. 北京: 北京邮电出版社, 1999.

[63] 石晶林, 丁炜. MPLS 宽带网络互联技术[M]. 北京: 人民邮电出版社, 2001.

[64] Guerin R, Li L, Nadas S, Pan P, Peris V. The cost of QoS support in edge devices: an experimental study [C]. Proc, IEEE INFOCOM, March, 1999.

[65] 龚倩, 徐荣, 张民. 光网络的组网与优化设计[M]. 北京: 人民邮电出版社, 2002.

[66] Yao Shun, Ben Yoo S J, Mukherje Biswanathe. All-Optical Packet Switching for Metropolitan Area Networks: Opportunities and Chanllenges[J]. IEEE Communications Magazine, 2001, 39(3): 142-148.

[67] 林俐, 朱晓洁, 吕屹等. 下一代网络组网技术手册[M]. 北京: 北京机械工业出版社, 2006.

[68] 徐培文, 王鹰, 尹宁星. 软交换及其管理技术[M]. 北京: 机械工业出版社, 2006.

[69] 赵学军, 陆立, 林俐. 软交换技术与应用[M]. 北京: 人民邮电出版社, 2004.

[70] 陆立, 张鹏生, 张华等. NGN 协议原理与应用[M]. 北京: 机械工业出版社, 2004.

[71] 刘伟彦,张顺颐. 下一代网络中媒体网关控制协议——MGCP、H. 248/MeGaCo 的研究[J]. 电信科学, 2005(4):30-32.

[72] 龚双瑾,刘多. 下一代电信网的关键技术[M]. 北京:国防工业出版社,2003.

[73] 石晶林,丁炜. MPLS 宽带网络互联技术[M]. 北京:人民邮电出版社,2001.

[74] 张宝富. 全光网络[M]. 西安:人民邮电出版社,2002.